高职高专系列

21 世纪高校计算机应用技术系列规划教材

丛书主编 谭浩强

SQL Server 2000 数据库实用技术

（第二版）

林成春　孟湘来　马朝东　编著

中国铁道出版社
CHINA RAILWAY PUBLISHING HOUSE

内 容 简 介

本书是“21 世纪高校计算机应用技术系列规划教材——高职高专系列”之一。全书共分 12 章，主要内容包括：数据库概述，SQL Server 2000 关系数据库管理系统，服务器管理，Transact-SQL 语言。通过大量例题介绍应用 SQL Server 2000 的企业管理器、查询分析器、Transact-SQL 语句来创建、管理、维护数据库，数据库对象的操作方法，数据库中表的高级查询操作 SQL Server 的安全管理和数据转换；并以“图书管理系统”和“学生成绩管理系统”为例，介绍如何使用 Visual Basic 和 Delphi 进行前台界面设计并实现与后台 SQL Server 数据库的连接，从而开发一个完整的数据库管理系统。

本书还依据教学需要和教学进度设计了七个实训项目，通过上机操作进一步加深对 SQL Server 2000 功能的理解，有效地提高学生动手操作能力和实际应用能力。

本书适合作为高职高专院校计算机、信息管理、电子商务等专业的教学用书，也可以作为 SQL Server 2000 的培训教材。

图书在版编目（CIP）数据

SQL Server 2000 数据库实用技术/林成春，孟湘来，马朝东编著．—2 版．—北京：中国铁道出版社，2008.10

（21 世纪高校计算机应用技术系列规划教材．高职高专系列）

ISBN 978-7-113-09179-8

Ⅰ．S… Ⅱ．①林…②孟…③马… Ⅲ．关系数据库—数据库管理系统，SQL Server 2000—高等学校：技术学校—教材 Ⅳ．TP311.138

中国版本图书馆 CIP 数据核字（2008）第 144474 号

书　　名：SQL Server 2000 数据库实用技术（第二版）
作　　者：林成春　孟湘来　马朝东　编著

策划编辑：严晓舟　秦绪好
责任编辑：王占清　　　编辑部电话：（010）63583215
编辑助理：侯　颖　王彬　　　封面制作：白　雪
封面设计：付　巍　　　责任印制：李　佳

出版发行：中国铁道出版社（北京市宣武区右安门西街 8 号　　邮政编码：100054）
印　　刷：河北省遵化市胶印厂
版　　次：2008 年 9 月第 2 版　　2008 年 9 月第 1 次印刷
开　　本：787mm×1092mm　1/16　印张：15.5　字数：348 千
印　　数：5 000 册
书　　号：ISBN 978-7-113-09179-8/TP・2970
定　　价：23.00 元

21世纪高校计算机应用技术系列规划教材

序

PREFACE

21 世纪是信息技术高度发展且得到广泛应用的时代，信息技术从多方面改变着人类的生活、工作和思维方式。每一个人都应当学习信息技术、应用信息技术。人们平常所说的计算机教育其内涵实际上已经发展为信息技术教育，内容主要包括计算机和网络的基本知识及应用。

对多数人来说，学习计算机的目的是为了利用这个现代化工具工作或处理面临的各种问题，使自己能够跟上时代前进的步伐，同时在学习的过程中努力培养自己的信息素养，使自己具有信息时代所要求的科学素质，站在信息技术发展和应用的前列，推动我国信息技术的发展。

学习计算机课程有两种不同的方法：一是从理论入手；二是从实际应用入手。不同的人有不同的学习内容和学习方法。大学生中的多数人将来是各行各业中的计算机应用人才。对他们来说，不仅需要“知道什么”，更重要的是“会做什么”。因此，在学习过程中要以应用为目的，注重培养应用能力，大力加强实践环节，激励创新意识。

根据实际教学的需要，我们组织编写了这套“21 世纪高校计算机应用技术系列规划教材”。顾名思义，这套教材的特点是突出应用技术，面向实际应用。在选材上，根据实际应用的需要决定内容的取舍，坚决舍弃那些现在用不到、将来也用不到的内容。在叙述方法上，采取“提出问题-解决问题-归纳分析”的三部曲，这种从实际到理论、从具体到抽象、从个别到一般的方法，符合人们的认知规律，且在实践过程中已取得了很好的效果。

本套教材采取模块化的结构，根据需要确定一批书目，提供了一个课程菜单供各校选用，以后可根据信息技术的发展和教学的需要，不断地补充和调整。我们的指导思想是面向实际、面向应用、面向对象。只有这样，才能比较灵活地满足不同学校、不同专业的需要。在此，希望各校的老师把你们的要求反映给我们，我们将会尽最大努力满足大家的要求。

本套教材可以作为大学计算机应用技术课程的教材以及高职高专、成人高校和面向社会的培训班的教材，也可作为学习计算机的自学教材。

由于全国各地区、各高等院校的情况不同，因此需要有不同特点的教材以满足不同学校、不同专业教学的需要，尤其是高职高专教育发展迅速，不能照搬普通高校的教材和教学方法，必须要针对它们的特点组织教材和教学。因此，我们在原有基础上，对这套教材作了进一步的规划。

本套教材包括以下五个系列：

- 基础教育系列
- 高职高专系列
- 实训教程系列
- 案例汇编系列
- 试题汇编系列

其中基础教育系列是面向应用型高校的教材，对象是普通高校的应用性专业的本科学生。高职高专系列是面向两年制或三年制的高职高专院校的学生的，突出实用技术和应用技能，不涉及过多的理论和概念，强调实践环节，学以致用。后面三个系列是辅助性的教材和参考书，可供应用型本科和高职学生选用。

本套教材自 2003 年出版以来，已出版了 70 多种，受到了许多高校师生的欢迎，其中有多种教材被国家教育部评为**普通高等教育“十一五”国家级规划教材**。《计算机应用基础》一书出版三年内发行了 50 万册。这表示了读者和社会对本系列教材的充分肯定，对我们是有力的鞭策。

本套教材由浩强创作室与中国铁道出版社共同策划，选择有丰富教学经验的普通高校老师和高职高专院校的老师编写。中国铁道出版社以很高的热情和效率组织了这套教材的出版工作。在组织编写及出版的过程中，得到全国高等院校计算机基础教育研究会和各高等院校老师的热情鼓励和支持，对此谨表衷心的感谢。

本套教材如有不足之处，请各位专家、老师和广大读者不吝指正。希望通过本套教材的不断完善和出版，为我国计算机教育事业的发展和人才培养做出更大贡献。

全国高等院校计算机基础教育研究会会长

“21 世纪高校计算机应用技术系列规划教材”丛书主编

谭浩强

FOREWORD 第二版前言

《SQL Server 2000 数据库实用技术》自 2006 年 2 月出版以来，受到教师、学生和社会读者的欢迎。在该书的使用过程中，我们感到书中各章的“上机操作”题目不系统、不连贯，很难达到“强化实训，提高能力”的目标，所以此次出版的《SQL Server 2000 数据库实用技术（第二版）》结合实际的教学过程和实训教学的需要，按教学进度设计（并通过实践）了七个实训项目，希望通过这些实训项目的引导和上机操作，能够有效地加深学生对 SQL Server 2000 功能的理解；能够有效地增强学生对数据库设计和应用的意识；能够有效地提高学生动手操作和实际应用的能力。

本书是“21 世纪高校计算机应用技术系列规划教材——高职高专系列”之一，主要读者对象是高职高专的学生。

当前，在网络环境下的数据处理和信息管理，使用 FoxPro、Visual FoxPro 或 Access 等小型数据库管理系统，已经难以满足实际应用中对数据资源共享、数据的集中处理与分布式处理的更新和更高的要求，而美国 Microsoft 公司推出的 SQL Server 2000 以良好的数据库设计、管理和网络功能赢得广大用户的青睐；SQL Server 2000 成为大规模联机事务处理（OLTP）、数据仓库和电子商务应用程序的优秀数据库平台。显然在高职高专计算机数据库基础与应用的教学中介绍 SQL Server 2000 的功能及应用是十分必要的。

全书共分 12 章。其中：第 0 章为数据库概述，介绍数据库的基础知识，涉及数据库最基本的概念；第 1 章和第 2 章介绍 SQL Server 2000 的特点、系统数据库和表、SQL Server 2000 提供的管理工具以及 SQL Server 2000 的安装要求；第 3 章 Transact-SQL（以下简称 T-SQL）语言，重点介绍 SQL Server 2000 的数据类型，列举一些例题说明在 SQL Server 2000 的查询分析器中如何应用 T-SQL 语言进行程序设计；第 4～6 章列举大量例题分别介绍如何应用 SQL Server 2000 的企业管理器、查询分析器和 T-SQL 语言来创建、管理和维护数据库、表、索引、视图、存储过程、触发器、关系图等数据库和数据库对象，这 3 章内容是 SQL Server 2000 应用的重点；第 7 章数据库中表的高级查询操作，介绍如何灵活运用 SQL 语言进行一些复杂的查询；第 8 章 SQL Server 安全管理，从数据库的安全性角度介绍加强数据库权限管理的必要性以及管理的方法；第 9 章 SQL Server 的数据转换，重点介绍在数据库设计和 SQL Server 实际应用中经常遇到的数据转换问题，具体介绍 SQL Server 2000 同 FoxPro 数据库、Access 数据库以及文本文件数据库之间数据的导入/导出方法；第 10 章 SQL Server 2000 应用实例，介绍开发一个管理信息系统时，如果以 Visual Basic 为前台界面设计的开发工具，如何实现前台界面同后台数据库的连接，同时又以 Delphi 和 SQL Server 2000 为工具软件介绍一个功能简单的“图书管理系统”开发案例；第 11 章用 SQL Server 开发学生成绩管理系统，作为一个实训案例，介绍以 Visual Basic 和 SQL Server 2000 为工具软件开发一个功能简单的“学生成绩管理系统”，包括前台的界面设计和后台的数据库设计。

本书有两个鲜明的特点：一是有明确的使用对象，即面向高职高专的学生，内容从使用和应用 SQL Server 2000 进行后台数据库设计的需要出发，“求实用，讲应用，淡化专业理论”；二是强化实训，全书以基本的“图书管理系统”和“学生成绩管理系统”为例，通过大量例题、实训案例和七个实训项目引导学生在实际操作中较好地理解、掌握和使用 SQL Server 2000 进行数据库设计的方法，同时通过介绍使用 Visual Basic 和 Delphi 进行前台界面设计，实现与后台数据库的连接，使学生形成一个完整的数据库管理系统的概念，达到提高学生实际操作和应用设计能力的目的。

本书第0章、第11章由马朝东编写；第1～4章由林成春编写；第5～10章由孟湘来编写；实训项目由林成春设计并实践；参加本书编写的还有高秀兰、李娟、熊艺、林青、李军、张丽、高剑峰；林成春教授对全书进行修改并定稿。

在本书编写中谭浩强教授给予了具体指导，特别是谭浩强教授明确提出“面向高职高专”、“不求高深、但求实用；少讲理论、多讲应用”的要求，是我们编写本教程的目的和指导思想，在此表示衷心的感谢。同时在教材编写和修改的过程中，还得到中国铁道出版社各位编辑的大力支持，在此也表示衷心的感谢。

由于时间仓促和编者水平有限，书中疏漏、不妥之处在所难免，敬请读者和同行给予批评和指正。

编　者

2008年6月

第一版前言

FOREWORD

本书是“21 世纪高校计算机应用技术系列规划教材——高职高专系列”之一，主要读者对象是高职高专的学生。

当前，在网络环境下的数据处理和信息管理，使用 FoxPro、Visual FoxPro 或 Access 等小型数据库管理系统，已经难以满足实际应用中对数据资源共享、数据的集中处理与分布式处理的更新和更高的要求，而美国 Microsoft 公司推出的 SQL Server 2000 以良好的数据库设计、管理和网络功能赢得广大用户的青睐；SQL Server 2000 成为大规模联机事务处理 （OLTP）、数据仓库和电子商务应用程序的优秀数据库平台。显然在高校计算机数据库基础与应用的教学中介绍 SQL Server 2000 是十分必要的。

本书共分 12 章。其中：第 0 章数据库概述介绍了数据库的基础知识，涉及数据库最基本的概念；第 1 章和第 2 章介绍了 SQL Server 2000 的特点、系统数据库和表、SQL Server 2000 提供的管理工具以及 SQL Server 2000 的安装要求；第 3 章 Transact-SQL 语言，重点介绍了 SQL Server 2000 的数据类型，列举一定量的例题说明在 SQL Server 2000 的查询分析器中如何应用 Transact-SQL 语言进行程序设计，第 4～6 章通过大量例题分别介绍了如何应用 SQL Server 2000 的企业管理器和 Transact-SQL 语言来创建、管理和维护数据库、表、索引、视图、存储过程、触发器、关系图等数据库和数据库对象，这 3 章内容是 SQL Server 2000 应用的重点；第 7 章是数据库表的高级查询操作，介绍了如何灵活运用 SQL 语言进行一些复杂的查询；第 8 章 SQL Server 安全管理，从数据库的安全性角度介绍了加强数据库权限管理的必要性以及管理的方法；第 9 章 SQL Server 数据转换，重点介绍了在 SQL Server 实际应用中经常遇到的数据转换问题，具体介绍 SQL Server 2000 同 FoxPro 数据库、同 Access 数据库以及文本文件数据库之间数据的导入/导出方法；第 10 章 SQL Server 2000 应用实例，以 Visual Basic 为例介绍开发一个管理信息系统时，如何实现前台的界面同后台数据库的连接，同时又以 Delphi 和 SQL Server 2000 为工具软件介绍一个功能简单的“图书管理系统”开发案例；第 11 章实训案例，以 VB 和 SQL Server 2000 为工具软件开发一个功能简单的“学生成绩管理系统”，包括前台的界面设计和后台的数据库设计。

本教程有两个鲜明的特点，首先有明确的使用对象，那就是面向高职高专的学生，教程内容从使用和应用 SQL Server 2000 的需要出发“求实用，讲应用，淡化专业理论”；第二个特点是强化实训，全书以基本的“图书管理系统”和“学生成绩管理系统”为例，通过大量例题、上机操作和实训案例引导学生在实际操作中较好地理解、掌握和使用 SQL Server 2000 进行数据库设计的方法，同时通过介绍使用 Visual Basic 和 Delphi 进行前台界面设计，实现与后台数据库的连接，使学生形成一个完整的数据库管理系统，达到提高学生实际操作和应用设计能力的目的。

本书第 0 章、第 11 章由马朝东编写；第 1 章～第 4 章由林成春编写；第 5 章～第 10 章由孟湘来编写；林成春教授修改并审定了全部书稿。

本书编写中谭浩强教授给予了具体指导，特别是谭浩强教授明确提出“面向高职高专”、“不求高深、但求实用；少讲理论、多讲应用”的要求，是我们编写本教程的目的和指导思想，在此表示衷心的感谢。

由于时间仓促和编者水平有限，书中疏漏、不妥之处在所难免，敬请读者和同行给予批评和指正。

编　者

2005 年 12 月

目录

CONTENTS

第 0 章　数据库概述

学习目标

☑ 了解数据库和关系数据库的基本概念。

☑ 掌握关系数据库的模型。

☑ 熟练掌握使用 E-R 图表示关系数据库的方法。

0.1　数据库及其基本概念

0.1.1　什么是数据库

人们在社会生产实践中需要处理大量的数据，包括数字、文字、图形、图像、声音等，这就必然要对数据进行分类、组织、存储、检索和维护等工作，即数据管理。在各种数据管理技术中，数据库技术是数据管理应用最广泛的，它所研究的问题就是如何科学地组织和存储数据，以及如何高效地检索和处理数据。

数据库就是按照一定的数据结构和特点组织的，长期存储在计算机内，可为多个用户共享的数据集合。它是用户根据具体需要来进行数据管理和控制的操作对象。一般用户是通过数据库管理系统（Database Management System，DBMS）来对数据库进行管理和控制的。

在数据库技术产生之前，数据管理技术经历了人工管理阶段和文件管理阶段。

1．人工管理阶段

20 世纪 50 年代中期以前，计算机主要用于科学计算。那时计算机在硬件方面，输入、输出设备只有卡片机和穿孔纸带机，只能输入和输出少量数据，工作效率低；在软件方面，只有汇编语言，没有操作系统和高级语言，更没有管理数据的软件。当时的数据管理只能由人工进行管理。

2．文件管理阶段

20 世纪 50 年代中期到 20 世纪 60 年代中期，计算机的软、硬件技术发展到了一个新的阶段，硬件方面出现了磁盘、磁鼓等外存设备；软件方面则有了操作系统和高级语言，操作系统中有专门用于数据管理的文件系统。文件系统是操作系统中用于管理辅存数据的子系统，提供数据的物理存储和存取方法。在文件系统中，一组信息的集合称为文件。文件是操作系统管理数据的基本单位。

文件管理方式本质上是把数据组织成文件形式存储在磁盘上。用户通过编程，定义数据的逻辑结构和输入、输出格式。应用程序由于必须直接访问所使用的数据文件，所以完全依赖于数据文件的存储结构。当数据文件修改时，应用程序也必须做相应的修改，导致了这种管理数据的方法有以下缺点：

- 数据共享性差，冗余度大。相同数据在不同的程序使用时需要重复定义和重复存储。
- 数据具有不一致性。重复存储导致重复更新，并且容易造成数据不一致。
- 数据独立性差。文件结构的任何改变都需要修改应用程序。
- 数据结构化程度低。数据文件之间是孤立的，没有反映客观世界事物之间的关联。

3．数据库管理阶段

数据库技术产生于20世纪60年代末，数据库技术是计算机应用领域中非常重要的技术。这时，计算机磁盘技术有了很大的发展，出现了大容量的磁盘。软件方面产生了数据库管理系统。数据库管理系统在用户应用程序和数据文件之间起到了桥梁作用，实现了程序和数据的相互独立，克服了文件管理阶段存在的缺点，它有以下的特点：

- 信息完整和功能通用。
- 程序与数据相互独立。
- 数据抽象。
- 控制数据冗余。
- 支持数据共享。

4．分布式数据库管理阶段

分布式数据库管理系统是通信技术和网络技术高速发展的产物，是数据库技术和网络技术、通信技术相结合的产物。

分布式数据库管理系统通过计算机网络和通信线路把分散在不同地域的局部数据库系统连接起来形成一个统一的数据库系统。这个系统既支持客户访问与其相连的本地数据库中的数据，又支持客户访问在分布式数据库系统内存在于外地数据库中的数据。

分布式数据库系统具有可靠性高、地域范围广、数据量大、客户多等优点。缺点是因提高可靠性而带来的数据冗余和对不同地域数据库的统一管理所带来的系统复杂性。

0.1.2 数据库的基本概念

与数据库有关的基本概念有：数据、数据模型、数据库、数据库管理系统和数据库系统。

1．数据

数据并不局限于普通意义上的数字，它包括了人们在社会生产实践中所能接触到的数字、文字、图形、图像、声音等。凡是可以用计算机存储的描述事物的记录，都可以统称为数据。

2．数据模型

使用计算机处理现实世界中的具体事物，就需要先对客观事物加以抽象。数据模型就是一种对客观事物抽象化的表现形式。数据模型要满足3个要求：首先，要符合客观事物的基本特征；其次，要便于人们理解；最后，要便于计算机实现。

数据模型通常由数据结构、数据操作和完整性约束三要素组成。

数据结构描述的是系统的静态特征，是所研究对象类型的集合。它反映了数据模型最基本的特征；数据操作描述的是系统的动态特征，是对各种对象允许执行的操作的集合；完整性约束的目的是保证数据的正确性、有效性和相容性。

传统的数据模型有层次模型、网状模型和关系模型。近年来，对象模型也得到了广泛的应用。

3. 数据库

数据库（DataBase，DB）是按照一定的数据模型组织的，长期存储在计算机内，可为多个用户共享的数据集合。

4. 数据库管理系统

数据库管理系统（DBMS）是专门用来建立和管理数据库的软件。数据库管理系统除了同操作系统配合按照用户的要求存取数据库中的数据外，主要还有4个方面的管理控制功能。

（1）安全性控制

DBMS只允许合法的用户进入和使用数据库，每个合法的用户都被DBMS赋予了不同的权限，例如：只允许访问数据库的一些文件，不允许访问另一些文件；只允许查询数据，不能对数据做修改；只能对数据库内容进行修改，不能修改数据库结构等，超出授权的访问将被拒绝。

（2）一致性控制

一个数据库由多个数据文件表组成，数据文件之间通过公共数据项关联起来，当修改一个数据文件中的这种数据项时，与该数据文件相关联的其他数据文件中相应数据项应被自动修改，这样才能保证数据库内数据的一致性。

（3）并发性控制

并发性控制功能主要用在网络环境中的数据库，目的是避免多个用户同时修改同一数据库中的同一个数据时，可能引发错误结果的产生。例如：甲和乙两位同学同时通过网络报名某一个培训班，若该培训班的剩余名额只有一个，如果不做并发性控制，可能甲和乙报名都是成功的，即一个名额被两个同学使用，显然这是错误的。

（4）数据库恢复

DBMS必须具有数据库的恢复功能，在数据库遇到破坏时能够将数据库恢复到之前某一时刻的正常状态。

5. 数据库系统

数据库系统（DataBase System，DBS）是包括和数据库有关的各种要素的整个系统，包括数据库、DBMS、应用程序、数据库管理员和用户等。

0.2 关系数据库

在计算机数据管理的历史上，出现了两次飞跃。第一次是数据库技术的出现，它使得数据管理技术进入了一个新的时代。第二次是关系模型的诞生，它的出现标志着数据库技术走向成熟。1970年，美国IBM公司的Ted Codd首次提出了关系数据库的概念。在此之前，先后出现过层次数据库系统和网状数据库系统，目前这两种数据库的应用非常少，关系数据库占现代数据库系统的主导地位。

关系数据库是以关系模型为基础的数据库系统。关系模型有严格的数学基础，而且简单清晰，便于理解和使用。本书所讲述的 SQL Server 2000 就是一个著名的关系数据库产品。

1．关系数据模型

要理解关系数据库，首先要知道什么是“关系”，数据库使用关系表示数据之间的联系。如果一个数据库（SQL Server 2000 中称为表）中的数据可以用一个二维表的形式表示出来，那么这个数据库（或称表）的数据模型就是关系模型。也就是说一个关系可以看成是一个二维表，二维表由若干列、若干行组成，其中每列称为关系的属性或字段，每列有一个名称，称为属性名或字段名。每行数据的集合称为关系的一个元组或一条记录。

下面 3 个表描述了一个“图书借阅关系数据库”实例，它由“图书”、“读者”和“借阅”3 个关系（或称表）组成（见表 0-1～表 0-3）。

表 0-1 “图书”表

图书编号	分类号	书 名	作 者	出版单位	单价
112266	TP5/10	计算机组成原理	王 诚	清华大学出版社	27.5
112267	TP5/10	计算机组成原理	王 诚	清华大学出版社	27.5
112268	TP5/10	计算机组成原理	王 诚	清华大学出版社	27.5
221110	TP2/11	多媒体技术基础及应用	钟玉琢	清华大学出版社	28
221111	TP2/11	多媒体技术基础及应用	钟玉琢	清华大学出版社	28
221112	TP2/11	多媒体技术基础及应用	钟玉琢	清华大学出版社	28
332210	TP5/10	计算机应用基础	李 伟	高等教育出版社	18.5
332211	TP5/10	计算机应用基础	李 伟	高等教育出版社	18.5
332212	TP5/10	计算机应用基础	李 伟	高等教育出版社	18.5
445501	TP3/12	数据库系统概论	史嘉权	清华大学出版社	22
445502	TP3/12	数据库系统概论	史嘉权	清华大学出版社	22
445503	TP3/12	数据库系统概论	史嘉权	清华大学出版社	22
446601	TP4/13	微机原理与接口技术	艾德才	中国水利水电出版社	34
446602	TP4/13	微机原理与接口技术	艾德才	中国水利水电出版社	34
446603	TP4/13	微机原理与接口技术	艾德才	中国水利水电出版社	34
446604	TP4/13	微机原理与接口技术	艾德才	中国水利水电出版社	34

表 0-2 “读者”表

借书证号	姓 名	性 别	年 龄	系	专 业
111	王维莉	女	19	计算机工程系	计算机应用
112	李立军	男	22	计算机工程系	计算机应用
113	张 涛	男	24	计算机工程系	计算机应用
114	李 菊	女	28	计算机工程系	计算机应用
115	周洪发	男	18	计算机工程系	计算机应用

续表

借书证号	姓　名	性　别	年　龄	系	专　业
116	李　雪	女	21	自动化	自动控制
117	沈小霞	女	20	自动化	自动控制
118	宋连祖	男	24	自动化	自动控制
119	马英明	男	22	自动化	自动控制
120	朱　海	男	19	自动化	自动控制
121	刘金杰	男	21	自动化	自动控制

表0-3 “借阅”表

借书证号	图书编号	借书日期	还书日期
111	112266	2003-6-24	
111	445501	2003-7-16	
112	112267	2003-10-10	
112	445502	2004-1-4	
112	446601	2003-12-6	
114	112268	2004-2-6	
115	332212	2003-6-18	
115	445503	2003-8-10	
118	446604	2004-3-8	
120	221110	2004-4-8	
120	446602	2004-6-8	

其中，“图书”表有6个属性：图书编号、分类号、书名、作者、出版单位和单价，可以表示为：

图书(图书编号,分类号,书名,作者,出版单位,单价)

“图书”表，当前有16个元组（或16条记录）。

“读者”表有6个属性：借书证号、姓名、性别、年龄、系和专业，可以表示为：

读者(借书证号,姓名,性别,年龄,系,专业)

“读者”表，当前有11个元组（或11条记录）。

由于“读者”关系中的每个读者要借阅“图书”关系中的某一本书，所以这两个关系之间存在着一个“借阅”的联系，即“读者”对“图书”的“借阅”联系。这种联系也可以用关系表示出来，即关系“借阅”。

在这个例子中，“借阅”表有4个属性：借书证号、图书编号、借书日期和还书日期，其中，借书证号来源于“读者”表，图书编号来源于“图书”表。借阅表可以表示为：

借阅(借书证号,图书编号,借书日期,还书日期)

“借阅”表，当前有11个元组（或11条记录）。

2. 关系数据模型的E-R图表示

“读者”和“图书”这两个关系之间存在着“借阅”的联系，这种联系可以用“实体-联系模型（E-R图）”来表示，如图0-1所示。

实体–联系模型是用图形表示实体（关系或表）及实体间联系的方法，在图形中：

- 矩形框表示实体，在矩形框中写上实体名；
- 菱形框表示实体之间的联系，在菱形框中写上联系名；
- 椭圆形框表示实体和联系的属性（字段），在框内写上属性名。

从图 0–1 中可以直观地看到“图书”和“读者”的“借阅”关系，而且可以看到每个实体和它们的联系所具有的属性。

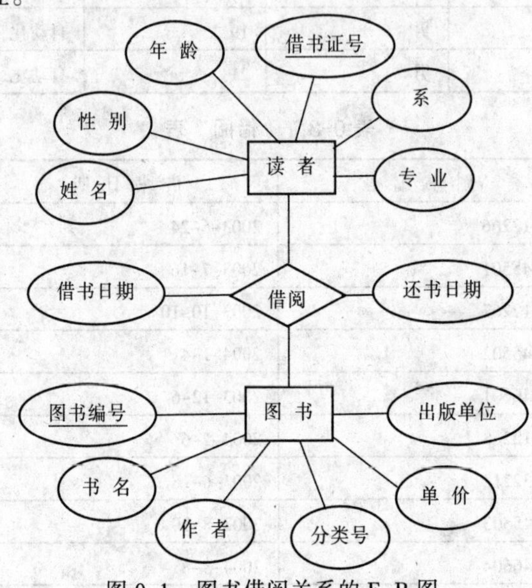

图 0–1　图书借阅关系的 E–R 图

3．键码和外键码

（1）键码

一个数据库（或称表）含有若干个属性（列或字段）和若干个元组（行或记录），其中能够唯一地确定一个元组（行）的属性（列）称为键码。如“图书”表中不允许图书编号有相同的值，它能唯一地确定一条记录，其他属性则不能，图书编号是键码。同样道理，在“读者”表中，借书证号是键码。在 E–R 图中，表示键码的方法很简单，就是在键码属性下面画一条横线，表示该属性是键码，如图 0–1 中的借书证号和图书编号。

（2）外键码

“借阅”表中，有 4 个属性，其中借书证号和图书编号两个属性合起来，才能唯一地确定一个元组（记录），因此借书证号和图书证号两个属性是“借阅”表的键码。然而，这两个属性分别来源于“读者”表的键码和“图书”表的键码，并且它们的取值分别是“读者”表和“图书”表中相应的属性值。所以，“借阅”表中的借书证号和图书编号又称为外键码。

本 章 小 结

本章主要介绍数据库和数据库管理系统的基本知识，包括数据管理技术发展中各个阶段的特点，有关数据库的基本概念以及关系数据库的基本知识，特别是以“图书借阅关系数据库”为例介绍了关系数据模型、关系数据模型的 E–R 图表示和键码、外键码的概念。这部分内容是学习本书的基础，应该很好地理解和掌握这些内容，同时可在理解本章内容的基础上，进一步学习一些关于关系数据库的其他知识，如关系运算、函数依赖和关系规范化等。有兴趣的读者也可以进一步了解关系数据库的发展趋势，了解关于分布式数据库和网络数据库的相关知识。

本书将以本章所列举的“图书借阅关系数据库”3个表为例，逐步介绍如何应用SQL Server 2000来创建“图书管理系统”。

思考与练习

一、简答题

1. 比较几种数据库，思考关系数据库有什么优点？
2. 查阅相关资料，思考数据库的发展方向。
3. 自己设计一个“人事管理系统”的数据库表，思考该数据库可能有哪些表及每个表的表结构。同时用 E-R 图表示表之间的关系。
4. 思考第 3 题中每个表键码的设置，表间的键码和外键码的关系是怎样表示的？
5. 查阅相关资料，了解网络数据库和分布式数据库的关系。

二、上机操作

1. 使用 Visual FoxPro 创建“图书借阅关系数据库”的“图书”表、“读者”表和“借阅”表，并录入相应的记录。
2. 使用 Access 创建“图书借阅关系数据库”的“图书”表、“读者”表和“借阅”表，并录入相应的记录。

实训一　使用 Visual FoxPro 和 Access 创建数据库表

一、实训目的

（1）熟悉 Visual FoxPro 和 Access 两个 DBMS；

（2）学会使用 Visual FoxPro 和 Access 定义表结构、录入表记录和确定表键码的方法；

（3）学会使用 Visual FoxPro 和 Access 建立表关系图的方法，并初步了解表关系图的作用。

二、实训内容

（1）使用 Visual FoxPro，参照本章表 0-1、表 0-2 和表 0-3，创建“图书借阅关系数据库”的“图书”表、“读者”表和“借阅”表，建立 3 个表的关系图，并录入相应的记录。

注意：

① 图书表的键码是图书编号；读者表的键码是借书证号；借阅表的键码由关系图可以看到是图书编号和借书证号。

② 键码的设定：定义表的字段时，在“表设计器”的“索引”选项卡中将相关字段的索引类型设为“主索引”，就可以将该字段设为键码。

（2）使用 Access，参照本章表 0-1、表 0-2 和表 0-3，创建“图书借阅关系数据库”的“图书”表、“读者”表和“借阅”表，建立 3 个表的关系图，并录入相应的记录。

注意：

① 图书表的键码是图书编号；读者表的键码是借书证号；借阅表的键码是图书编号和借书证号。

② 键码的设定：定义表的字段时，单击相关字段左端钥匙形状的按钮，就可以将该字段设为键码。

三、实训要求

（1）表名的确定方法：表名+_+年级（两位）+学号的 3 位尾号。

例如：06 级学号尾号是 100 的学生，表名应确定为图书_06100。

（2）各个表要先定义键码，建立关系图，然后录入记录。

（3）读者表中的第一条记录要修改为学生本人。

（4）每位同学要独立完成实训操作。

（5）建立实验数据文件的格式要求，如图 0-2 所示。

（6）每位同学要保存完成的两个数据库，以备后面实训用到这两个数据库，同时要把两个数据库提交到老师指定的邮箱。

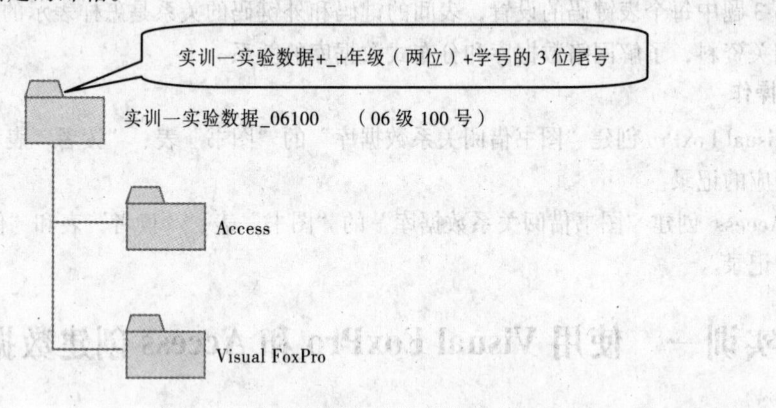

图 0-2 实训数据文件的存储方式

第 1 章 SQL Server 2000 关系数据库管理系统

学习目标

☑ 了解 SQL Server 的发展史和 SQL Server 2000 的特点。

☑ 了解 SQL Server 2000 的版本、安装要求和安装过程。

☑ 了解 SQL Server 2000 提供的管理工具和实用程序的功能。

☑ 理解和掌握 SQL Server 2000 系统数据库和系统表的基本功能。

☑ 熟练掌握 SQL Server 2000 企业管理器、服务管理器和查询分析器的功能及使用方法。

1.1 SQL Server 2000 简介

SQL Server 2000 是美国 Microsoft 公司推出的高性能关系数据库管理系统。首先应该了解 SQL Server 是如何发展的，SQL Server 2000 又具有哪些新的特点。

1.1.1 SQL Server 的发展简史

SQL Server 是由美国 Microsoft 公司推出的一种关系数据库管理系统，它经历了十多年的发展过程，目前已经成为较出色的数据库管理系统。

SQL Server 最初是 1988 年推出的，由 Microsoft、Sybase 和 Ashton-Tate 3家公司共同开发的 OS/2 版本。

1988 年至今，SQL Server 不断更新版本。

1993 年 Microsoft 公司推出 Windows NT 3.1 之后，Windows 操作系统得到普遍推广，Microsoft 公司决定把 SQL Server 和 Windows NT 操作系统紧密地结合起来，很快便推出 SQL Server 4.2 版本。

1994 年 Microsoft 公司终止与 Sybase 公司的合作。1995 年在改写整个系统核心的基础上，推出了 SQL Server 6.0 版本，使 SQL Server 成为功能齐全的数据库管理系统。

1996 年 Microsoft 公司对 SQL Server 6.0 版本进行了修改和补充，推出了 SQL Server 6.5 版本。

1998 年 Microsoft 公司推出 SQL Server 7.0 版本，在使用中越来越多的用户体会到 SQL Server 数据库系统功能强大、简单易用、价格低廉；Microsoft 公司进一步巩固了在数据库产品市场的地位。

2000 年 Microsoft 公司又推出 SQL Server 的最新版本 SQL Server 2000。

1.1.2 SQL Server 2000 的特点

SQL Server 2000 是在 SQL Server 7.0 的基础上推出的版本，它继承了 7.0 版本的高性能、可靠性、易用性和可扩充性的优点，同时又增加了一些新的特性，使其成为一种领先的数据库管理系统，可用于大规模联机事务处理（OLTP）、数据仓库及电子商务等。

SQL Server 2000 的主要特点如下：

1. 客户机/服务器体系结构

SQL Server 采用客户机/服务器体系结构，客户机负责界面描述、界面显示，向服务器提出处理要求；服务器负责数据管理、程序处理，并将处理结果返回客户机；在这种体系结构中数据资源是集中存储在数据库服务器里，而不是分别存储在各个客户机内，有效地实现数据共享。

2. 图形化的用户界面

SQL Server 2000 的图形化用户界面使系统管理和数据库管理更加直观、简单。特别是 SQL Server 2000 在日志存储、事件探查器和查询分析器的图形操作界面上做了较大的改进。对日志存储的改进使用户可以连续不断地将事务日志进行备份并装载到另一台服务器上的目标数据库；对事件探查器的改进可以使用户使用基于时间和基于空间的跟踪，同时增加了许多新的可以跟踪的事件；查询分析器增加了对象浏览器组件，使用户可以浏览并获取服务器上数据库对象的信息。

3. 丰富的编程接口和开发工具

SQL Server 2000 提供了丰富的编程组件和开发工具。利用 SQL Server 的编程环境，使用这些组件和工具即可以编写 SQL 脚本，又可以通过高级编程语言开发应用数据库。SQL Server 支持 Windows 平台下大多数常用的数据库应用编程接口（API），如 ODBC、DAO、OLE DB、ADO、内嵌 SQL 及 ADO.NET 等，程序员可以方便地控制应用程序和数据库之间的交互，为用户进行程序设计提供了更多的选择余地。

4. 高度集成特性

SQL Server 与 Windows NT、Windows 2000 等操作系统完全集成，利用了 NT 的许多功能，如发送和接收消息、管理登录安全性等。SQL Server 还可以很好地与 Microsoft 公司的许多 Back Office 产品和环境集成在一起，实现一些特定的功能，如与 Microsoft Exchange Server（电子邮件服务器）集成，用户可以通过电子邮件的形式向 SQL Server 数据库系统提交有关的 T-SQL 数据查询语句，并将查询的结果采用电子邮件的形式返回用户；又如与 Microsoft Internet Information Server（IIS Web 服务器）集成，SQL Server 的数据可以自动地发送到 Web 页面上，用户可以通过 Web 浏览器来查询 SQL Server 的数据等。

5. 支持 XML（Extensive Markup Language）扩展置标语言

XML 可用于描述一个数据集的内容，以及如何在 Web 页上显示数据或如何将数据输出到某个设备上。SQL Server 2000 中的关系数据库可以将 XML 文档作为数据返回给应用程序，也可以利用 XML 对数据库服务器进行插入、删除和修改等操作；能够通过 URL 访问 SQL Server 等。

6. 自动实现数据库操作的并发控制

在网络环境下，当多个用户同时访问同一个数据库时（并发操作）若不进行合理调度，将可能导致数据库中的数据不一致性。通常采用数据封锁机制来保证数据库数据的一致性，SQL Server 对数据实施的是行级封锁，它会根据不同的情况动态地调整数据封锁力度，以使数据封锁和数据共享达到最佳状态，并且 SQL Server 的并发控制全部在后台自动运行，不需要用户的干预。

7. 支持数据库仓库

SQL Server 2000 的分布式查询允许用户同时引用多处数据源，但其友好的界面却使用户始终以为是在操作同一个数据源。为了满足现代企业对大规模数据进行有效分析和使用的要求，SQL Server 2000 提供了一系列提取、分析、总结数据的根据，从而可以实现联机分析处理。

8. 提供了英语查询工具（MS English query）和编程接口（OLE）

使用 SQL Server 2000 的英语查询工具和 OLE 接口，可以将用普通英语编写的查询语句转换成 SQL Server 可以接受的 T-SQL 语句，实现了日常用语对 SQL Server 数据库的交互，这有利于用户更快、更方便地建立适用面更为广泛的电子商务应用程序。

除了以上 8 个主要特点外，SQL Server 2000 还具有支持 OLE DB 和多种查询、支持分布式的分区视图和视图索引、支持数据复制等特性，随着深入地学习和使用 SQL Server 2000，会更好地理解和掌握这些特性。

1.2　SQL Server 2000 的版本与安装

1.2.1　SQL Server 2000 的版本

安装 SQL Server 2000 首先要清楚 SQL Server 2000 都有哪些版本，因为 SQL Server 2000 不同的版本在应用的领域、要求的操作系统等方面均不相同，安装前必须先准备好所要安装版本需要的硬件环境和软件环境。

目前 SQL Server 2000 可用的版本有企业版（enterprise edition）、标准版（standard edition）、个人版（personal edition）、开发版（developer edition）和企业评估版等。

① 企业版：通常作为企业级数据库服务器使用。企业版支持 SQL Server 2000 中的所有可用功能，并可根据支持最大的 Web 站点和企业联机事务处理（OLTP）及数据仓库系统所需的性能水平进行伸缩。

② 标准版：通常作为小工作组或部门的数据库服务器使用。

③ 个人版：通常供移动的用户使用，这些用户有时从网络上断开，但所运行的应用程序需要 SQL Server 提供数据存储。在客户端计算机上运行需要本地 SQL Server 数据存储的独立应用程序时也使用个人版。购买 SQL Server 2000 标准版和企业版时也可以得到个人版。

④ 开发版：主要供程序员用来开发 SQL Server 应用程序。开发版支持企业版的所有功能，使开发人员能够编写和测试可使用这些功能的应用程序，但开发版只能作为开发和测试系统使用，不能作为企业级数据库服务器使用。

⑤ 企业评估版：可以从 Web 上免费下载功能完整的企业评估版本。但企业评估版只能用于评估 SQL Server 的功能，并且下载 120 天后该版本将停止运行。

1.2.2 SQL Server 2000 的环境要求

SQL Server 2000 对计算机的硬件配置和软件环境有哪些要求呢?

1. 安装、运行 SQL Server 2000 所需的硬件要求

① 计算机芯片: Inter 及其兼容计算机, Pentium(奔腾)166MHz 或者更高处理器或 DEC Alpha 和其兼容系统。

目前微机的芯片已基本是 Pentium 4 处理器、主频在 2GHz 以上。

② 内存（RAM）: 企业版最少需 64MB 内存，其他版本最少需要 32MB 内存，建议使用更大容量的内存，更大容量的内存可以提供给数据库系统足够大的运行空间，可以明显提高系统的运行速度。

目前微机内存的配置已经达到 128MB 以上。

③ 硬盘空间: 完全安装（Full）需要 180MB 的空间，典型安装（Typical）需要 170MB 的空间，最小安装（Minimum）需要 65MB 的空间。

目前微机硬盘的配置已达到 80G 以上，可有足够的硬盘空间提供给 SQL Server 2000。

④ CD-ROM 驱动器: SQL Server 2000 支持光盘和网络两种安装方式。如果选择光盘安装方式，必须拥有光盘驱动器。

目前微机均提供 8×（倍速）以上的 CD-ROM。

⑤ 显示器: 为了进行 SQL Server 2000 的安装及使用管理，必须具备一个 VGA 或更高分辨率的显示器和显示适配卡，同时还应配备标准键盘和鼠标。

2. 安装、运行 SQL Server 2000 所需的软件要求

SQL Server 2000 对操作系统有较高的要求，并且不同的版本有不同的要求。

① 企业版: SQL Server 2000 企业版必须运行在安装 Windows NT Server Enterprise Edition 4.0 或者 Windows 2000 Advanced Server 及更高版本的操作系统下。

② 标准版: SQL Server 2000 标准版必须运行在安装 Windows NT Server Enterprise Edition 4.0, Windows NT Server 4.0 或者 Windows 2000 Server 以及更高版本的操作系统下。

③ 个人版: SQL Server 2000 个人版可以在多种操作系统下运行，如可运行在 Windows 98/Me, Windows NT 4.0, Windows 2000 的服务器版或者 Windows XP Home/Professional 以及更高版本的 Windows 操作系统下。

④ 开发版: SQL Server 2000 开发版可以运行在上述 Windows 9x 以外的所有操作系统下。

1.2.3 SQL Server 2000 的安装

1. 安装前的准备工作

SQL Server 2000 的安装过程与其他 Microsoft Windows 系列产品类似，用户可以根据向导提示，选择需要的选项一步一步地完成，但安装前一般要注意以下问题:

① 确保计算机满足安装 SQL Server 2000 所需的软、硬件要求。

② 以本地系统管理员的身份登录 Windows 系统。

③ 关闭所有与 SQL Server 相关的服务，包括所有使用 ODBC 的服务，如 WindowsNT/ 2000 自带的 Microsoft Internet Information（IIS）等。

④ 关闭 Microsoft Windows NT 事件查看器和注册表查看器（regedit.exe 或 regedt32.exe），应尽可能关闭所有不相关的应用程序。

2．SQL Server 2000 的安装（以个人版为例）

（1）将 SQL Server 2000 的个人版光盘放进光驱，这时系统会自动运行安装程序，屏幕显示安装首界面，如图 1–1 所示。在这个界面里选择“安装 SQL Server 2000 组件”，进入“欢迎”对话框，如图 1–2 所示。

图 1–1　SQL Server 2000 自动安装首界面

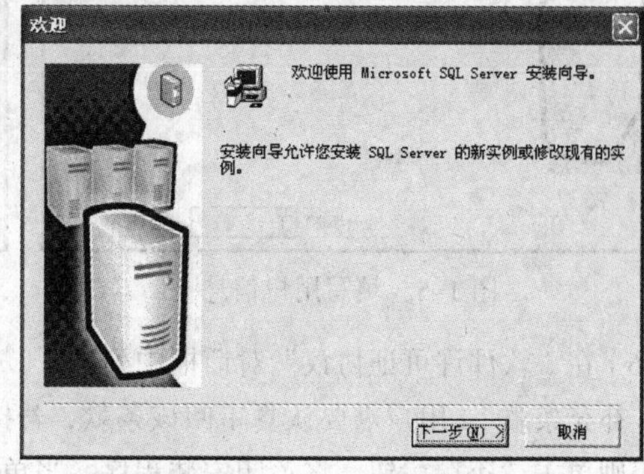

图 1–2　SQL Server 2000 安装向导

（2）在“欢迎”对话框里单击“下一步”按钮，系统将弹出“计算机名”对话框，如图 1–3 所示。

（3）在“计算机名”对话框里，要求用户选择进行“本地计算机”安装或“远程计算机”安装，默认的选择方式是“本地计算机”。

在此选择“本地计算机”安装并单击“下一步”按钮，将弹出“安装选择”对话框，如图 1–4 所示。

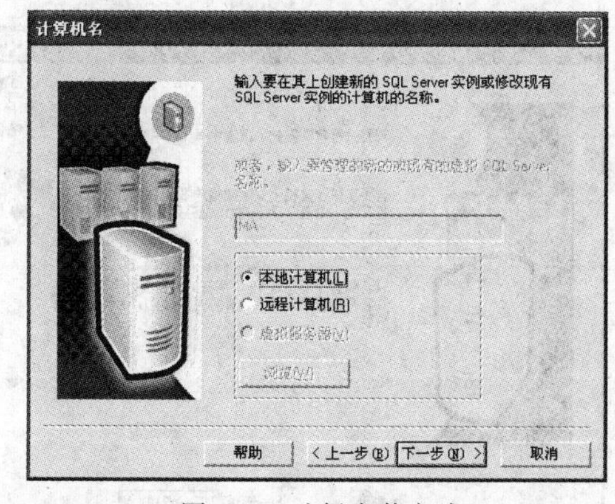

图 1–3　选择安装方式

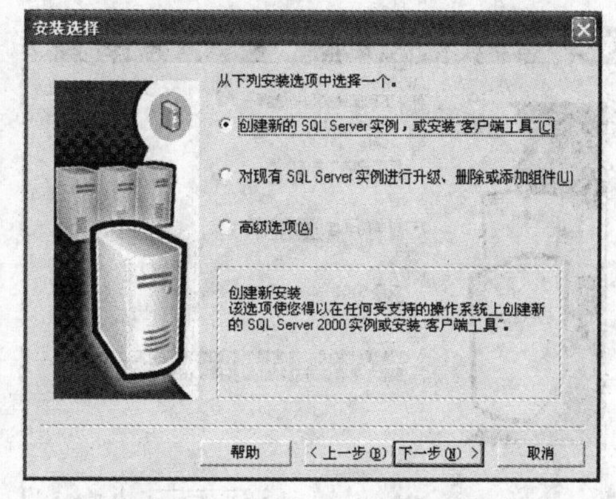

图 1–4　SQL Server 实例选项

（4）在“安装选择”对话框中，可以选择“创建新的 SQL Server 实例，或安装客户端工具”或选择“对现有 SQL Server 实例进行升级、删除或添加组件”单选按钮，也可以选择“高级选项”单选按钮，即“安装选择”对话框使用户得以在任何受支持的操作系统上创建新的安装或安装客户端工具。

选择 “创建新的 SQL Server 实例，或安装客户端工具”单选按钮，并单击“下一步”按钮，将弹出“用户信息”对话框，如图 1-5 所示。

（5）在“用户信息”对话框中填入用户姓名和公司名称，然后单击“下一步”按钮，将弹出“软件许可证协议”对话框，如图 1-6 所示。

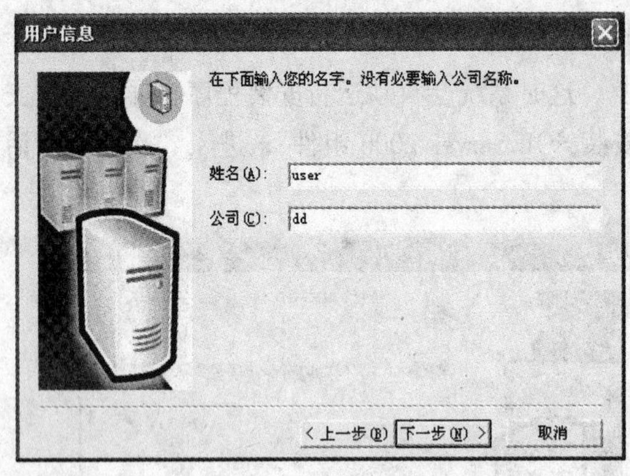

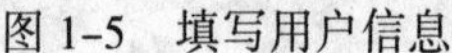
图 1-5　填写用户信息

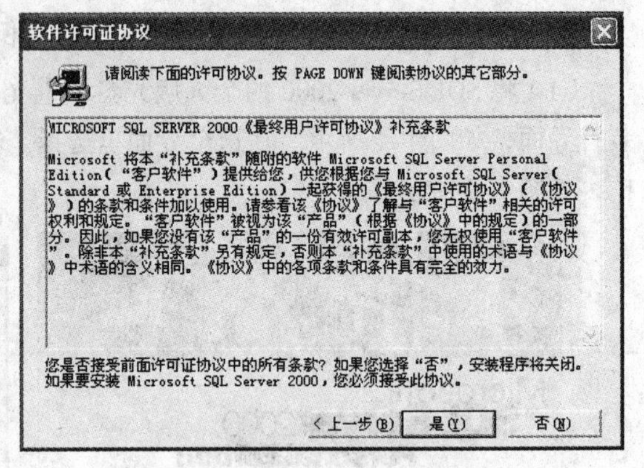

图 1-6　签署软件许可证协议

（6）在“软件许可证协议”对话框中列出了“MICROSOFT SQL SERVER 2000《最终用户许可协议》补充条款”，用户需要认真审阅该条款，若接受此协议可单击“是”按钮，进入下一操作界面；否则单击“否”按钮，将关闭安装程序。当单击“是”按钮后，将进入“安装定义”对话框，如图 1-7 所示。

（7）在“安装定义”对话框中，用户可根据安装的目的从 3 个单选按钮中选择其一，如果用户安装的是数据库服务器，则必须选择“服务器和客户端工具”单选按钮；如果只是为了实现客户端应用程序和服务器的连接畅通，则可以选择“仅客户端工具”或“仅连接”单选按钮。在此选择“服务器和客户端工具”单选按钮并单击“下一步”按钮，将进入“实例名”对话框，如图 1-8 所示。

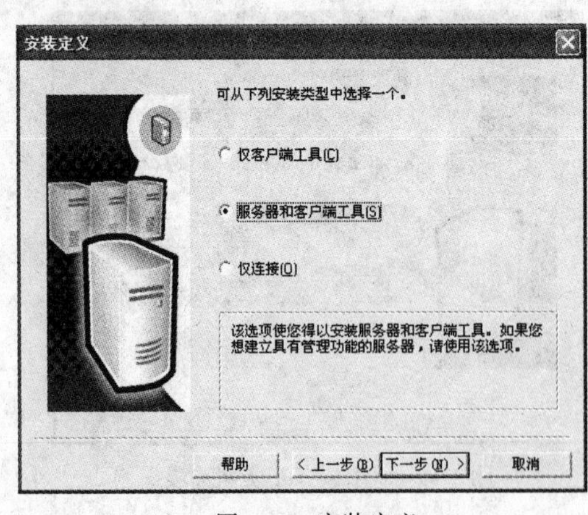

图 1-7　安装定义

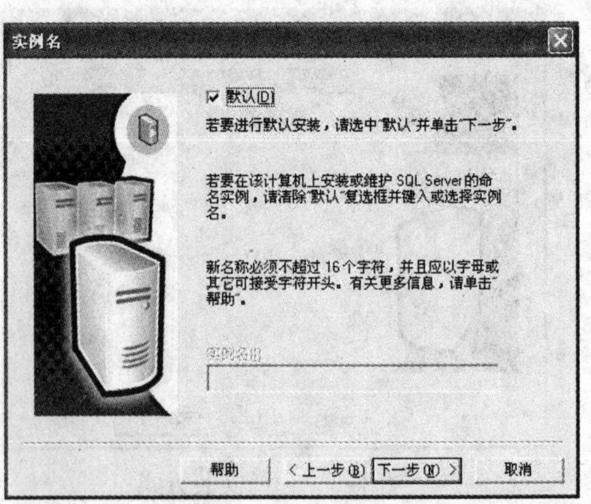

图 1-8　填写实例名

（8）在“实例名”对话框中，可以选择安装为“默认”实例，也可以选择“实例名”安装。如果选择“实例名”安装则必须为实例确定实例名。通常选择“默认”实例，然后单击“下一步”按钮，进入选择“安装类型”对话框，如图 1-9 所示。

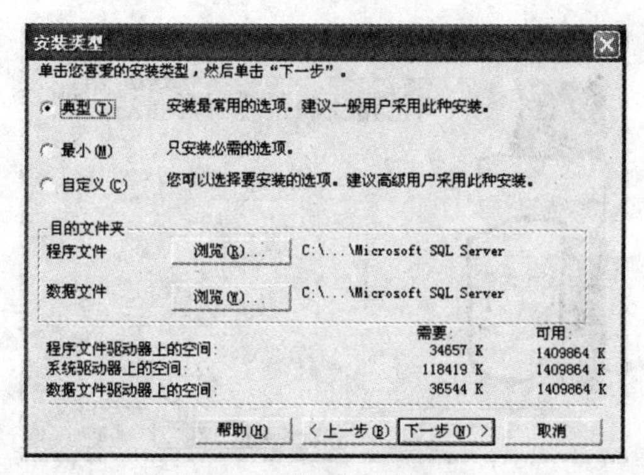

图 1-9　选择安装类型

（9）在"安装类型"对话框中，SQL Server 2000 提供了 3 种安装方式供用户选择。

- "典型"安装：以默认的方式安装 SQL Server 2000，建议一般用户采用这种安装方式。
- "最小"安装：以能运行 SQL Server 2000 所需的最小配置进行安装。如果不是硬盘空间有限，尽量不要选择这种安装方式。
- "自定义"安装：允许进行安装组件的选择，系统建议高级用户采用此种安装方式。

在对话框中 SQL Server 2000 还提供了 3 种不同类型的文件格式：程序文件、数据文件和系统文件。程序文件和数据文件一般都安装在同一个目录下，而系统文件安装在系统目录下。程序文件中包含的多数是可执行文件和.DLL 文件等，这些文件不会随程序运行而改变大小；数据文件包含数据库文件、系统日志和复制的数据等，其文件大小将随程序的运行而发生变化。

在"安装类型"对话框中，选择"典型"安装并单击"下一步"按钮，将进入"服务账户"对话框，如图 1-10 所示。

（10）为了启动 SQL Server 2000 的 MS SQL Server 和 MS SQL Server 代理服务，必须指定有相应权限的用户和口令，因此在"服务账户"对话框中可以选择"对每个服务使用同一账户。自动启动 SQL Server 服务。"单选按钮；在"服务设置"选项区域中，选择"使用域用户账户"单选按钮并输入密码。然后单击"下一步"按钮，进入"身份验证模式"对话框，如图 1-11 所示。

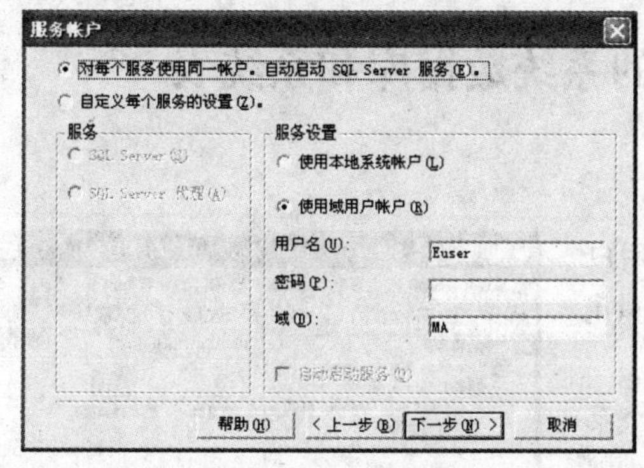

图 1-10　选择启动服务账户

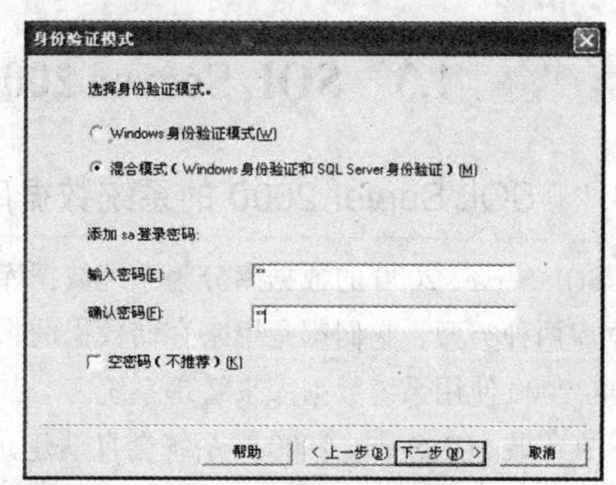

图 1-11　身份验证模式选择

（11）在"身份验证模式"对话框中提供了"Windows 身份验证模式"和"混合模式"的选择，如果是在 Windows NT 环境下安装，可以选用"Windows 身份验证模式"；其他情况下可以选择"混合模式"身份验证方式。身份验证模式选择后，单击"下一步"按钮将弹出"开始复制文件"对话框，如图 1-12 所示。

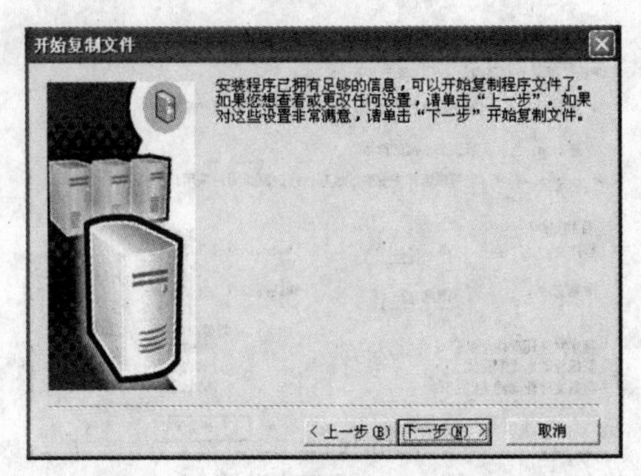

图 1-12　“开始复制文件”对话框

（12）弹出“开始复制文件”对话框后，如果想查看或更改任何设置可单击“上一步”按钮，如果不再修改安装设置，可单击“下一步”按钮，系统开始复制文件，并进行安装，如图 1-13 所示。

（13）安装完成后，将弹出“安装完毕”对话框，在这个对话框中单击“完成”按钮，结束 SQL Server 2000 的安装，如图 1-14 所示。

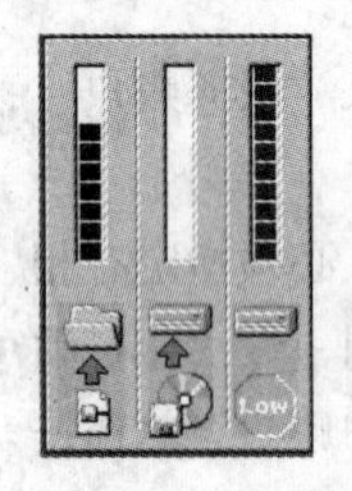

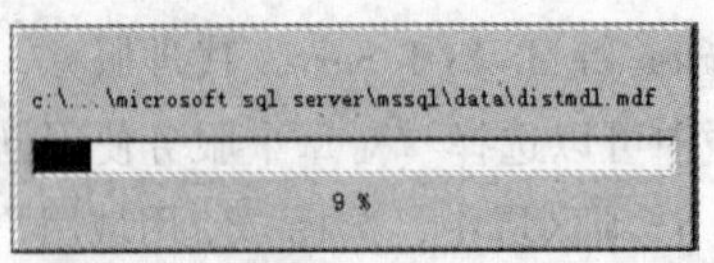

图 1-13　复制文件

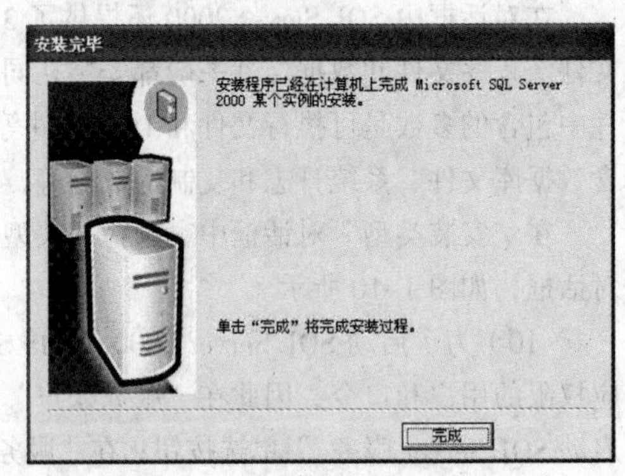

图 1-14　“安装完毕”对话框

1.3　SQL Server 2000 的系统数据库和系统表

1.3.1　SQL Server 2000 的系统数据库

SQL Server 2000 的数据库分为系统数据库和用户数据库两种类型，它们都是用来存储数据的，但 SQL Server 2000 使用系统数据库来管理系统。

在安装 SQL Server 2000 时系统会自动建立 4 个系统数据库和两个实例数据库，这 4 个系统数据库分别是 master、model、msdb 和 tempdb；两个实例数据库分别是 pubs 和 Northwind，如图 1-15 所示。

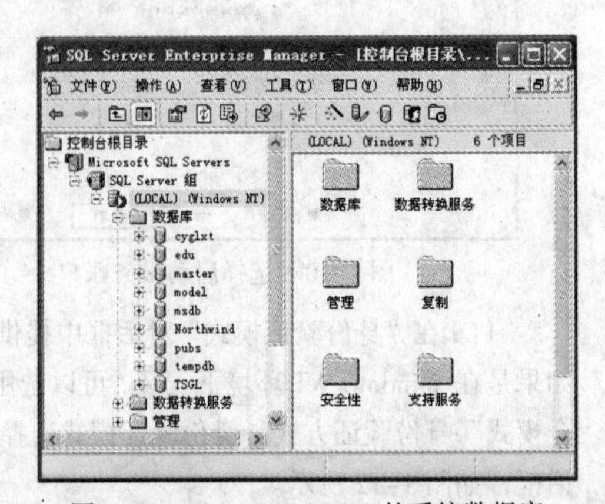

图 1-15　SQL Server 2000 的系统数据库

SQL Server 2000 系统提供的 6 个数据库文件存储在 Microsoft SQL Server 默认安装目录下的 MSSQL 子目录的 Data 文件夹中，数据库文件的扩展名为.mdf，数据库日志文件的扩展名为.ldf。系统提供的 6 个数据库的基本功能与存储的基本信息如下：

1. master 数据库

master 数据库是 SQL Server 系统最重要的数据库，它存储了 SQL Server 系统的所有系统级别信息。这些系统级别信息包括所有的登录信息、系统设置信息、SQL Server 的初始化信息和其他系统数据库及用户数据库的相关信息。

master 数据库对 SQL Server 系统极为重要，它一旦受到破坏，例如被用户无意删除了数据库中的某个表格，就有可能导致 SQL Server 系统彻底瘫痪，因此用户轻易不要直接访问 master 数据库，更不要修改 master 数据库，不要把用户数据库对象创建到 master 数据库中。

2. model 数据库

model 数据库是所有用户数据库和 tempdb 数据库的模板数据库，它含有 master 数据库所有系统表的子集，每当用户创建新数据库时，SQL Server 服务器都要把 model 数据库的内容复制到新的数据库中作为新数据库的基础，这样可以大大简化数据库及其对象的创建和设置。

3. msdb 数据库

msdb 数据库是代理服务数据库，为其警报、任务调度和记录操作员的操作提供存储空间。

4. tempdb 数据库

tempdb 数据库是一个临时数据库，它为所有的临时表、临时存储过程及其他临时操作提供存储空间，属于全局资源，没有专门的权限限制。不管用户使用哪个数据库，所建立的所有临时表和存储过程都存储在 tempdb 临时数据库中，当用户与 SQL Server 断开时，其临时表和存储过程将被自动删除。SQL Server 每次启动时，tempdb 临时数据库被重新建立。

5. pubs 和 Northwind 数据库

pubs 和 Northwind 是两个实例数据库，可以作为初学者学习 SQL Server 2000 的学习工具。

（1）pubs 数据库

pubs 数据库存储了一个虚构的图书出版公司的基本情况，其中包含了大量的样本表，如作者表（authors）、出版物表（titles）、书店表（store）等，样本表内提供了若干条样本记录；还有一些样表内记录着各表之间的状态关系等。

（2）Northwind 数据库

Northwind 数据库存储了一个虚构的食品进出口公司进行进出口业务的销售数据，这个公司名为 Northwind，专门经营世界各地风味食品的进出口业务。Northwind 数据库提供了与该公司经营有关的样表，如雇员表（employees）、顾客表（customers）、供货商表（supplier）、订单表（order）等，样本表内也提供了若干条样本记录；还有一些样表记录着各表之间的状态关系等。

1.3.2 SQL Server 2000 的系统表

在逻辑层次上数据库是由表、视图、存储过程、触发器、关系图等一系列数据库对象组成的。每当创建数据库时系统都会自动创建一些数据库对象，其中比较重要的就是系统表。

SQL Server 2000 用系统表记录所有服务器活动的信息。系统表中的信息组成了 SQL Server 系统利用的数据字典。

在此简单介绍其中 7 个重要的系统表。

1. Sysobjects 表（对象表）

系统表 Sysobjects 是 SQL Server 的主系统表，该表出现在每个数据库中，它对每个数据库对象含有一行记录。

2. Syscolumns 表（列表）

系统表 Syscolumns 出现在 master 数据库和每个用户自定义的数据库中，它对基表或者视图的每个列和存储过程中的每个参数含有一行记录。

3. Sysindexes 表（索引表）

系统表 Sysindexes 出现在 master 数据库和每个用户自定义的数据库中，它对每个索引和没有聚集索引的每个表含有一行记录，它还对包括文本/图像数据的每个表含有一行记录。

4. Sysusers 表（用户表）

系统表 Sysusers 出现在 master 数据库和每个用户自定义的数据库中，它对整个数据库中的每个 Windows NT 用户、Windows NT 用户组、SQL Server 用户或者 SQL Server 角色含有一行记录。

5. Sysdatabases 表（数据库表）

系统表 Sysdatabases 对 SQL Server 系统上的每个系统数据库和用户自定义的数据库含有一行记录，它只出现在 master 数据库中。

6. Sysdepends 表（依赖表）

系统表 Sysdepends 对表、视图和存储过程之间的每个依赖关系含有一行记录，它出现在 master 数据库和每个用户自定义的数据库中。

7. Sysconstraints 表（完整性约束表）

系统表 Sysconstraints 对使用 CREATE TABLE 或者 ALTER TABLE 语句为数据库对象定义的每个完整性约束含有一行记录，它出现在 master 数据库和每个用户自定义的数据库中。

1.4 SQL Server 2000 的管理工具和实用程序

SQL Server 2000 安装成功后，在 Windows XP“开始”菜单的“所有程序”中将会出现 Microsoft SQL Server 程序组子项，在这个程序组子项中系统已经生成 8 个 SQL Server 管理工具和实用程序，如图 1-16 所示，它们分别是查询分析器（query analyzer）、导入和导出数据（import and export data）、服务管理器（service manager）、服务器网络实用工具（server network utility）、客户端网络实用工具（client network utility）、联机丛书（books online）、

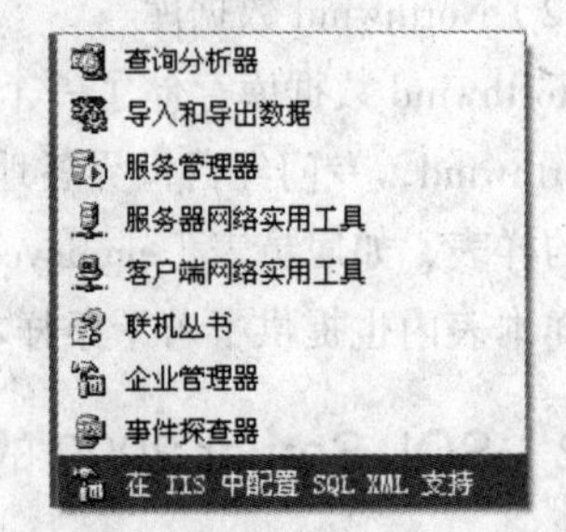

图 1-16 SQL Server 管理工具和实用程序

企业管理器（enterprise manager）和事件探查器（profiler）等。其中最常用的管理工具是服务管理器、企业管理器和查询分析器。

1.4.1　企业管理器

企业管理器是 SQL Server 中最重要的一个管理工具。企业管理器不仅能够配置系统环境和管理 SQL Server，而且由于它能够以层叠列表的形式来显示所有的 SQL Server 对象，因而所有 SQL Server 对象的建立与管理都可以通过它来完成。

1. 企业管理器的主要功能

使用企业管理器可以完成的主要操作如下：

① 管理 SQL Server 服务器。

② 建立与管理数据库。

③ 建立与管理表、视图、存储过程、触发程序、角色、规则、默认值等数据库对象，以及用户定义的数据类型和用户定义的函数。

④ 备份数据库和事务日志、恢复数据库和复制数据库。

⑤ 设置任务调度，设置警报。

⑥ 创建和控制管理用户账户和用户组。

⑦ 建立 T-SQL 命令语句以及管理和控制 SQL Mail（邮件）。

2. 如何打开企业管理器

打开企业管理器：选择 Windows XP 的"开始"→"所有程序"→Microsoft SQL Server→"企业管理器"命令便可进入企业管理器，连续单击树形文件夹左边的加号（+）便可以进入 SQL Server 2000 企业管理器的主界面，如图 1-17 所示。

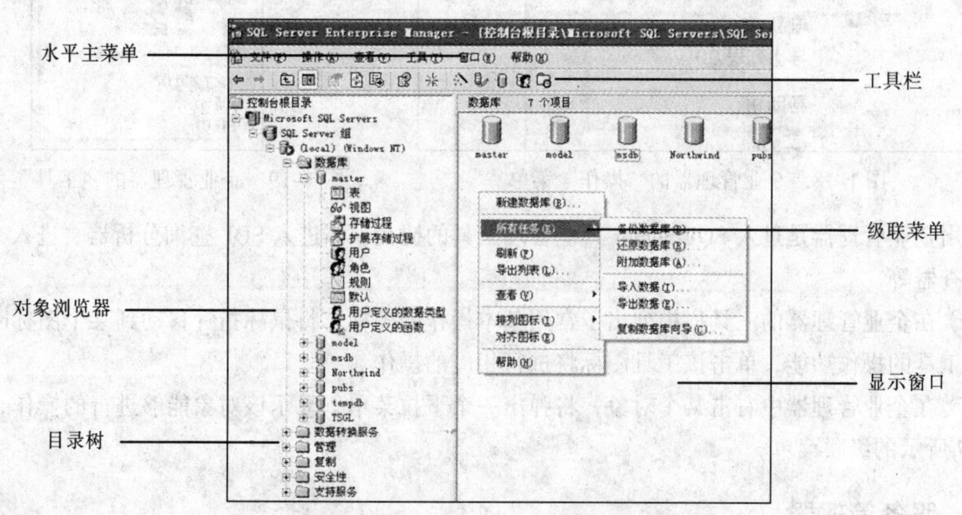

图 1-17　SQL Server 2000 企业管理器的主界面

3. 企业管理器主界面的构成

由 SQL Server 2000 企业管理器的主界面图可以看到，企业管理器的主界面主要由水平主菜单、工具栏、对象浏览器和显示窗口等部分组成，如图 1-17 所示。

4. 如何使用企业管理器

由左边的对象浏览器可以看到，企业管理器使用了类似于 Windows“资源管理器”的树形结构，根结点是“控制台根目录”，表示它是所有服务器控制台的根，第 1 层结点是系统默认的结点 Microsoft SQL Server，所有的 SQL Server 服务器组都是 Microsoft SQL Server 结点的子结点。用户可以在该结点下面建立自己的服务器组，在此要指出的是当完成 SQL Server 2000 的安装时系统首先在 Microsoft SQL Server 结点下提供了一个服务器组“SQL Server 组”，用户建立的服务器组就注册在它的下层，当然用户可以对服务器进行重新注册。

（1）单击服务器前的加号（+）将展开该服务器下层所有的管理对象和可执行的管理任务，它们分别是数据库、数据转换服务、管理、复制、安全性、支持服务等文件夹；单击文件夹前的加号（+）（或双击该文件夹）将显示下一层的所有对象，这时文件夹前的加号变为减号（-），表示该对象目前被展开，再单击这个减号（-）又可压缩一个对象的所有子对象。

（2）在企业管理器的系统水平主菜单中，“操作”菜单和“工具”菜单包含了 SQL Server 2000 提供的各种管理工具，如图 1-18 和图 1-19 所示。选择各个菜单中的命令，便进入实现具体管理功能的管理工具操作环境中。

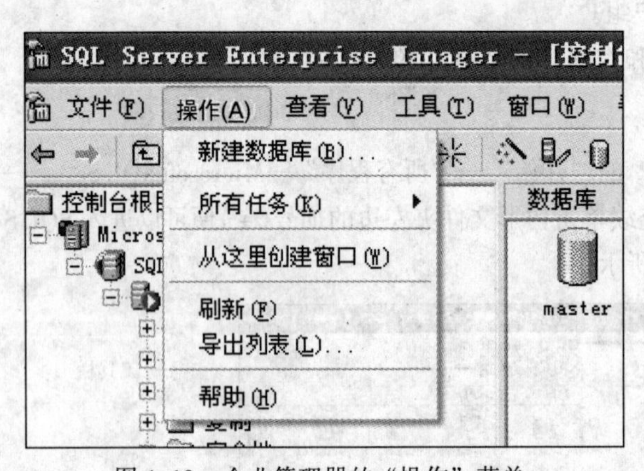

图 1-18　企业管理器的“操作”菜单

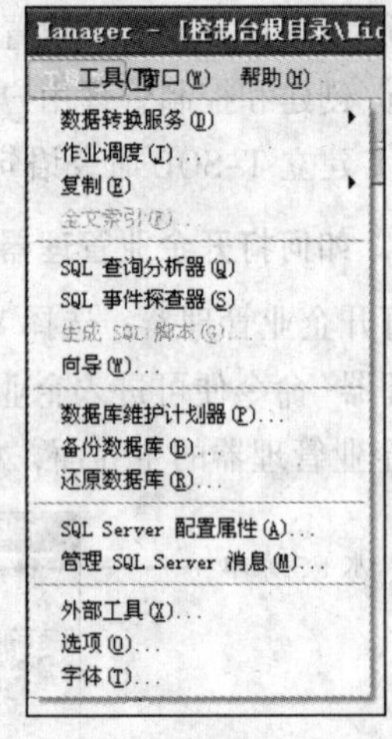

图 1-19　企业管理器的“工具”菜单

使用企业管理器是进入 SQL Server 其他管理工具的捷径，如进入 SQL 查询分析器、进入 SQL 事件探查器等。

（3）在企业管理器的工具栏中列出了常用基本操作的图标，将鼠标指针移动到某个图标时将显示该工具的操作功能，单击该工具图标将进行相应的操作。

（4）在企业管理器中右击某个对象，将弹出一个下拉菜单，显示该对象能够进行的操作，如图 1-17 所示的级联菜单。

1.4.2　服务管理器

SQL Server 服务管理器是在服务器端实际工作时最有用的管理工具，选择 Microsoft SQL Server 程序组的服务管理器子项便可进入服务管理器，其界面如图 1-20 所示。

服务管理器是用来启动、暂停、继续和停止数据库服务器的实时服务，用户对数据库进行任何操作之前都必须先启动 SQL Server，而使用服务管理器是启动 SQL Server 数据库服务器的最简单方法。被启动后的服务管理器界面如图 1-21 所示，如果希望每次启动操作系统时便启动 SQL Server，则可以选中图 1-20 中的复选框。

第 2 章将具体介绍 SQL Server 服务管理器的功能和使用方法。

图 1-20　“SQL Server 服务管理器”界面

图 1-21　启动后的 SQL Server 服务管理器界面

1.4.3　查询分析器

对于数据库应用程序开发人员来讲，仅拥有企业管理器这样一个图形化的管理工具，仅通过单击操作来完成对数据库的管理是不够的，还必须拥有一个编辑程序并运行程序的交互窗口，在这个交互窗口里通过 SQL 的命令对数据库服务器中的数据进行操作。SQL Server 2000 的图形化查询分析器就是一个简单、易用的 SQL 交互窗口，通过查询分析器用户可以交互地设计、测试、运行 T-SQL 语句，可以迅速查看这些语句的运行结果，并分析和处理数据库中的数据。用好查询分析器对掌握 SQL 查询语言，对深入理解 SQL Server 的管理工作会有很大的帮助。

1. 启动查询分析器的方法

（1）可以使用两种方法启动查询分析器。

方法 1：由 Windows XP 启动查询分析器。选择“开始”→“所有程序”→Microsoft SQL Server →“查询分析器”命令，首先进入查询分析器登录数据库服务器界面，如图 1-22 所示，登录成功后进入查询分析器主界面，如图 1-23 所示。

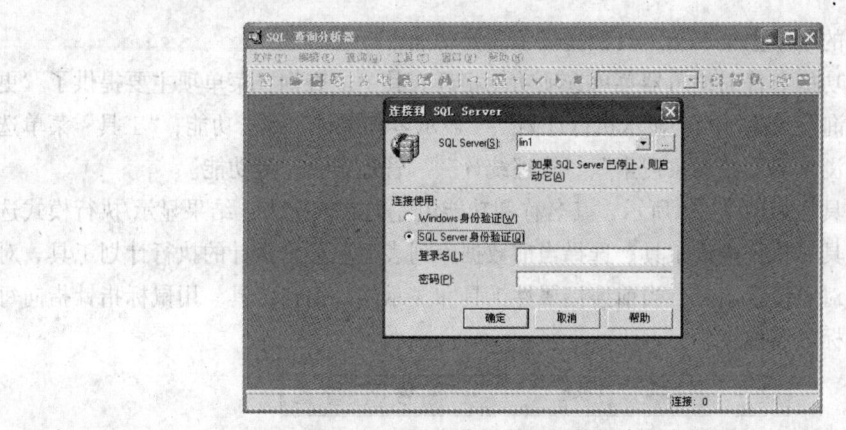

图 1-22　查询分析器登录数据库服务器界面

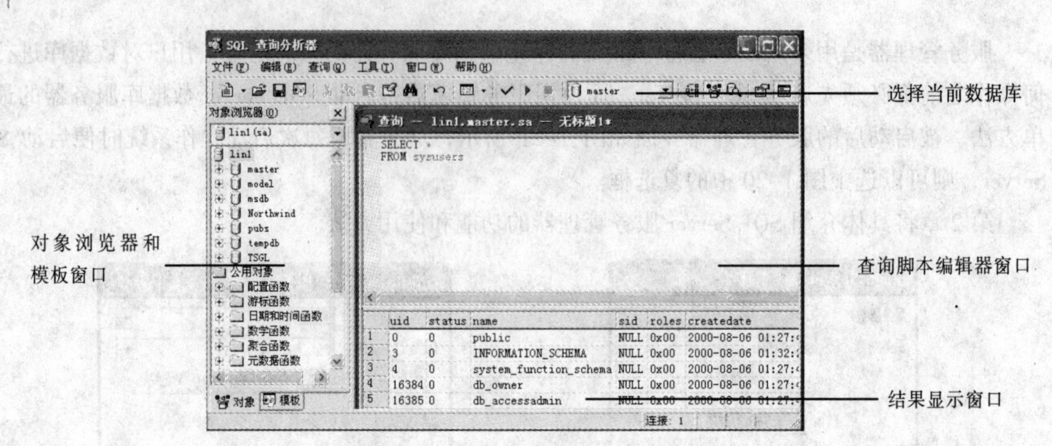

图 1-23　查询分析器主界面

方法 2：由企业管理器启动查询分析器。进入企业管理器后，选择企业管理器菜单栏中的“工具”→“SQL 查询分析器”命令进入查询分析器登录数据库服务器界面，登录成功后便进入查询分析器。

（2）登录数据库服务器：所有的 T-SQL 语句都必须由 SQL Server 服务器提供的 MS SQL Server 服务来解释和执行。为了向服务器提交 T-SQL 语句，必须首先实现数据库服务器的连接，所以要首先登录数据库服务器。

SQL Server 提供了两种数据库登录认证方式，一种是使用 Windows NT 的安全认证方式，另一种是 SQL Server 自身的安全认证方式。在前一种方式下，只要使用的是 Windows NT 操作系统并已经以合法的身份登录到 NT 环境中，那么进入查询分析器时系统不会要求登录数据库服务器；后一种情况系统要求用户提供 3 个信息：服务器名、用户名和密码。

2．查询分析器主界面的构成

由查询分析器的主界面图可以看到，查询分析器主界面主要由对象浏览器和模板窗口、查询脚本编辑器窗口和结果显示窗口 3 个子窗口组成，如图 1-23 所示。

3．查询分析器的基本功能

查询分析器是一个图形化的数据库编程接口，是 SQL Server 2000 客户端应用程序的重要组成部分。

（1）查询分析器的水平主菜单和工具栏提供了主要功能

这些菜单选项的功能与普通编辑器菜单选项功能相近。其中“查询”菜单项主要提供了“更改数据库”、“分析查询”、“执行”、“显示执行计划”、“显示客户统计”等子功能；“工具”菜单选项主要提供了“对象浏览器”、“对象搜索”、“管理统计”、“管理索引”等功能。

查询分析器的工具栏如图 1-24 所示，其名称和功能由左向右依次为：结果显示/执行模式选择工具、分析查询工具、执行查询工具、选择当前数据库列表框、显示预计的执行计划工具、对象浏览器窗口工具、对象搜索工具、当前连接属性工具和显示结果窗格工具。用鼠标指针指向每个图标时将显示该图标的名称。

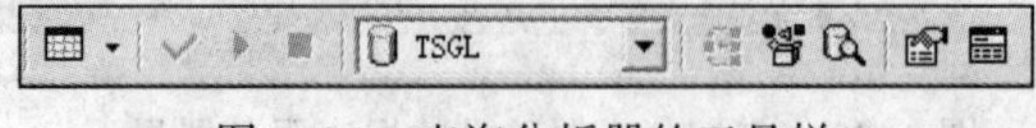

图 1-24　查询分析器的工具栏

（2）对象浏览器和模板窗口

对象浏览器按照树形结构方式组织所有的数据库对象，树形结构按照严格的层次关系布局，从上至下依次是：服务器 - 数据库 - 数据库对象 - 数据库对象的组成部分等。SQL Server 2000 预先设置了一些常用的查询命令，使用这些预先设置好的查询命令可以方便地实现对数据库的查询。除查询命令还默认了创建、修改、删除、插入和更新等命令。

SQL Server 2000 针对常用的 SQL 查询命令设计了很多常用的模板，通过调用或修改这些模板可以快捷、方便、准确地完成 SQL 语句、程序的编辑，并且这些模板语句设计非常严谨，经常使用模板有助于用户编写严谨、高质量的 SQL 程序。

（3）查询脚本编辑器窗口

在查询脚本编辑器窗口内可以输入 SQL 的查询命令或编辑查询程序，可以调用存储过程，也可以进行查询优化或分析查询过程等操作。为便于输入，查询脚本编辑器以不同的颜色显示特殊的关键字，例如：用蓝色显示标准的 SQL 命令字，用紫色显示全局变量名等，以提示和确保输入的正确。

（4）结果显示窗口

查询后的结果由该窗口显示输出。显示输出可以以文本形式或表格形式显示执行结果，也可以将结果保存为文件。输出格式的选择可以在“查询”菜单选项中选定，也可以在工具栏中由“结果显示/执行模式”选择工具选定。

1.4.4　导入和导出数据

导入和导出数据工具采用 DTS（Data Transformation Services）导入/导出向导来完成数据传输操作，能够以最简捷的方法实现 SQL Server 与 Excel 表、dBase、Access、FoxPro、Paradox、Oracle、文本文件以及 OLE DB 数据源之间的数据转换。

利用 DTS 主要可以完成以下 3 项操作功能。

1. 数据的导入和导出

导入和导出数据是在不同应用之间按普通格式读/写数据以实现数据交换的过程。如 DTS 可以从一个 ASCII 格式的文本文件或 Access 数据库中读出数据，再写入到 SQL Server 的指定数据库中；反之，也可以从 SQL Server 的指定数据库中读出数据再写入到另一个 OLE DB 数据源或 ODBC 数据源中。

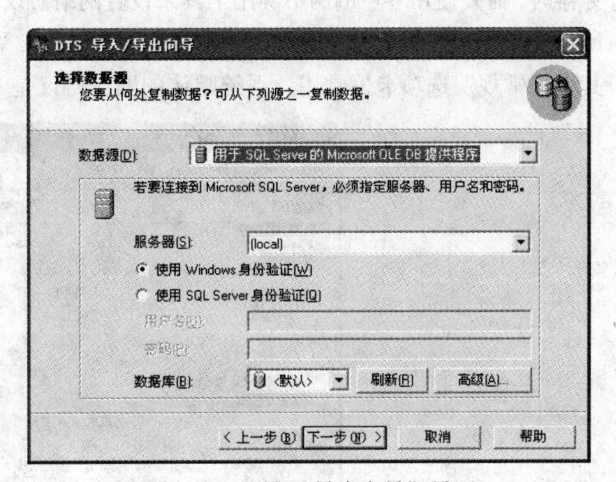

图 1-25　“导入/导出向导”界面

数据导入和导出的操作步骤如下：

（1）连接数据源和数据目的地，如图 1-25 所示。

（2）选择导入或导出的数据。

（3）应用 DTS 实现数据转移。

2．数据格式转换

SQL Server 允许在实现数据转移之前进行数据格式的转换，通过数据格式的转换可以方便地实施复杂的数据检验，进行数据的重新组织，如排序、分组等，并提高导入/导出数据的效率。

3．传输数据库对象

在不同的数据源之间 DTS 提供的功能只能是转移表和表中的数据。但在 SQL Server 2000 的数据库之间利用 DTS 不仅可以传输表，而且可以传输视图、索引、存储过程、触发器、约束等数据库对象。

1.4.5 服务器网络实用工具

服务器网络实用工具主要用来设置本地计算机 SQL Server 服务器允许使用的连接协议。系统默认的协议是命名管道（named pipes）和 TCP/IP，网络实用工具界面如图 1-26 所示。

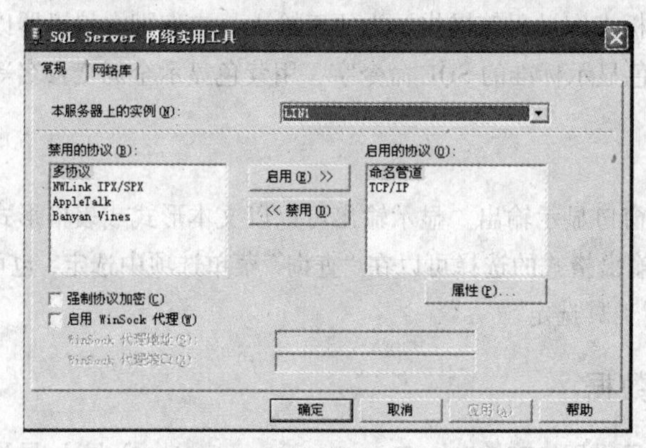

图 1-26 “网络实用工具”界面

1.4.6 客户端网络实用工具

客户端网络实用工具主要用来配置客户端的网络连接。

在网络环境下使用企业管理器或查询分析器等客户端工具进行远程访问或管理 SQL Server 服务器时，需要使用客户端网络实用工具来设置网络协议等参数，客户端网络实用工具界面如图 1-27 所示。由图 1-27 可以看到该工具有“常规”、“别名”、“DB-Library 选项”和“网络库”4 个选项卡，其中“常规”选项卡最常用。系统默认的网络协议是 TCP/IP 和 Named Pipes（命名管道）。

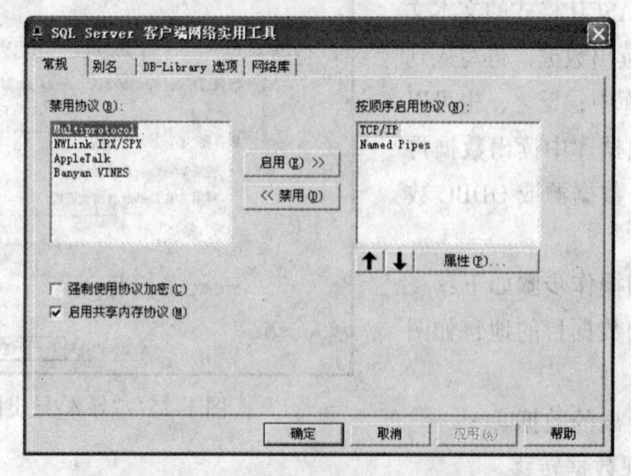

图 1-27 “客户端网络实用工具”界面

1.4.7 联机丛书

SQL Server 2000 的联机丛书提供了大量有关 SQL Server 2000 的信息，它具有索引和全文搜索能力，可根据关键词来快速查找用户所需要的信息，是学习和使用 SQL Server 2000 的最佳工具，如图 1–28 所示。

图 1–28　联机丛书

本 章 小 结

本章介绍了 SQL Server 2000 的发展简史和它所具有的特点，通过这部分内容的学习可以使读者对 SQL Server 2000 得以初步了解。本章还介绍了 SQL Server 2000 的版本及其使用、安装的环境要求，并以“个人版”为例说明了 SQL Server 2000 的安装操作过程。由于 SQL Server 2000 提供了浅显、易懂、图形化的“安装向导”，所以只要符合安装所需的软、硬件配置，各种版本 SQL Server 2000 的安装操作是十分简单的。

本章介绍的 SQL Server 2000 的系统数据库和系统表，以及 SQL Server 2000 企业管理器、服务管理器和查询分析器的功能、使用方法，这是学习的重点，只有熟练地理解和掌握了这部分内容才能很好地使用 SQL Server 2000，当然真正熟练地使用 SQL Server 2000 还有待于在实际应用中去掌握。

思考与练习

一、简答题

1. SQL Server 2000 有哪些特点？
2. SQL Server 2000 有哪些版本？说明各种版本的适用范围。
3. SQL Server 2000 对计算机的硬件配置有哪些要求？
4. SQL Server 2000 对计算机的软件环境有哪些要求？
5. SQL Server 2000 系统提供的 6 个数据库各有哪些功能？

6. SQL Server 2000 系统提供的对象表、列表、数据库表和完整约束表中存放的是什么记录？它们出现在哪个数据库中？
7. 简述 SQL Server 2000 的企业管理器和服务管理器在使用中的作用。
8. 简述查询分析器使用中的功能。
9. 企业管理器的主界面由哪几部分组成？
10. 查询分析器的主界面由哪几部分组成？
11. 导入/导出向导 DTS 可以完成哪 3 项操作功能？
12. 如何使用“联机丛书”？

二、上机操作

1. 分析自己所拥有的计算机软、硬件条件，选择和确定一种 SQL Server 2000 版本并安装它。
2. SQL Server2000 安装后，使用“注册服务向导”注册服务器。
3. 使用“服务管理器”启动数据库服务器。

第 2 章　服务器管理

学习目标

☑ 了解配置 SQL Server 服务器的方法及其相关参数的设置。

☑ 掌握创建服务器组的基本方法。

☑ 熟练掌握 SQL Server 2000 注册服务器的启动、暂停和停止数据库服务器的操作方法。

SQL Server 2000 是典型的客户机/服务器数据库管理系统，所以正确连接客户端和服务器端是在 SQL Server 下进行有效管理和开发的前提。为此，需要首先创建一个服务器组，然后注册和配置服务器。在使用 SQL Server 之前还要先启动 SQL Server 服务器。

2.1　创建服务器组

在一个网络系统中，可能有多个 SQL Server 服务器，可以对这些 SQL Server 服务器进行分组管理，分组的原则主要是依据组织结构原则。

可以在 SQL Server 企业管理器内创建一个服务器组，并将服务器放在该服务器组中，服务器组提供了一种便捷的方法，可将大量的服务器组织在几个易于管理的组中。

首次启动企业管理器时，系统会自动创建一个名为“SQL Server 组”的默认服务器组，当然用户可以根据需要创建一个新的 SQL Server 组，那么用户如何创建新的服务器组呢？

（1）在企业管理器的水平菜单中，单击“操作”菜单，如图 2–1 所示，或者右击系统 SQL Server 组，在弹出的下拉菜单中选择“新建 SQL Server 组”命令，将出现“服务器组”对话框，如图 2–2 所示。

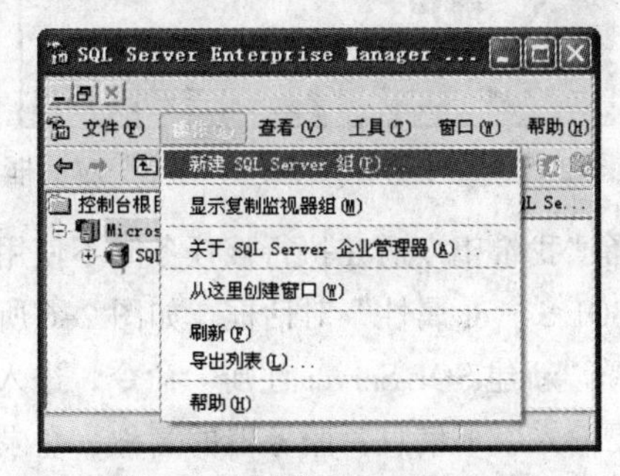

图 2–1　新建 SQL Server 组

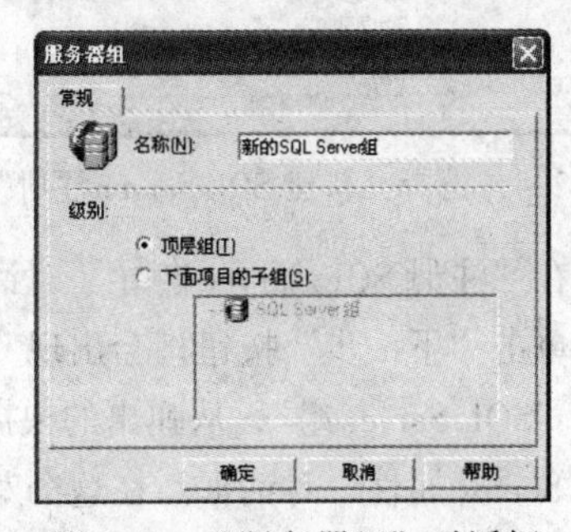

图 2–2　“服务器组”对话框

（2）在“服务器组”对话框中，输入新建服务器组的名称并选择组的级别，然后单击“确定”按钮，便可以创建“新的 SQL Server 组”，如图 2-3 所示。

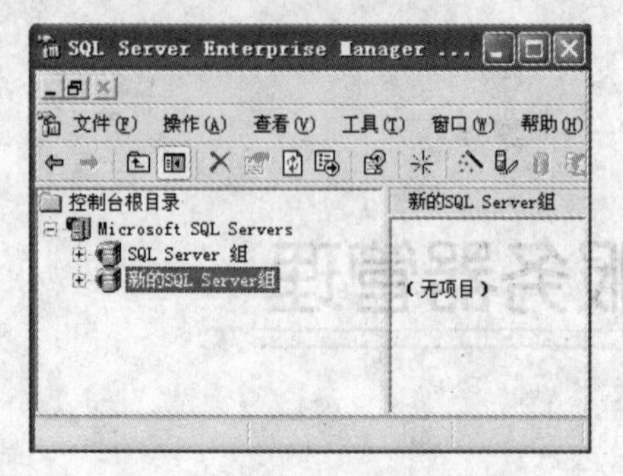

图 2-3　新的 SQL Server 组

2.2　注册服务器

注册服务器是指必须注册本地或远程服务器，才能使用 SQL Server 企业管理器来管理这些服务器。当第一次运行 SQL Server 企业管理器时，本地 SQL Server 服务器将被自动注册，所以用户要注册需要管理的远程服务器。

注册服务器时要提供哪些内容呢？注册服务器时需要提供以下内容：服务器的名称、登录服务器使用的安全模式、登录服务器的账号和命令，以及需要将服务器注册到哪个服务器组。

注册其他 SQL Server 服务器可以在企业管理器中使用注册服务器向导或已注册的 SQL Server 属性对话框两种方式来完成，其注册过程如下：

（1）在企业管理器中，从水平菜单“操作”的下拉菜单中选择“新建 SQL Server 注册”命令，如图 2-4 所示，或从“工具”菜单中选择“向导”命令，或单击工具栏中的图标，就会出现如图 2-5 所示的“注册 SQL Server 向导”对话框。

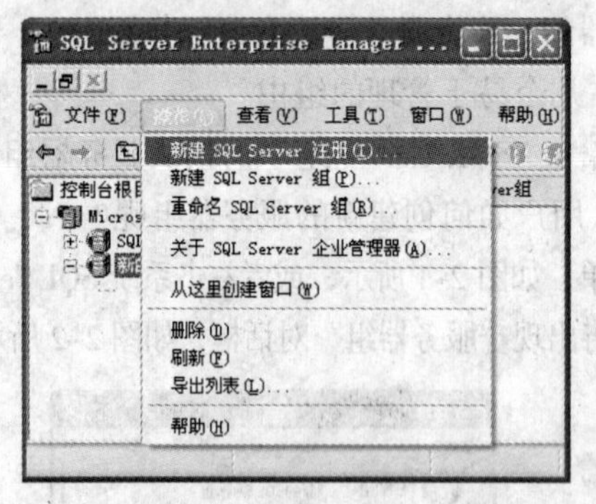

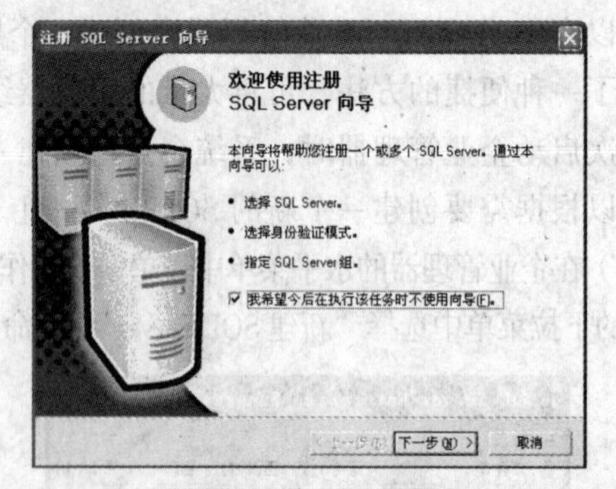

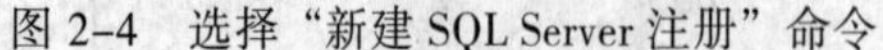

图 2-4　选择“新建 SQL Server 注册”命令　　图 2-5　“注册 SQL Server 向导”对话框

（2）在“注册 SQL Server 向导”对话框中，选择“我希望今后在执行该任务时不使用向导”复选框，单击“下一步”按钮将会出现“已注册的 SQL Server 属性”对话框，如图 2-6 所示。也可以右击“SQL Server 组”，从弹出的快捷菜单中选择“新建 SQL Server 注册”命令，进入“已注册的 SQL Server 属性”对话框。在这个对话框中需要输入以下信息：服务器的名称，登录服务器使用的安全模式，登录服务器的名称和密码，将服务器注册到哪个服务器组中，以及 3 个可选项。

（3）在“注册 SQL Server 向导”对话框中不选择复选框，如图 2-5 所示，单击“下一步”按钮，就会出现“选择一个 SQL Server”对话框，在这个对话框中，可以选择或输入“可用的服务器”列表框中的一个或多个服务器名，如图 2-7 所示，然后单击“下一步”按钮，将出现“选择身份验证模式”对话框，如图 2-8 所示。

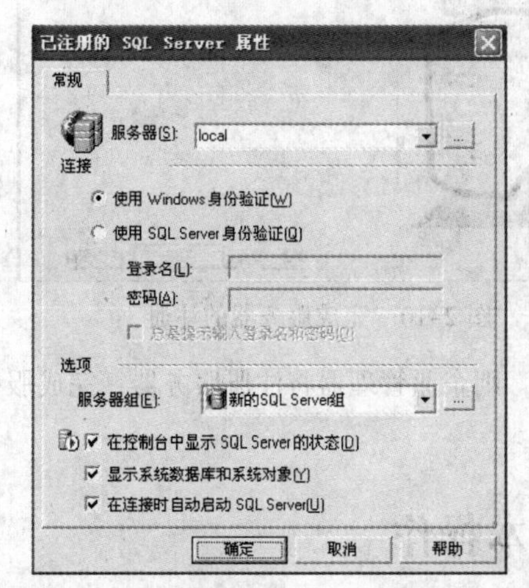

图 2-6　“已注册的 SQL Server 属性”对话框

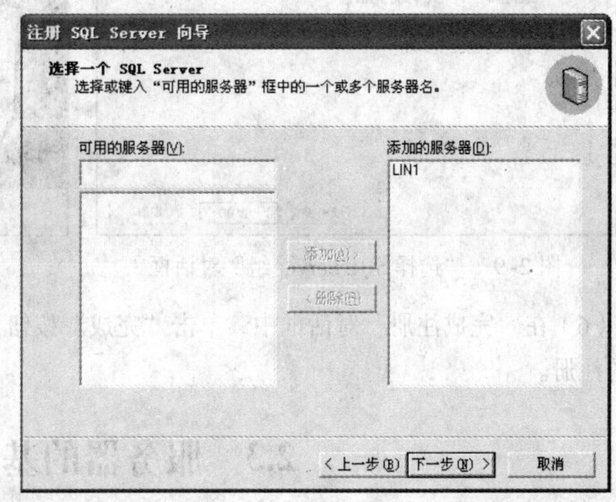

图 2-7　“选择一个 SQL Server”对话框

（4）在“选择身份验证模式”对话框中，SQL Server 提供了两种身份验证模式：一种模式使用 Windows NT 的安全认证机制，使用这种方式，服务器所在 Windows NT 系统会在连接过程中自动审查客户机登录时输入的口令和账号，无需用户再次输入连接认证信息；另一种模式是使用 SQL Server 自身的安全认证机制，在这种情况下，用户必须是 SQL Server 服务器的合法用户，拥有合法的账号和密码，程序会在连接之前，弹出对话框提示用户输入正确的 SQL Server 服务器上的账号和密码，在此建议使用 Windows NT 的安全认证方式。选择好验证模式后，单击“下一步”按钮将进入“选择 SQL Server 组”对话框，如图 2-9 所示。

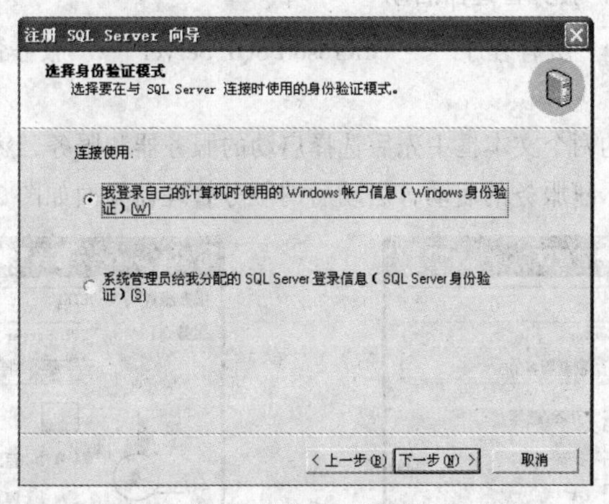

图 2-8　“选择身份验证模式”对话框

（5）在“选择 SQL Server 组”对话框中，选定把正在注册的 SQL Server 添加到默认的 SQL Server 组中，还是添加到现有的其他组或新建的 SQL Server 组中，服务器组确定后，单击“下一步”按钮，就会出现“完成注册”对话框，如图 2-10 所示。

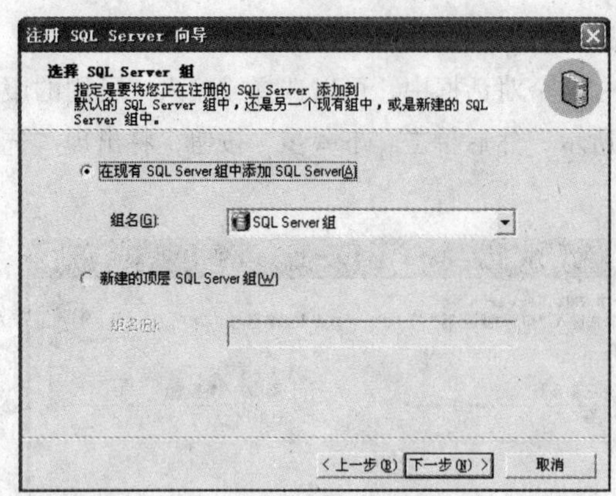

图 2-9 “选择 SQL Server 组”对话框

图 2-10 完成服务器的注册

（6）在“完成注册”对话框中，单击“完成”按钮，则企业管理器将注册服务器，完成服务器的注册。

2.3 服务器的基本操作

使用 SQL Server 之前，必须启动 SQL Server 提供的服务，SQL Server 提供的服务包括：MS SQL Server Service，MS DTC Service（数据传输服务）和 MS SQL Agent Service（自动执行某些管理任务服务）以及相对独立的 Microsoft Search（搜索）。

2.3.1 启动服务器

启动 SQL Server 服务通常可以使用 SQL Server 服务管理器启动、使用企业管理器启动或自动启动 3 种方法。

1. 使用 SQL Server 服务管理器启动

（1）选择“开始”→“所有程序”→ Microsoft SQL Server →“服务管理器”命令，启动服务管理器，如图 2-11 所示。

（2）在服务管理器的两个文本框中先后选择启动的服务器和服务，然后单击“开始/继续”按钮，便可完成对 SQL Server 服务的启动，启动后的服务管理器界面如图 2-12 所示。

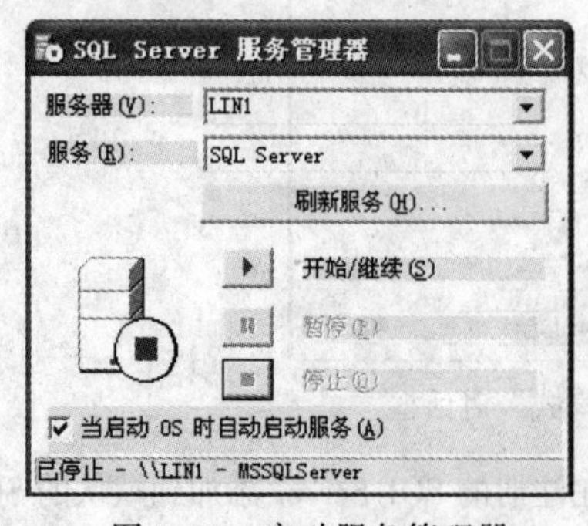

图 2-11 启动服务管理器

图 2-12 启动后的服务管理器

2. 使用企业管理器启动

在企业管理器的 SQL Server 组中单击所要启动的服务器，或在所要启动的服务器上右击，从弹出的快捷菜单中选择“启动”命令，就可以启动服务器。

3. 自动启动服务器

在服务管理器中选中“当启动 OS 时自动启动服务”复选框，如图 2-11 所示，就可以实现启动操作系统时自动启动服务器。

2.3.2 暂停和停止服务器

暂停和停止服务器的方法与启动服务器的方法类似，只需在相应的窗口中单击“暂停”或“停止”按钮。为了保险起见，通常在停止运行 SQL Server 之前先暂停 SQL Server 服务，如图 2-12 所示。

先暂停 SQL Server 服务的原因在于，一旦暂停 SQL Server 服务，将不再允许任何新的上线者，然而原先已联机到 SQL Server 的用户仍然能继续作业，直到完成操作功能。

暂停 SQL Server 并不一定表示要停止运行它，还可以根据需要再次启动 SQL Server，使其继续运行并接受新的联机。

2.3.3 断开与连接服务器

1. 断开服务器

如果已经完成同服务器的数据交换，可以断开同服务器的连接。断开同服务器连接的操作方法如下：

（1）先“停止”服务管理器。

（2）在 SQL Server 企业管理器的树形结构中，选择要断开连接的服务器。

（3）在“操作”菜单或快捷菜单中选择“断开”命令，便可以断开同服务器的连接。

断开连接后，不能再访问这个服务器，除非重新恢复与服务器的连接。

2. 连接服务器

恢复与服务器的连接方法如下：

（1）在 SQL Server 企业管理器的树形结构中，选中要连接的服务器。

（2）从“操作”菜单或者快捷菜单中选择“启动”命令，即可恢复同服务器的连接。

2.4 配置 SQL Server 服务器

从 DBA 管理数据库服务器的角度，服务器的配置是企业管理器最重要的功能之一。它涉及 SQL Server 服务器很多参数的设置，对服务器的性能和安全有重大影响。

配置服务器的方法很简单，首先选中要配置的服务器，然后从“操作”菜单或从快捷菜单中选择“属性”命令，弹出“SQL Server 属性（配置）”对话框，如图 2-13 所示。

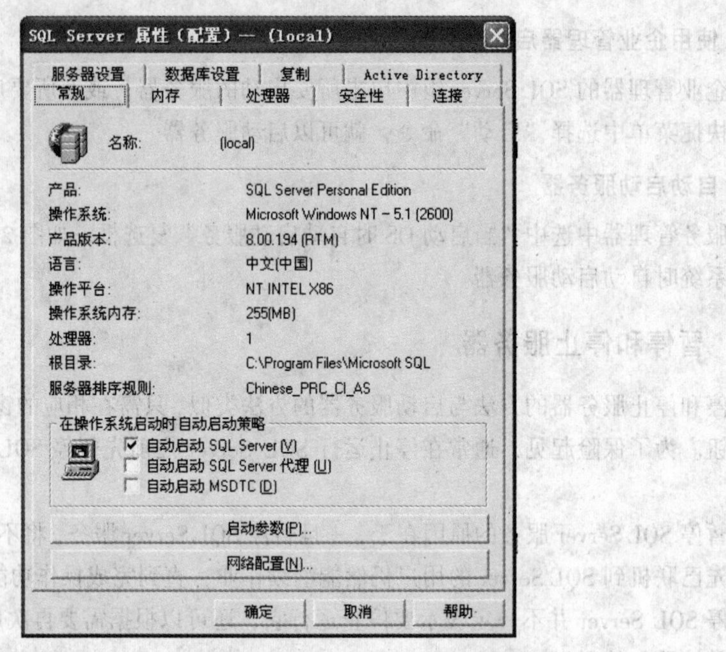

图 2-13 “SQL Server 属性（配置）”对话框

在“SQL Server 属性（配置）”对话框中提供了 9 个选项卡，用以进行服务器相关参数的设置。

1.“常规”选项卡

“常规”选项卡提供了 SQL Server 的版本信息、操作系统平台信息及系统路径等常规信息，并且可以设置在操作系统启动时自动启动策略，包括启动 SQL Server、启动 SQL Server 代理、启动 MS DTC；此外还可以对启动使用的参数及网络库协议进行配置。

2.“内存”选项卡

“内存”选项卡上显示了本地计算机的内存大小；配置 SQL Server 服务器最少要占用多少内存，最大可以占用多少内存；还可以配置 SQL Server 服务器拥有固定大小的内存，或者为 SQL Server 保留多少物理内存等。

3.“处理器”选项卡

“处理器”选项卡可以在多处理器情况下，有效地配置这些处理器以实现最大的运行效率。

4.“安全性”选项卡

“安全性”选项卡提供选择不同登录方式及审查异常事件的途径等。

5.“连接”选项卡

“连接”选项卡提供配置服务器连接方面信息的途径。如：同时允许多少个用户连接到服务器上，采用什么方式来实现远程服务器的连接等。

6.“服务器设置”选项卡

“服务器设置”选项卡可以确定服务器是否支持触发器的嵌套设置、如何启动 SQL Mail 等属性。

7.“数据库设置”选项卡

“数据库设置”选项卡可以对数据库索引、备份、恢复等方面的属性进行配置。

8.“复制”选项卡

禁用或配置当前服务器为“复制”服务器的一种，如分发数据库或发布服务器。

9.“Active Directory”选项卡

使用此选项卡可以将 SQL Server 实例添加到 Active Directory 中；可以在 Active Directory 中刷新此 SQL Server 实例的特性；将 SQL Server 实例从 Active Directory 中删除。

对服务器进行配置涉及多方面的知识，初学者最好先保留系统的默认设置，待取得一定的管理经验后，再做较佳设置。

本 章 小 结

本章介绍了管理 SQL Server 2000 服务器的方法，包括创建服务器组、注册服务器、启动服务器、暂停和停止服务器及配置服务器的方法。

通过本章的学习应该熟练地理解和掌握 SQL Server 2000 管理服务器的内容和管理方法，因为这部分操作是正确地使用和管理 SQL Server 2000 的前提。

思考与练习

一、简答题

1. 简述如何创建服务器组。
2. 为什么要注册 SQL Server 服务器?
3. 启动 SQL Server 2000 服务器有哪几种方法?
4. 为什么在停止运行 SQL Server 之前要先暂停 SQL Server?
5. 如何恢复服务器的连接?
6. 简述“SQL Server 属性（配置）”对话框中“常规”选项卡和“内存”选项卡设置的基本参数作用。

二、上机操作

1. 使用企业管理器创建一个名为“新的 SQL Server 组”的服务器组。
2. 使用企业管理器在“新的 SQL Server 组”中注册一个新的服务器。
3. 多次启动、暂停和停止服务器。

实训二　学习并使用 SQL Server 2000 企业管理器和服务管理器

一、实训目的

（1）熟悉 SQL Server 2000 数据库管理系统的安装和使用；

（2）熟悉并初步学会使用 SQL Server 2000 的企业管理器、服务管理器、查询分析器的方法；

（3）学会使用“导入和导出数据”工具将已经在 Access 中建立的“图书借阅关系数据库”导入 SQL Server 2000 中。

二、实训内容

（1）创建服务器组：使用企业管理器创建一个名为“学生本人姓名”的服务器组；

（2）注册服务器：使用企业管理器“工具”栏中“向导”选项为学生本人所在“机器”注册；

注意：

① 在“注册 SQL Server 向导”对话框中不选择复选框（见教材“2.2 注册服务器”③的要求）

② 在“选择一个 SQL Server”对话框中添加的服务器是学生本人所在的“机器号”（见教材“2.2 注册服务器”③）;

③ 按照教材“2.2 注册服务器”④的要求选择“默认”的“Windows 验证模式”;

④ 在“选择一个 SQL Server 组”对话框中，选择以学生本人姓名命名的“SQL Server 组”（见教材“2.2 注册服务器”图 2-9），并完成注册。

（3）服务器的基本操作：按教材“2.3 服务器的基本操作”的要求进行服务器的启动、停止、断开、连接的练习；

（4）创建 SQL Server 数据库并导入 Access 数据库：使用企业管理器创建以“学生本人姓名”命名的数据库；然后将实训一在 Access 中创建的“图书借阅关系数据库”导入 SQL Server 2000 新建的以学生姓名命名的数据库（导入方法参见教材“1.4.4 导入和导出数据”或教材“9.2.1 导入 Access 数据库”）。

三、实训要求

（1）将导入 Access 数据库后的 SQL Server 数据库备份（备份 SQL Server 数据库的方法参见教材“4.3.3 备份数据库”的操作）。

（3）将备份后的数据库提交到老师指定的邮箱。

第 3 章 T-SQL 语言

学习目标

☑ 了解 T-SQL 语言及 T-SQL 语言的功能。

☑ 了解并掌握 SQL Server 2000 的数据类型。

☑ 了解 SQL Server 2000 的系统存储过程和 T-SQL 语言的其他语言元素。

☑ 掌握 SQL Server 的数据定义语言、数据操纵语言和数据控制语言的功能及其所包含的语句。

☑ 熟练掌握在查询分析器中输入程序代码和运行程序的操作方法。

SQL 是结构化查询语言（Structured Query Language）的英文缩写，可读为 sequel，它是一种最常用的关系数据库语言，通过它可以对数据库对象进行查询和更新（修改、插入和删除）。

当前有很多不同版本的 SQL 语言，1986 年由美国国家标准协会（ANSI）制定了第一个 SQL 标准（又称为 SQL-86）；随后 SQL 标准经过多次修改，1992 年修正后的标准称为 SQL-92 或者 SQL 2，目前制定的称为 SQL 3，它是在 SQL 2 的基础上扩展了很多新的功能，如递归、触发、对象等，增强了可编程性和灵活性。

T-SQL 语言是 SQL 语言的一种实现形式，它包含了标准的 SQL 语言部分，可以利用这些标准的 SQL 语言来编写应用程序和脚本，可以提高它们的可移植性。

T-SQL 语言是 SQL Server 功能的核心，不管应用程序的用户界面是什么形式，要和数据库服务器交互，都必然体现为 T-SQL 语言。

SQL Server 2000 提供的 T-SQL 语言不仅可以完成对数据库的查询和更新，而且还具有数据库管理功能，SQL Server 2000 提供的企业管理器所能完成的多数功能，都可以利用 T-SQL 语言编写的程序代码来实现。

T-SQL 语言主要由以下几个部分组成。

- 数据定义语言（Data Definition Language，DDL）；
- 数据操纵语言（Data Manipulation Language，DML）；
- 数据控制语言（Data Control Language，DCL）；
- 系统存储过程（System Stored Procedure）；
- 附加的语言元素。

3.1 SQL Server 2000 的数据类型

了解和掌握 T–SQL 语言并应用 T–SQL 语言进行编程，首先就要了解 SQL Server 2000 提供的数据类型。那么 SQL Server 2000 提供了哪些基本的数据类型呢？

SQL Server 2000 提供了存储数据的多种数据类型，一般可以归为 7 类 26 种，这 7 类是：数值数据类型、字符数据类型、日期和时间数据类型、文本和图像数据类型、货币数据类型、二进制数据类型和特殊数据类型。

3.1.1 数值数据类型

SQL Server 2000 提供的数值数据类型又可以分为两类 9 种。

1. 整数数据类型

整数数据类型是最常用的数据类型之一，它主要用来存储数值型数据，这种类型的数据可以直接进行数据运算，而不必使用函数进行数据类型的转换。整数数据类型按其在内存所占位数及所表示的数值范围的不同又可以分为 5 种。

① bit 型（位型）：bit 称为位数据类型，在内存占 8 位（1 字节即 1B），并且这种数据类型仅有两种取值：0 或 1。bit 数据类型可作为逻辑变量使用，其两种取值用以表示逻辑值真或假（是或否）。

② tinyint 型（字节型）：tinyint 类型数据在内存占 8 位（1B），可以存储 0 ~ 255 范围之间的无符号整数。

③ smallint 型（短整型）：smallint 类型数据在内存占 16 位（2B），可以存储从-2^{15}~$2^{15}-1$（–32 768~32 767）范围之间的有符号整数。

④ int 型（整型）：int（或 integer）类型数据在内存占 32 位（4B），可以存储从-2^{31}~$2^{31}-1$（–2 147 483 648~2 147 483 647）范围之间的有符号整数。

⑤ bigint 型（长整型）：bigint 类型数据在内存占 64 位（8B），可以存储从-2^{63}~$+2^{63}-1$（–9 223 372 036 854 775 808~9 223 372 036 854 775 807）范围之间的有符号整数。

2. 浮点数据类型

浮点数据类型用于存储十进制小数。浮点类型的数据在 SQL Server 中采用只入不舍的方式进行存储。

浮点数据类型按其在内存所占位数及所表示的数值范围的不同可以分为 4 种。

① real 型：real 类型数据在内存占 32 位（4B），可以存储从–3.40E–38~3.40E+38 范围的十进制实数，这种类型数据可以达到的精度是 7 位。

② float 型：float 类型数据在内存占 64 位（8B），可以存储从–1.79E–308~1.79E+308 范围的十进制实数并可以达到的精确度是 15 位。

利用 float 类型来定义一个变量时，也可以指定用来存储按科学记数法记录的数据尾数的位数，如 float（n），*n* 的范围是 1~53。当 *n* 的取值为 1~24 时，数据用 4B 存储，可以达到的精度是 7 位；当 *n* 的取值为 25~53 时，数据用 8 个字节存储，可以达到的精度是 15 位。

③ decimal 型：decimal 数据类型可以提供 2~17B 来存储-10^{38}~$10^{38}-1$之间的数值。这种数据类型也可以写成 decimal(p,s)形式，其中 p 表示可供存储的十进制数的总位数（精度），默认设置为 18 位；s 表示小数点后的位数（刻度），默认设置为 0 位。例如：decimal(10,5)，表示共有 10 位数，小数点后的位数是 5 位。在 SQL Server 中 decimal 型数据的精度取值范围是 1~28，如果使用高精度命令行方式启动 SQL Server（配置启动参数/p），则最高精度可以达到 38 位。

④ numeric 型：numeric 型数据类型和 decimal 数据类型完全相同，两者的区别在于，在表格中只有 numeric 型的数据可以带有 identity 关键字的列（标识列）。

3.1.2 字符数据类型

字符数据类型也是 SQL Server 中经常使用的数据类型，可以用来存储各种字母、数字符号和特殊符号。在使用字符数据类型时，需要用英文单引号或双引号将数据引起来。

字符数据类型按其在内存所占位数是否固定及字符编码的不同可以分为两类 4 种。

① char 型：char 型数据的定义格式为 char(n)，每个字符和符号占用 1B 的存储空间。*n* 表示数据所占用的存储空间（字节），*n* 的取值范围为 1~8 000，系统默认值是 1。char 字符型数据类型又称为固定长字符数据类型，因为如果实际输入的字符长度小于 *n*，系统将自动在其后添加空格来填满设置好的空间；如果实际输入的字符长度超过 *n*，系统将自动截掉超出的字符，仅保留前 *n* 个字符。

② varchar 型：varchar 型数据的定义格式为 varchar(n)。它与 char 数据类型的区别在于它是可变长字符数据类型，即定义了 *n* 值后，仍按实际输入的字符数占用相应的存储空间。可见使用 Varchar 型数据类型可以节省存储空间。

③ nchar 型：nchar 型数据的定义格式为 nchar(n)，*n* 的取值为 1~4 000。nchar 数据类型与 char 数据类型类似，属于固定长字符数据类型，但这种数据类型是采用 Unicode 标准字符集，在内存用 16 位（2B）存储一个字符。

④ nvarchar：nvarchar 数据类型的定义格式为 nvarchar(n)，*n* 的取值范围为 1~4 000。nvarchar 数据类型也采用 Unicode 标准字符集，在内存用 16 位（2B）存储一个字符。它是属于可变长字符数据类型。

3.1.3 日期和时间数据类型

SQL Server 提供的日期和时间数据类型可以存储日期和时间的组合数据。以日期和时间数据类型存储日期或时间数据比使用字符型数据进行存储更为简单，特别是 SQL Server 提供了一系列专门处理日期和时间的函数来处理这类数据，而且，如果使用字符类型数据来存储日期和时间，只有用户可以识别，计算机并不能识别，也不能自动将这些数据按照日期和时间类型进行处理。

日期和时间数据类型有两种。

① datetime 型：datetime 型数据用于存储日期和时间的结合体。它可以存储从公元 1753 年 1 月 1 日零时~公元 9999 年 12 月 31 日 23 时 59 分 59 秒之间的所有日期和时间，其精度可以达到 3%s（33.3ms），datetime 型数据在内存占用 64 位（8B）。

存储 datetime 数据类型时，默认的输入格式是：MMDDYYYY hh:mm A.M./P.M，当插入数据或者在其他位置使用 datetime 数据类型时需要用单引号把数据引起来。

② smalldatetime 型：smalldatetime 型数据类型与 datetime 型数据类型相似，但其存储日期时间的范围较小，它存储从 1900 年 1 月 1 日~2079 年 6 月 6 日范围内的日期数据，smalldatetime 类型数据在内存中占用 32 位（4B），它的精度为 1min。

3.1.4 文本和图像数据类型

为了方便使用和存储文本、图像等大型数据，SQL Server 提供了 3 种文本和图像数据类型。

① text 型：text 型数据类型用于存储大量文本数据，其容量理论上为 $1 \sim 2^{31}-1$（即 2 147 483 647）B，实际应用时要根据硬盘的存储空间而定。

② ntext 型：ntext 型数据类型与 text 数据类型类似，存储在其中的数据通常是直接能输出到显示设备上的字符，显示设备可以是显示器、窗口或者打印机。ntext 型数据采用 unicode 标准字符集，其容量理论上为 $1 \sim 2^{30}-1$（即 1 073 741 823）B。

③ image 型：image 型数据用于存储照片、目录图片或者图画，其容量理论上为 $1 \sim 2^{31}-1$（即 2 147 483 647）B。

3.1.5 货币数据类型

货币数据类型专门用于货币数据处理，SQL Server 提供了两种货币数据类型。

① money 型：money 型数据类型用于存储货币值，存储在 money 数据类型中的数值以一个整数部分和一个小数部分存储在两个 4B 的整型值中，存储范围为-922 337 203 685 477.580 8 ~ 922 337 203 685 477.580 7，精确到货币单位的万分之一。

② smallmoney 型：smallmoney 数据类型与 Money 数据类型类似，但其存储的货币值范围比 money 数据类型小，其存储范围为-214 748.364 8~214 748.364 7，精确到货币单位的万分之一。

当把值加入定义为 money 型或 smallmoney 数据类型的表列时，应该在最高位前加一个货币符号（参见“联机丛书”：货币符号）。

3.1.6 二进制数据类型

所谓二进制数据是用十六进制来表示的数据。SQL Server 提供了两种数据类型来存储二进制数据。

① binary 型：binary 数据类型的定义格式为 binary(n)，数据的存储长度是固定的，即（*n*+4）B，当实际输入的二进制数据长度小于 *n* 时，余下的部分填充 0，这种数据类型的最大长度可以达到 8KB。

② varbinary 型：varbinary 数据类型的定义格式为 varbinary(n)，数据的存储长度是可变的，以实际输入数据的长度加上 4B 开辟存储空间。其最大长度不得超过 8KB。

3.1.7 特殊数据类型

SQL Server 提供了 4 种特殊数据类型。

① timestamp 型：timestamp 数据类型也称时间戳数据类型，它既不是日期数据，也不是时间数据，而是 SQL Server 根据事件发生的次序自动生成的一种二进制数据。如果定义一个名为 timestamp 的列，那么该列的数据类型会自动设为 timestamp 类型。

② uniqueidentifier 型：uniqueidentifier 数据类型用于存储一个长度为 16B 二进制数据，它是 SQL Server 根据计算机网络适配器地址和 CPU 时钟产生的全局唯一标识符代码（Globally Unique Identifier，简写为 GUID）。此代码可通过调用 SQL Server 的 newid( )函数获得。

③ sql_variant 型：sql_variant 数据类型用于存储除文本、图形数据和 timestamp 类型以外的其他任何合法的 SQL Server 数据。这种数据类型极大方便了 SQL Server 的开发工作。

④ table 型：table 型数据类型用于存储对表或者视图处理后的结果集。这种新的数据类型使得变量可以存储一个表，从而使函数或过程返回查询结果更加方便、快捷。

3.1.8　用户自定义数据类型

SQL Server 允许用户自定义数据类型，用户自定义数据类型并不是真正的数据类型，它是建立在 SQL Server 系统数据类型基础上，只是提供一种加强数据库内部元素和基本数据类型之间一致性的机制，通过使用用户自定义数据类型能够简化对常用规则和默认值的管理。

SQL Server 为用户提供了使用企业管理器或系统存储过程 sp_addtype 两种方法创建自定义数据类型，在此不做具体说明。

3.2　数据定义语言

数据定义语言（DDL）是指用来定义和管理数据库以及数据库中的各种对象的语句，这些语句包括 CREATE、ALTER 和 DROP 等创建、修改和删除语句。

在 SQL Server 2000 中，数据库对象包括表、视图、触发器、存储过程、规则、缺省、用户自定义的数据类型等。这些对象的创建、修改和删除等操作都可以使用 CREATE、ALTER、DROP 等语句来完成。

在 SQL Server 2000 的默认状态下，只有 sysadmin、dbcreator、db_owner 或 db_ddladmin（系统管理员、数据库创建者、数据库所有者或数据库 DDL 管理员）等角色成员才有权执行数据定义语言。

CREATE、ALTER 和 DROP 语句的基本语法格式将在第 4 章“数据库管理”和第 5 章“创建和维护数据库表”做介绍，在此仅举几个创建表和视图的例题做以初步介绍。

【例 3.1】 在 TSGL（图书管理）数据库中创建出版社信息表：出版社。

程序代码如下：

```
CREATE TABLE 出版社
(
编号  char(4)  NOT NULL
          CONSTRAINT 约束1 PRIMARY KEY CLUSTERED
          CHECK (编号 IN ('1389', '0736', '0877', '1622', '1756')
          OR 编号 LIKE '99[0-9][0-9]'),
出版社名 varchar(40) NULL,
城市名  varchar(20) NULL,
省名  char(6)  NULL,
国家 varchar(30) NULL
           DEFAULT('中国')
)
```

在查询分析器中输入并运行该程序，将在 TSGL 数据库中创建“出版社”表。

【例 3.2】在 TSGL 数据库中创建图书信息表：图书。

程序代码如下：

```
CREATE TABLE 图书
(
  编号 char(4)  NOT NULL
    CONSTRAINT 约束2 PRIMARY KEY CLUSTERED,
  分类号 varchar(8) NOT NULL,
  书名  varchar(30) NULL,
  作者  char(10) NULL,
  出版单位  varchar(30)  NULL,
  单价  money NULL,
  备注  ntext NULL
  )
```

在查询分析器中输入并运行该程序，将在 TSGL 数据库中创建“图书”表。

【例 3.3】在 TSGL 数据库中创建读者信息表：读者。

程序代码如下：

```
CREATE TABLE 读者
(
  借书证号  int  NOT NULL
     CONSTRAINT 约束3 PRIMARY KEY CLUSTERED,
  姓名 char(10) NOT NULL,
  性别 char(2) NULL,
  年龄 int NULL,
  系  char(20)  NULL,
  专业 char(20) NULL,
  备注 varchar(100) NULL
)
```

在查询分析器中输入并运行该程序，将在 TSGL 数据库中创建“读者”表。

【例 3.4】在系统提供的图书出版公司数据库 pubs 中通过对 titles 表的查询创建一个视图：yourview 。

程序代码如下：

```
USE pubs
GO
CREATE VIEW yourview
AS
  SELECT title,mycount=@@ROWCOUNT,ytd_sales
  FROM titles
  WHERE type='mod_cook'
GO
SELECT *
FROM yourview
GO
```

在查询分析器中输入并运行该程序，将在 pubs 数据库中创建一个视图：yourview。

3.3 数据操纵语言

数据操纵语言（DML）是指用来查询、添加、修改和删除数据库表中数据的语句，这些语句包括 SELECT、INSERT、UPDATE、DELETE 等。

在 SQL Server 2000 的默认状态下，只有 sysadmin、dbcreator、db_owner 或 db_datawriter（系统管理员、数据库创建者、数据库所有者或数据库数据写入员）等角色成员才有权利执行数据操纵语言。

在此重点介绍 SELECT（查询）语句的基本语法格式和应用举例，而 INSERT、UPDATE 和 DELETE 语句的基本语法格式和应用举例将在第 5 章"创建和维护数据库表"作具体的说明。

在 SQL Server 中 SELECT 语句是使用最频繁、功能最强的语句之一。使用 SELECT 语句可以实现对数据库数据的简单查询、连接查询、嵌套查询等数据查询操作及操作结果的显示、输出；可以通过查询对数据库里的数据进行分析、统计、排序等数据处理操作；并且还可以使用 SELECT 语句查询、设置系统的有关信息等。

1. SELECT 语句的基本语法格式

```
SELECT select_list
[ INTO new_table ]
FROM table_source
[ WHERE search_condition ]
[ GROUP BY group_by_expression ]
[ HAVING search_condition ]
[ ORDER BY order_expression [ ASC | DESC ] ]
[COMPUTE clause]
[FOR BROWSE]
```

主要参数说明如下：

① SELECT 子句用于指定所选择要查询的特定表中的列，它可以是星号（*）、表达式、字段名表、变量等。此项实际是限定显示和输出查询的结果（内容）。

② INTO 子句用于指定将查询结果生成一个新表的名称。

③ FROM 子句用于指定要查询的表或者视图，最多可以指定 16 个表或视图，多个表或视图之间用逗号分隔。

④ WHERE 子句用来限定查询的范围和查询的条件。

⑤ GROUP BY 子句是分组查询子句。

⑥ HAVING 子句用于指定分组子句的条件。

⑦ GROUP BY 子句、HAVING 子句和聚合函数一起可以实现对每个组生成一行和一个汇总值。

⑧ ORDER BY 子句可以根据一个列或者多个列来对查询结果进行排序，在该子句中，既可以使用列名，也可以使用相对列号。其中 ASC 表示按升序排列，DESC 表示按降序排列。按列排序最多可排序 16 个列。

⑨ COMPUTE 子句用于行聚合函数（SUM、AVG、MIN、MAX、COUNT 等）在查询的结果集中生成汇总值。

⑩ FOR BROWSE 子句允许使用 DB_Library 在客户机应用程序中查看数据的同时执行更新。

SELECT 语句最简单的语法格式如下：

```
SELECT *
FROM 表名
WHERE 查询选择条件
```

其中*表示查询结果将显示和输出表中的所有字段（列）。

2. SELECT 语句的应用举例

【例 3.5】简单查询：在 TSGL 数据库的图书表中查找清华大学出版社出版的图书的书名、作者和单价。

程序代码如下：

```
USE TSGL
SELECT 书名,作者,出版社,单价
FROM 图书
WHERE 出版社='清华大学出版社'
```

在查询分析器中输入并运行该程序，运行结果如图 3-1 所示。

【例 3.6】简单查询：在系统提供的图书出版公司数据库 pubs 中，由作者表查找并显示居住在加利福尼亚州并且姓名不为 McBadden 的作者列。

程序代码如下：

```
USE pubs
SELECT au_fname, au_lname, phone AS 电话,state
FROM authors
WHERE state = 'CA' and au_lname <> 'McBadden'
ORDER BY au_lname ASC, au_fname ASC
```

在查询分析器中输入并运行该程序，运行结果如图 3-2 所示。

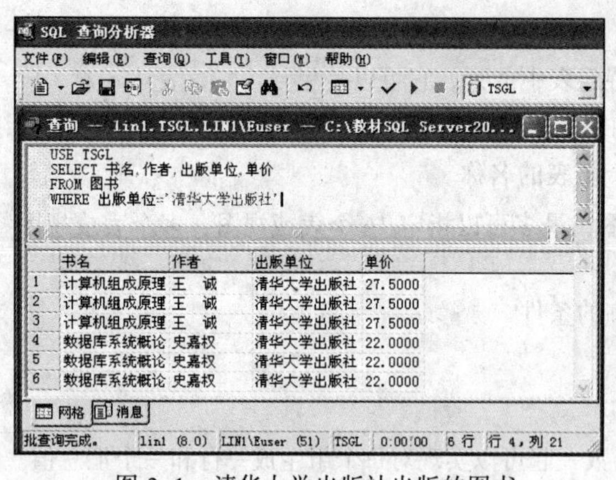

图 3-1 清华大学出版社出版的图书

图 3-2 由 pubs 表的查询结果

【例 3.7】连接查询：在 TSGL 数据库中由读者表、图书表和借阅表查询并显示借阅了清华大学出版社出版的图书的读者姓名、借书证号、所借图书名及借书时间。

程序代码如下：

```
USE TSGL
SELECT 姓名,读者.借书证号,书名,借书时间
FROM 读者,图书,借阅
```

```
WHERE 读者.借书证号=借阅.借书证号 AND 图书.编号=借阅.编号
AND 图书.出版单位='清华大学出版社'
```

在查询分析器中输入并运行该程序，运行结果如图 3-3 所示。

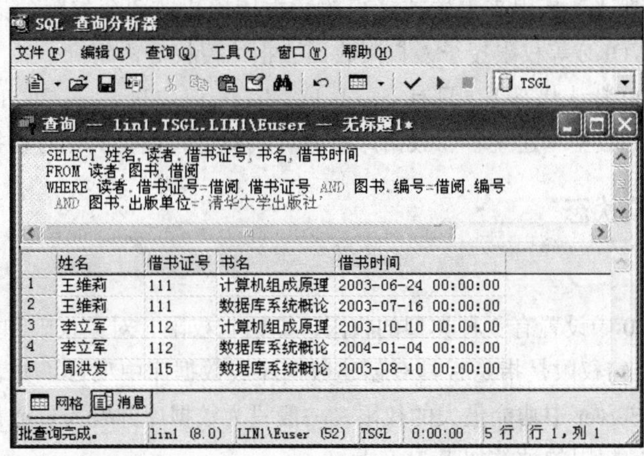

图 3-3 读者表、图书表和借阅表连接查询结果

【例 3.8】相关子查询：在系统提供的图书出版公司数据库 pubs 中由作者表和使用两个相关子查询来查找作者姓名，条件是这些作者至少参与过一本受欢迎的计算机书籍的创作。

程序代码如下：

```
USE pubs
SELECT au_lname, au_fname
FROM authors
WHERE au_id IN
        (SELECT au_id
         FROM titleauthor
         WHERE title_id IN
           (SELECT title_id
            FROM titles
            WHERE type = 'popular_comp'))
```

在查询分析器中输入并运行该程序，运行结果如图 3-4 所示。

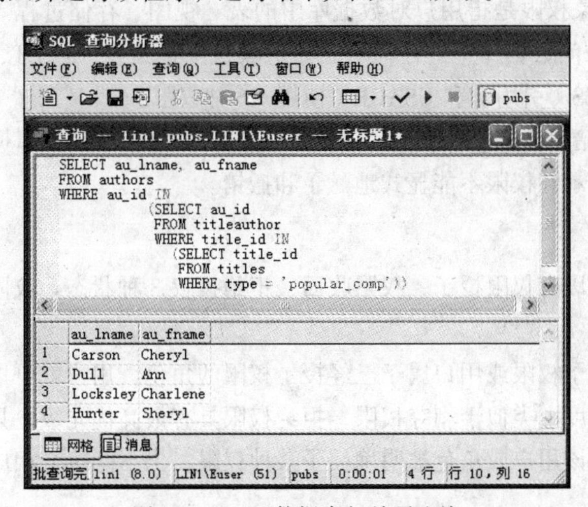

图 3-4 pubs 数据库相关子查询

3.4 数据控制语言

数据控制语言（DCL）是用来设置或者更改数据库用户或角色权限的语句，这些语句包括GRANT、DENY、REVOKE 等权限授予、权限收回、拒绝授权等语句。

在 SQL Server 2000 默认状态下，只有 sysadmin、dbcreator、db_owner 或 db_securityadmin 等角色成员（系统管理员、数据库建立者、数据库所有者或安全管理员）才有权执行数据控制语言。

3.4.1 权限类型和状态

1. 权限类型

在 SQL Server 2000 中设置有 3 种类型的权限，即语句权限、对象权限和暗示性权限。

① 语句权限：语句权限是指是否具有创建数据库或数据库中项目（如表或存储过程）的权利。语句权限是 SQL Server 中功能最大的权限，一般只为数据库开发人员或帮助管理数据库的用户分配语句权限，语句权限的种类如表 3-1 所示。

表 3-1 语句权限

权限名称	权限说明
CREATE DATABASE	可在服务器上创建新的数据库，该权限只能在 master 数据库中设置
CREATE DEFAULT	允许用户在当前数据库中创建默认对象
CREATE FUNCTION	允许用户在当前数据库中创建用户定义函数
CREATE PROCEDURE	允许用户在当前数据库中创建存储过程
CREATE RULE	允许用户在当前数据库中创建规则
CREATE TABLE	允许用户在当前数据库中创建表
CREATE VIEW	允许用户在当前数据库中创建视图
BACKUP DATABASE	允许用户创建一个给予他们该权限的数据库的备份
BACKUP LOG	允许用户创建一个给予他们该权限的数据库事务日志的备份

② 对象权限：对象权限是指用户对数据库中的表、视图、存储过程等的操作权限，没有这些权限，用户将不能访问数据库里的任何对象。对象权限包括：SELECT、INSERT、UPDATE、DELETE、REFERENCES（引用）和 USAGE（使用）6 种权限。

③ 暗示性权限：暗示性权限是指系统预定义的服务器角色或数据库拥有者和数据库对象拥有者所拥有的权限，暗示性权限不能显式地赋予和撤销。

2. 权限的状态

一个用户的权限可以有权限授予、权限收回、拒绝授权 3 种状态。权限的信息存储在系统表sysprotects 中。

如果用户被直接授予权限或用户属于已经授予权限的角色，用户就可以执行相应的操作。

拒绝授权在一定程度上类似于剥夺权限，拒绝权限具有最高优先级，只要一个对象拒绝一个用户或对象访问，即使该用户或角色被明确授予某种权限，仍不能执行相应的操作。

3.4.2 GRANT 语句

GRANT 语句是授权语句，它可以把语句权限或者对象权限授予给其他用户和角色。

1．授予语句权限的基本语法格式

```
GRANT {ALL|statement[,...n]}
TO security_account [ ,...n ]
```

主要参数说明如下：

① ALL：表示全部语句权限，即表 3-1 所列出的全部语句权限。在授予语句权限时，只有固定服务器角色 sysadmin 成员可以使用 ALL 关键字。

② statement：表示可以授予的部分语句权限。

③ security_account：定义被授予权限的用户表，用户表可以是 SQL Server 的数据库用户，可以是 SQL Server 的角色，也可以是 Windows NT 的用户或 Windows NT 组。

2．授予对象权限的基本语法格式

```
GRANT
   { ALL [ PRIVILEGES]|permission [ ,...n ] }
   {
        [ ( column [ ,...n ] ) ] ON { table | view }
        | ON { table|view } [ ( column [ ,...n ] )]
        | ON { stored_procedure|extended_procedure }
        | ON { user_defined_function }
   }
TO security_account [ ,...n ]
[ WITH GRANT OPTION ]
[ AS { group|role} ]
```

主要参数说明如下：

① ALL：表示授予所有可以使用的权限，在授予对象权限时，固定服务器角色 sysadmin 成员、固定数据库角色 db_owner 成员和数据库对象拥有者可以使用 ALL 关键字。

② PRIVILEGES：是可以包含在 SQL-92 标准的语句中的可选关键字。

③ permission：表示当前授予的对象权限；当在表、表值函数或视图上授予对象权限时，权限列表可以包括以下权限中的一个或多个：SELECT、INSERT、DELETE、REFENENCES 或 UPDATE。

④ column：表示在表或视图上允许用户将权限局限到某些列上，column 是这些列的名字。

⑤ table | view：表示表名或者视图名。

⑥ stored_procedure| extended_procedure：是当前数据库中授予权限的存储过程名或者扩展存储过程名。

⑦ user_defined_function：是当前数据库中授予权限的用户定义函数名。

⑧ WITH GRANT OPTION：定义是否拥有授权的权利。

⑨ AS{ group | role }：指当前数据库中有执行 GRANT 语句权限的安全账户的可选名。当对象上的权限被授予一个组或者角色时使用 AS，对象权限需要进一步授予不是组或角色成员的用户。

【例 3.9】给用户李林、孙涛和张兰菊授予创建表和视图的语句权限。

程序代码如下：

```
GRANT CREATE TABLE，CREATE VIEW
TO 李林，孙涛，张兰菊
```

【例 3.10】在 pubs 数据库授予对表 authors 操作的对象权限。给 public 授予 SELECT 权限，给用户李林、孙涛和张兰菊授予插入、修改和删除的权限。

程序代码如下：

```
USE pubs
GO
GRANT SELECT
ON authors
TO public
GO
GRANT INSERT，UPDATE，DELETE
ON authors
TO 李林,孙涛,张兰菊
GO
```

3.4.3 DENY 语句

DENY 语句用于拒绝给当前数据库内的用户或者角色授予权限，并防止用户或角色通过其组或角色成员资格继承权限。

1. 拒绝语句权限的基本语法格式

```
DENY { ALL|statement [ ,...n ] }
TO security_account [ ,...n ]
```

2. 拒绝对象权限的基本语法格式

```
DENY
   { ALL [ PRIVILEGES ]|permission [ ,...n ] }
   {
     [ ( column [ ,...n ] ) ] ON { table|view }
     |ON { table|view } [ ( column [ ,...n ] ) ]
     |ON { stored_procedure|extended_procedure }
     |ON { user_defined_function }
   }
TO security_account [ ,...n ]
[ CASCADE ]
```

主要参数说明如下：

① CASCADE：该参数应用在授予权限时使用了 WITH GRANT OPTION 选项，即如果该用户将被授予的权限又授予了其他用户，则使用 CASCADE 关键字，将拒绝所有已经授予的权限。

② 其他参数的含义同 GRANT 语句。

3.4.4 REVOKE 语句

REVOKE 语句是与 GRANT 语句功能相反的语句，它能够将以前在当前数据库内的用户或者角色上授予或拒绝的权限删除，但是该语句并不影响用户或者角色从其他角色中作为成员继承过来的权限。

1. 收回语句权限的基本语法格式

```
REVOKE { ALL | statement [ ,...n ] }
FROM security_account [ ,...n ]
```

2. 收回对象权限的基本语法格式

```
REVOKE [ GRANT OPTION FOR ]
  { ALL [ PRIVILEGES ] | permission [ ,...n ] }
  {
    [ ( column [ ,...n ] ) ] ON { table | view }
    | ON { table | view } [ ( column [ ,...n ] ) ]
    | ON { stored_procedure | extended_procedure }
    | ON { user_defined_function }
  }
{ TO | FROM }
    security_account [ ,...n ]
[ CASCADE ]
[ AS { group | role } ]
```

各个参数的含义同 GRANT 语句和 DENY 语句。

3.5 系统存储过程

Microsoft SQL Server 2000 中的许多管理活动是通过一种称为系统存储过程的特殊过程执行的。系统存储过程在 master 数据库中创建并存储，带有 sp_ 前缀。可从任何数据库中执行系统存储过程，而无须使用 master 数据库名称来完全限定该存储过程的名称。

系统存储过程可以分为数据库维护计划过程、目录过程、游标过程等若干类组，需要时可以从“联机丛书”中查询。

系统存储过程的部分示例如下：

sp_addtype：用于定义一个用户定义数据类型。

sp_configure：用于管理服务器配置选项设置。

xp_sendmail：用于发送电子邮件或寻呼信息。

sp_stored_procedures：用于返回当前数据库中存储过程的列表。

sp_help：用于显示参数列表和其数据类型。

sp_depends：用于显示存储过程依据的对象或者依据存储过程的对象。

sp_helptext：用于显示存储过程的定义文本。

sp_rename：用于修改当前数据库中用户对象的名称。

3.6 其他语言元素

为了编程的需要，T-SQL 语言提供了其他的语言元素，包括注释、变量、运算符、函数和流程控制语句。

3.6.1 注释

注释是程序代码中不执行的文本字符串（也称为注解）。注释通常用于记录程序的名称、编程人员的姓名、主要代码修改的日期，以及对复杂计算的解释、程序功能的说明等。

编程人员使用注释的目的是为了读和分析程序，为了便于日后的管理和维护。

在 SQL Server 中，可以使用两种类型的注释字符：一种是 ANSI 标准的注释符“—”，它用于单行注释；另一种是与 C 语言相同的程序注释符号，即“/*　*/”。

3.6.2 变量

变量是程序设计中必不可少的重要组成部分。

T-SQL 语言中有两种形式的变量，一种是用户自己定义的局部变量，另一种是系统提供的全局变量。

1. 局部变量

局部变量是作用在一定范围内的 T-SQL 对象，它是用户自己定义的变量，是一个能够拥有特定数据类型的对象，局部变量一般在一个批处理（也可以是存储过程或触发器）中定义，当这个批处理结束后，局部变量的生命周期也就随之消亡。

在程序设计中经常使用局部变量保存一个中间运算数据，保存由存储过程返回的数据值；或者作为计数器来计算循环执行的次数、控制循环执行的次数；或者利用局部变量保存一个数据，以供控制流语句测试等。

局部变量被引用时要在其名称前加上标志“@”，而且必须先用 DECLARE 命令定义，用 SET 或 SELECT 语句为局部变量赋值，然后才可以使用。

（1）DECLARE 语句的基本语法格式

```
DECLARE  {@局部变量名  数据类型}[ ,...n ]
```

局部变量的数据类型不能是 text，ntext 或 image 数据类型。

（2）SET 语句的基本语法格式

```
SET  {@局部变量名=表达式}
```

（3）SELECT 语句的基本语法格式

```
SELECT  {@局部变量名=表达式}[ ,...n ]
```

【例 3.11】创建局部变量书名，然后将字符串“面向对象程序设计”赋给局部变量，再显示局部变量的值。

程序代码如下：

```
DECLARE  @书名 char(20)
SELECT @书名=“面向对象程序设计”
SELECT @书名
GO
```

2. 全局变量

全局变量是 SQL Server 系统内部使用的变量，其作用范围并不仅仅局限于某一程序，而是任何程序均可以随时调用。全局变量通常存储一些 SQL Server 的配置设置值和统计数据。用户可以在程序中用全局变量来测试系统的设置值或者是 T-SQL 命令执行后的状态值。

使用全局变量时应该注意以下几点：

- 全局变量不是由用户的程序定义的，它们是在服务器级定义的。
- 用户只能使用预先定义的全局变量。
- 引用全局变量时，必须以标记符“@@”开头。
- 局部变量的名称不能与全局变量的名称相同，否则会在应用程序中出现不可预测的错误。

3.6.3 运算符

SQL Server 2000 提供的运算符主要有6类：算术运算符、赋值运算符、位运算符、比较运算符、逻辑运算符和字符串连接运算符。

1. 算术运算符

算术运算符可以在两个表达式上执行数学运算，这两个表达式可以是数值数据类型**分类**的任何数据类型。

算术运算符包括：加（+）、减（-）、乘（*）、除（/）和取模（%）。

2. 赋值运算符

T-SQL 中只有一个赋值运算符，即等号（=）。赋值运算符能够将数据值指派给特定的对象，还可以使用赋值运算符在列标题和为列定义值的表达式之间建立关系。

3. 位运算符

位运算符在两个表达式之间执行位操作，位运算符的操作数可以是整型数据或者二进制字符串数据类型分类中的任何数据类型（但 image 数据类型除外）。但是，在位运算符左右两侧的两个操作数不能同时是二进制字符串数据类型分类中的某种数据类型，位运算符的运算含义如表3-2所示。

表3-2 位运算符

运 算 符	含 义
&（按位与）	两个操作数按位 AND
|（按位或）	两个操作数按位 OR
^（按位异或）	两个操作数按位异或

4. 比较运算符

比较运算符用于比较两个表达式是否相同，其比较的结果是布尔数据类型，它有3种值，即 TRUE（表示表达式比较的结果为真）、FALSE（表示表达式比较的结果为假）以及 UNKNOWN。除了 text、ntext 或 image 数据类型的表达式外，比较运算符可以用于所有的表达式。比较运算符的运算含义如表3-3所示。

5. 逻辑运算符

逻辑运算符可以把多个逻辑表达式连接起来。逻辑运算符包括 AND、OR 和 NOT 等运算符。逻辑运算符和比较运算符一样，返回带有 TRUE 或 FALSE 值的布尔数据类型。

6. 字符串连接运算符

字符串连接运算符允许通过运算符加号（+）进行字符串连接，加号即为字符串连接运算符。

例如: SELECT 'abc'+'def'，执行结果为：abcdef。

表 3-3　比较运算符

运　算　符	含　义
=	等于
>	大于
<	小于
>=	大于等于
<=	小于等于
<>	不等于
!=	不等于
!<	不小于
!>	不大于

运算符的优先等级从高到低如下所示：

括号：( );

乘、除、求模运算符：*、/、%;

加减运算符：+、-;

比较运算符：=、>、<、>=、<=、< >、!=、!>、!<;

位运算符：^、&、|;

逻辑运算符：NOT;

逻辑运算符：AND;

逻辑运算符：OR。

3.6.4　函数

在 T-SQL 语言中，函数被用来执行一些特殊的运算以支持 SQL Server 的标准命令。T-SQL 编程语言提供了以下 3 种函数：

① 行集函数：行集函数可以在 T-SQL 语句中当做表引用。

② 聚合函数：聚合函数用于对一组值执行计算并返回一个单一的值。

③ 标量函数：标量函数用于对传递给它的一个或者多个参数值进行处理和计算，并返回一个单一的值。SQL Server 提供的标量函数如表 3-4 所示。

表 3-4　标量函数的分类

函 数 分 类	解　释
配置函数	返回当前配置信息
游标函数	返回游标信息
日期和时间函数	对日期和时间的输入值执行操作，返回一个字符串、数字或日期和时间值
数学函数	对作为函数参数提供的输入值执行计算，返回一个数字值
元数据函数	返回有关数据库和数据库对象的信息
安全函数	返回有关用户和角色的信息

续表

函数分类	解释
字符串函数	对字符串（char 或 varchar）输入值执行操作，返回一个字符串或数字值
系统函数	执行操作并返回有关 Microsoft SQL Server 中的值、对象和设置的信息
系统统计函数	返回系统的统计信息
文本和图像函数	对文本或图像输入值或列执行操作，返回有关这些值的信息

在此介绍经常使用的几种函数：字符串函数、日期和时间函数、数学函数、转换函数、系统函数和聚合函数。

1. 字符串函数

字符串函数可以对二进制数据、字符串和表达式执行不同的运算，大多数字符串函数只能用于 char 和 varchar 数据类型以及明确转换成 char 和 varchar 的数据类型，少数几个字符串函数也可以用于 binary 和 varbinary 数据类型。此外，某些字符串函数还能够处理 text、ntext、image 数据类型的数据。可以在 SELECT 语句的 SELECT 和 WHERE 子句及表达式中使用字符串函数。

字符串函数按其功能可以分为 4 类：

① 基本字符串函数：UPPER、LOWER、SPACE、REPLICATE、STUFF、REVERSE、LTRIM、RTRIM。

② 字符串查找函数：CHARINDEX、PATINDEX。

③ 长度和分析函数：DATALENGTH、SUBSTRING、RIGHT。

④ 转换函数：ASCH、CHAR、STR、SOUNDEX、DIFFERENCE。

各函数的功能可查阅“联机丛书”。

【例 3.12】使用 LEFT 函数返回字符串 abcdefghi 最左边 6 个字符。

程序代码如下：

```
SELECT LEFT('abcdefghi',6)
```

程序的运行结果如下：

```
abcdef
```

2. 日期和时间函数

日期和时间函数用于对日期和时间数据进行各种不同的处理和运算，并返回一个字符串、数字值或日期和时间值。在 SQL Server 2000 中，日期和时间函数的类型如表 3-5 所示。

表 3-5 日期和时间函数的类型

函数	参数	功能
DATEADD	(datepart,number,date)	以 datepart 指定的方式返回 number 加 date 之和
DATEDIFF	(datepart,date1,date2)	以 datepart 指定的方式返回 date2 与 date1 之差
DATENAME	(datepart,date)	返回日期 date 中 datepart 指定部分所对应的字符串
DATEPART	(datepart,date)	返回日期 date 中 datepart 指定部分所对应的整数值
GETDATE	()	返回当前系统的日期和时间
DAY	(date)	返回指定日期的天数

续表

函　　数	参　　数	功　　能
MONTH	(date)	返回指定日期的月份数
YEAR	(date)	返回指定日期的年份数

【例 3.13】输出 pubs 数据库 titles 表中标题时间结构的列表。此时间结构表示当前发布日期加 21 天。

程序代码如下：

```
USE pubs
GO
SELECT DATEADD(day, 21, pubdate) AS timeframe
FROM titles
GO
```

在查询分析器中输入程序并运行该程序，程序的运行结果如图 3-5 所示。

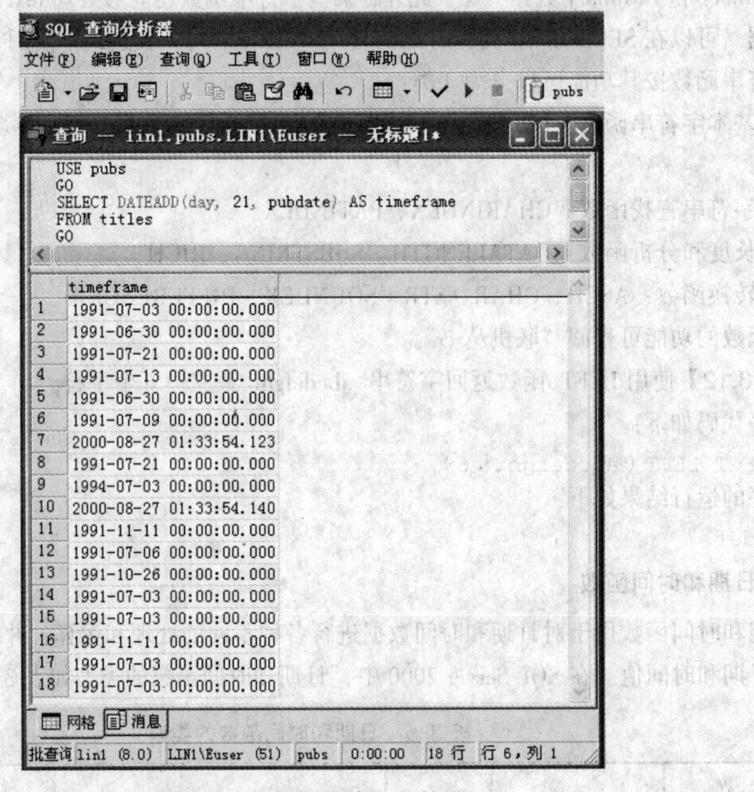

图 3-5　例 3.13 程序运行结果

【例 3.14】从日期 10/12/2004 中返回月份、天数和年份。

程序代码如下：

```
SELECT MONTH('10/12/2004'),DAY ('10/12/2004'),YEAR('10/12/2004')
```

在查询分析器中输入并运行该程序，程序的运行结果如图 3-6 所示。

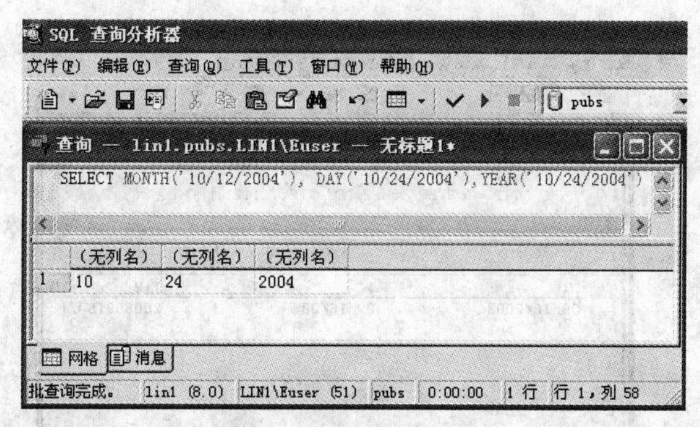

图 3-6 例 3.14 程序运行结果

3．数学函数

数学函数用于对数字表达式进行数学运算并返回运算结果。数学函数可以对 SQL Server 提供的数值型数据（decimal、integer、float、real、money、smallmoney、smallint 和 tinyint）进行处理。常用的数学函数有：绝对值函数 ABS()，三角函数 SIN()、COS()、TAN()、COT()，自然对数函数 LOG() 等，SQL Server 2000 提供了 23 种数学函数，需要时可查阅“联机丛书”。

4．转换函数

通常 SQL Server 会自动处理某些数据类型的转换。例如，如果比较 char 和 datetime 表达式、smallint 和 int 表达式，或不同长度的 char 表达式，这种转换被称为隐性转换。而无法由 SQL Server 系统自动转换或者 SQL Server 系统自动转换的结果不符合预期要求的，就需要使用转换函数做显示转换。

SQL Server 提供的转换函数有两个：CAST 和 CONVERT。

① CAST 函数的功能：该函数允许把一种数据类型的数据强制转换为另一种数据类型。

其基本语法格式如下：

CAST（表达式 AS 数据类型）

② CONVERT 函数的功能：CONVERT 函数允许用户把表达式从一种数据类型转换成另一种数据类型，并且当要求转换的目标数据类型是字符型时，可以规定目标字符串的长度；当要求转换的目标数据类型是日期类型时，可以规定转换后的数据格式。

其基本语法格式如下：

CONVERT (数据类型[(length)],表达式 [,style])

其中，可选项 length 给出目标字符串的长度；可选项 style 给出日期型数据的数据格式（可在“联机丛书”中查询）。

【例 3.15】用 style 参数将当前日期转换为不同格式的字符串。

程序代码如下：

```
SELECT '101'= CONVERT(char,GETDATE( ),101),
       '1'= CONVERT(char,GETDATE( ),1),
       '112'= CONVERT(char,GETDATE( ),112)
```

在查询分析器中输入并运行该程序，程序的运行结果如图 3-7 所示。

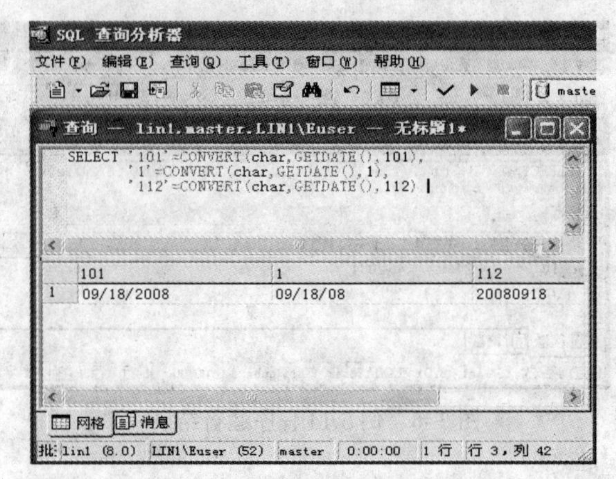

图 3-7　例 3.15 程序运行结果

5. 系统函数

SQL Server 为 DBA 和用户提供了一系列系统函数，用于返回有关 SQL Server 系统、用户、数据库和数据库对象的信息。通过调用系统函数可以获得有关服务器、用户、数据库状态等系统信息，这些信息对管理和维护数据库服务器方面很有价值。与其他函数一样，可以在 SELECT 语句的 SELECT 和 WHERE 子句以及表达式中使用系统函数。

SQL Server 2000 提供有关系统安全、数据库和数据库对象的维护管理等系统函数约 38 个，每个函数的功能和确定性等特点可查阅“联机丛书”。

6. 聚合函数

聚合函数可以返回一个列或者几个列或者所有数值型列的汇总数据。聚合函数经常与 SELECT 语句的 GROUP BY 子句一同使用，用来计算查询的统计值。常用的聚合函数及其功能如表 3-6 所示。

表 3-6　聚合函数的功能

聚合函数	功　能
AVG	返回数学表达式的平均值
COUNT	返回在某个表达式中数据值的数量
COUNT(*)	返回满足条件的记录数
GROUPING	计算某些行的数据是否由 ROLLUP 或者 CUBE 选项得到的
MAX	返回表达式中的最大值
MIN	返回表达式中的最小值
SUM	返回表达式中所有值的和
STDEV	返回表达式中所有数据的标准差
STDEVP	返回总体标准差
VAR	返回表达式中所有值的统计方差
VARP	返回总体方差

【例 3.16】计算 pubs 数据库 titles 表中所有商业类图书的平均预付款和销售额。

程序代码如下：

```
USE pubs
    SELECT  AVG (advance)  AS'平均预付款',SUM (ytd_sales)  AS'销售额'
    FROM   titles
    WHERE  type='business'
GO
```

在查询分析器中输入并运行该程序，程序的运行结果如图 3-8 所示。

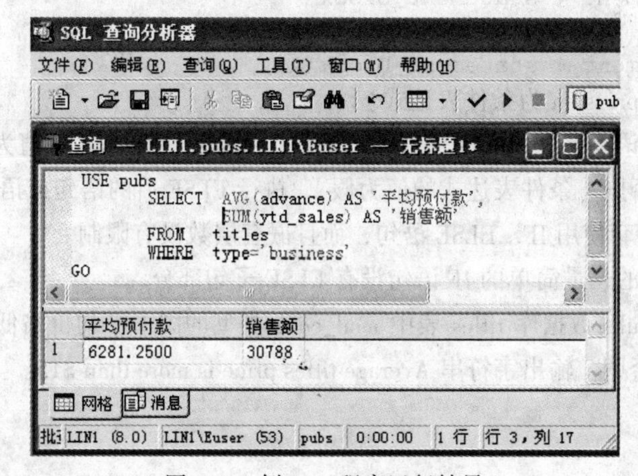

图 3-8 例 3.16 程序运行结果

3.6.5 流程控制语句

流程控制语句是指用来控制程序执行流程的语句。在 SQL Server 2000 中流程控制语句主要用来控制 SQL 语句、语句块、存储过程、触发器或批处理的执行流程。

在程序的所有流程控制方式中，有 3 种最基本的方式，即顺序控制、条件分支控制和循环控制；每种控制都依赖于一种特定的程序结构来实现，这就是顺序结构、条件分支结构和循环结构；一个程序不管它实现的功能有多么复杂，也不管它由多少条语句组成，认真地分析这个程序的结构，就可以看到它应该由这 3 种基本的程序结构组成。为此，主要介绍构成这 3 种程序结构的基本语句：

BEGIN...END 语句
IF...ELSE 语句
CASE 语句
WHILE 语句
GOTO 语句
WAITFOR 语句
RETURN 语句

1. BEGIN...END 语句

① BEGIN…END 语句的基本语法格式如下：

```
BEGIN
  { sql_statement | statement_block  }
END
```

其中：sql_statement| statement_block 为语句或语句块。

② 语句功能：BEGIN…END 语句能够将多个 T-SQL 语句组合成一个语句块，并将它们视为

一个整体来处理。在条件分支语句和循环控制语句中，当符合判断条件要执行两条或者多条语句时，就需要使用 BEGIN…END 语句将其构成一个语句块。

2. IF…ELSE 语句

IF…ELSE 语句是条件判断语句。

① IF…ELSE 语句的基本语法格式如下：

```
IF Boolean_expression
   { sql_statement | statement_block }
[ ELSE
   { sql_statement | statement_block } ]
```

其中：Boolean_expression 为条件表达式。

② 语句功能：该语句首先判断条件表达式的值，如果条件表达式的值为真，则执行 IF 语句后的语句或语句块；否则（条件表达式的值为假），执行 ELSE 后的语句或语句块。

SQL Server 允许嵌套使用 IF…ELSE 语句，而且嵌套层数没有限制。

ELSE 子句是可选的，最简单的 IF 语句没有 ELSE 子句部分。

【例 3.17】如果 pubs 数据库 titles 表中 mod_cook 类型的图书平均价格低于 15 美元，那么显示部分长度的书名，否则，输出字符串 Average titles price is more than $15。

程序代码如下：

```
USE pubs
  IF  (SELECT AVG (price ) FROM titles WHERE type='mod_cook') < $15

     BEGIN
         SELECT SUBSTRING(title,1,20) AS Title
         FROM  titles
         WHERE type='mod_cook'
     END
     ELSE
         PRINT 'Average titles price is more than $15'
     GO
```

在查询分析器中输入程序并运行该程序，程序的运行结果如图 3-9 所示。

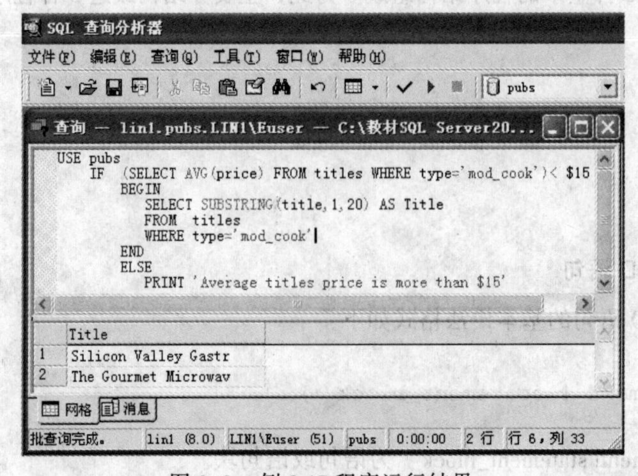

图 3-9 例 3.17 程序运行结果

3. CASE 语句

在 SQL Server 2000 中，CASE 语句又称为 CASE 函数。

CASE 函数结构提供了比 IF...ELSE 语句结构更多的选择和判断。CASE 函数可以计算多个条件表达式，并将其中一个符合条件的表达式值返回。

使用 CASE 函数可以很方便地实现多重选择，可以避免编写多重 IF...THEN 嵌套程序。

CASE 函数按照使用形式的不同，可以分为简单 CASE 函数和搜索 CASE 函数两种。

（1）简单 CASE 函数

① 简单 CASE 函数的基本语法格式如下：

```
CASE input_expression
    WHEN when_expression_one THEN result_expression_one
    WHEN when_expression_two THEN result_expression_two
    ⋮
    WHEN when_expression_n THEN result_expression_n
   [ ELSE else_result_expression ]
END
```

② 函数功能：简单 CASE 函数将计算 CASE 后表达式的值并与 WHEN 后的多个表达式逐个进行比较，若值相等比较结果为 TRUE（真），则执行相应 THEN 后的表达式并返回表达式的值；否则比较结果为 FALSE（假），执行 ELSE 后的表达式并返回表达式的值；如果省略此项参数并且比较运算取值不为 TRUE，那么 CASE 将返回 NULL 值。

③ 使用中注意的问题：input_expression 是任意有效的 Microsoft SQL Server 表达式。when_expression、result_expression 是任意有效的 SQL Server 表达式。并且表达式 input_expression 和每个 when_expression 表达式的数据类型必须相同，或者是隐性转换。

（2）搜索 CASE 函数

① 搜索 CASE 函数的基本语法格式如下：

```
CASE
    WHEN when_expression_one THEN result_expression_one
    WHEN when_expression_two THEN result_expression_two
    …
    WHEN when_expression_n THEN result_expression_n
    [ ELSE else_result_expression ]
END
```

②函数功能：搜索 CASE 函数逐一检查 WHEN 后面的逻辑表达式的值，若值为 TRUE，则执行并返回 THEN 后面的表达式的值，然后再判断下一个逻辑表达式的值；如果所有的逻辑表达式都为 FALSE，那么应该执行并返回 ELSE 后的表达式的值；如果省略此项参数并且比较运算取值不为 TRUE，那么 CASE 将返回 NULL 值。

【例 3.18】对 pubs 数据库 titles 表中的图书类型应用简单 CASE 函数进行查询、分类显示（应进一步分析程序的执行过程）。

程序代码如下：

```
USE pubs
GO
SELECT   Category =
         CASE type
```

```
            WHEN 'popular_comp' THEN 'Popular Computing'
            WHEN 'mod_cook' THEN 'Modern Cooking'
            WHEN 'business' THEN 'Business'
            WHEN 'psychology' THEN 'Psychology'
            WHEN 'trad_cook' THEN 'Traditional Cooking'
            ELSE 'Not yet categorized'
            END,
        CAST(title AS varchar(25)) AS 'Shortened Title',
        price AS Price
FROM titles
WHERE price IS NOT NULL
ORDER BY type, price
COMPUTE AVG(price) BY type
GO
```

在查询分析器中输入并运行该程序，查询程序如图 3-10 所示，程序运行的部分结果如图 3-11 所示。

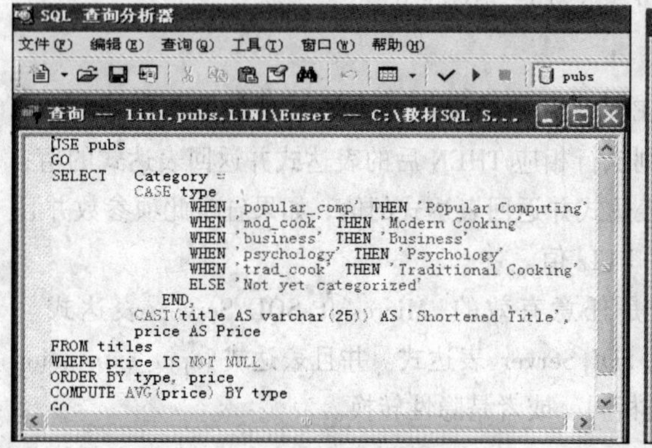

图 3-10　例 3.18 查询程序

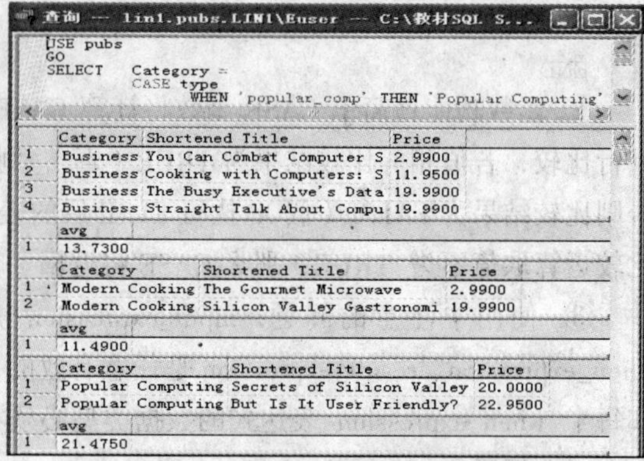

图 3-11　例 3.18 程序运行的部分结果

【例 3.19】对 pubs 数据库 titles 表中的图书价格应用搜索 CASE 函数进行查询显示（应进一步分析程序的执行过程）。

程序代码如下：

```
USE pubs
GO
SELECT   'Price Category' =
CASE
      WHEN price IS NULL THEN 'Not yet priced'
      WHEN price < 10 THEN 'Very Reasonable Title'
      WHEN price >= 10 and price < 20 THEN 'Coffee Table Title'
      ELSE 'Expensive book!'
        END,
CAST(title AS varchar(20)) AS 'Shortened Title'
FROM titles
ORDER BY price
GO
```

在查询分析器中输入并运行该程序，查询程序如图 3-12 所示，程序运行的部分结果如图 3-13 所示。

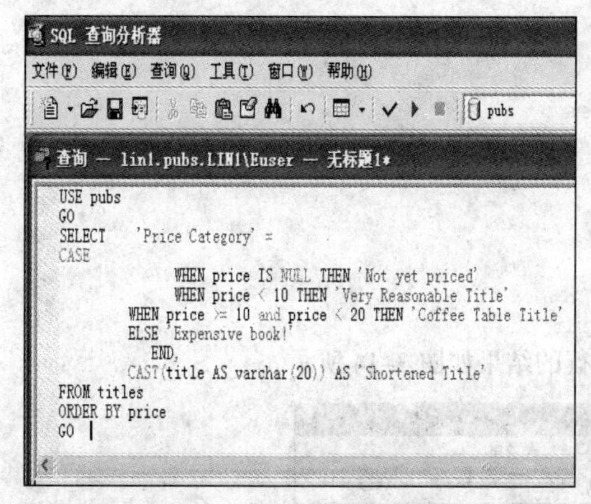

图 3-12 例 3.19 查询程序

图 3-13 例 3.19 程序运行结果

4．WHILE...CONTINUE...BREAK 语句

WHILE...CONTINUE...BREAK 语句是循环语句，用于设置重复执行 SQL 语句或语句块的条件。

① WHILE 语句的基本语法格式如下：

```
WHILE Boolean_expression
BEGIN
  { sql_statement | statement_block }
     [ BREAK ]
     { sql_statement | statement_block }
     [ CONTINUE ]
END
```

② WHILE 语句的功能：只要 WHILE 后面指定的逻辑表达式的值为真，就重复执行 BEGIN...END 之间的语句或语句块。其中，CONTINUE 语句可以使程序跳过 CONTINUE 语句后面的语句，回到 WHILE 循环的第 1 行命令。BREAK 语句则使程序完全跳出循环，结束 WHILE 语句的执行。

③ 使用中注意以下问题：

a. Boolean_expression 是返回 TRUE 或 FALSE 的布尔表达式。如果布尔表达式中含有 SELECT 语句，必须用圆括号将 SELECT 语句括起来。

b. {sql_statement | statement_block}是 T-SQL 语句或用语句块定义的语句分组。若要定义语句块，应使用控制流关键字 BEGIN 和 END。

【例 3.20】对 pubs 数据库 titles 表中的价格按以下原则进行分析、处理，如果平均价格少于$30，WHILE 循环就将价格加倍，然后选择最高价；如果最高价少于或等于$50，WHILE 循环重新启动并再次将价格加倍。该循环不断地将价格加倍到最高价格超过$50，然后退出 WHILE 循环，并打印一行字符串，Too much for the market to bear，（应进一步分析程序的执行过程）。

程序代码如下：

```
USE pubs
GO
WHILE (SELECT AVG(price) FROM titles) < $30
BEGIN
```

```
        UPDATE titles
            SET price = price * 2
        SELECT MAX(price) FROM titles
  IF (SELECT MAX(price) FROM titles) > $50
            BREAK
        ELSE
            CONTINUE
END
PRINT 'Too much for the market to bear'
```

在查询分析器中输入并运行该程序，程序运行的结果如图 3-14 所示。

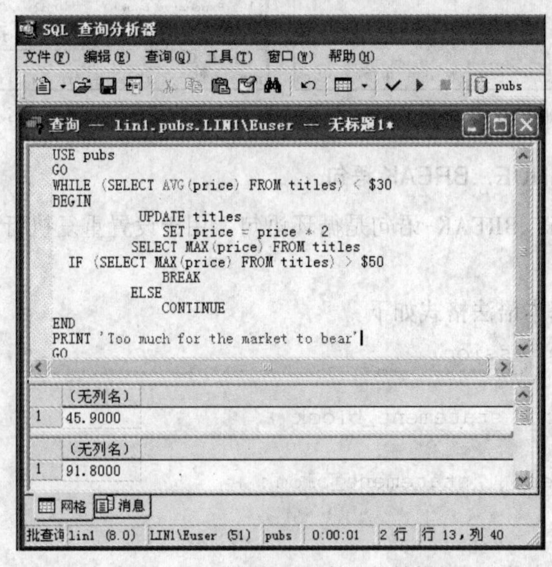

图 3-14　例 3.20 程序运行结果

5. GOTO 语句

① GOTO 语句的基本语法格式如下：

```
GOTO label_name
⋮
```

② GOTO 语句的功能：GOTO 语句可以使程序直接跳到指定的标有标识符的位置处继续执行。GOTO 语句和标识符可以用在语句块、批处理和存储过程中，标识符可以为数字与字符的组合，但必须以“:”结尾。

【例 3.21】利用 GOTO 语句求出从 1 加到 5 的总和。

程序代码如下：

```
DECLARE @sum int, @count int
SELECT  @sum=0, @count=1
label_1:
SELECT  @sum=@sum+@count
SELECT  @count=@count+1
IF  @count<=5
GOTO  label_1
SELECT  @count,@sum
```

在查询分析器中输入并运行该程序，程序运行的结果如图 3-15 所示。

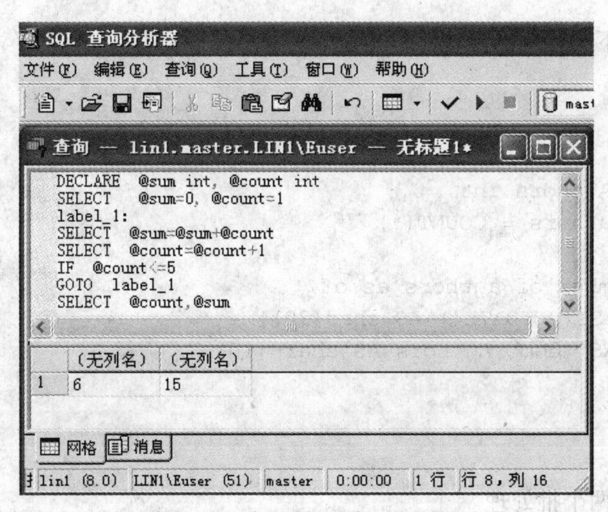

图 3-15 例 3.21 程序运行结果

6. WAITFOR 语句

① WAITFOR 语句的基本语法格式如下：

```
WAITFOR { DELAY 'time' | TIME 'time' }
```

② WAITFOR 语句的功能：WAITFOR 语句用于暂时停止执行 SQL 语句、语句块或者存储过程等，直到所设置的时间已过或者所设置的时间已到才继续执行。

③ 使用中应注意的问题：其中，DELAY 用于指定时间间隔，TIME 用于指定某一时刻，其数据类型为 datetime，格式为'hh:mm:ss'。

7. RETURN 语句

① RETURN 语句的基本语法格式：

```
RETURN [ integer_expression ]
```

② RETURN 语句的功能：用于无条件地终止一个查询、存储过程或者批处理，此时位于 RETURN 语句之后的程序将不会被执行。

③ 使用中应注意的问题：参数 integer_expression 为返回的整型值。存储过程可以给调用过程或应用程序返回整型值。

当用于存储过程时，RETURN 不能返回空值。如果过程试图返回空值（例如，使用 RETURN @status，且@status 是 NULL），将生成警告信息并返回 0 值。

3.6.6 批处理

批处理是从客户机传递到服务器上的一组完整的数据和 T-SQL 语句。一个批处理可以包含一条 T-SQL 语句，也可以包含多条 T-SQL 语句，但每个批处理必须以 GO 命令作为结束标志；GO 并不是 T-SQL 语句，它是一个可以被查询分析器识别的用来表示批处理结束的命令。

SQL Server 将批处理语句编译成一个可执行单元，此单元称为执行计划。执行计划中的语句每次执行一条，如果在一个批处理中存在语法错误，将导致批处理中的任何语句无法执行。

大多数运行时错误将停止执行批处理中当前语句和它之后的语句。少数运行时错误（如违反约束）仅停止执行当前语句，而继续执行批处理中其他所有语句。

【例 3.22】分析下列程序的功能。

程序代码如下：

```
USE pubs
GO
DECLARE @NmbrAuthors int
SELECT @NmbrAuthors = COUNT(*)
FROM authors
PRINT 'The number of authors as of ' +
        CAST(GETDATE() AS char(20)) + ' is ' +
        CAST(@NmbrAuthors AS char (10))
GO
```

分析：

（1）程序创建了两个批处理。

（2）第 1 个批处理只包含一条 USE pubs 语句，用于设置当前操作的数据库。

（3）第 2 个批处理包含 4 条语句，其中：

① DECLARE @NmbrAuthors int 语句的功能是：定义一个整型数据类型的局部变量 NmbrAuthors。

② SELECT @NmbrAuthors = COUNT(*)

FROM authors

两条语句的功能是：用以查询 pubs 数据库中 authors（作家）表中的记录数，并把该值赋给局部变量 NmbrAuthors。

③ 第 4 条语句的功能是：输出一行字符串，这行字符串由 4 部分字符串连接成，第 1 个字符串是'The number of authors as of '；第 2 个字符串是当前系统的日期和时间；第 3 个字符串是' is '；第 4 个字符串是局部变量 NmbrAuthors 的值，即 authors 表中的记录数。

在此要指出的是：第 2 个批处理中的第 1 条语句定义了一个局部变量，第 4 条语句使用了这个局部变量，SQL Server 规定，所有的局部变量声明和引用必须在一个批处理中。这一点规定在第 2 个批处理中是通过在最后一条引用该局部变量的语句之后才使用 GO 命令来做到的。

在查询分析器中输入并运行该程序，程序运行的结果如图 3-16 所示。

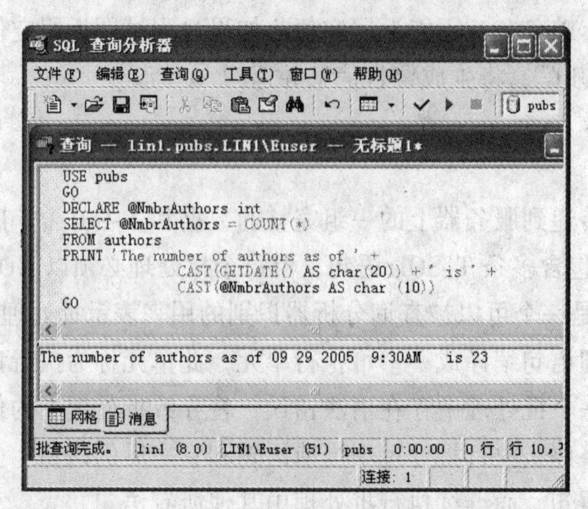

图 3-16 程序运行结果

本 章 小 结

T-SQL 语句是 SQL Server 功能的核心，不管应用程序的用户界面是什么形式，要和数据库服务器进行交互，就必然体现为 T-SQL 语言程序的操作和执行。同时 SQL Server 2000 提供的 T-SQL 语言不仅可以完成对数据库的查询和更新操作，而且还具有数据库管理功能，并且 SQL Server 2000 企业管理器所能完成的多数操作功能，都可以使用 T-SQL 语言编写的程序代码来实现。因此，本章介绍了 SQL Server 2000 提供的数据类型，并通过大量例题的编程，重点介绍了 T-SQL 的数据定义语言、数据操纵语言和数据控制语言的功能及相应的操作语句，从而使读者对 T-SQL 语言的功能及使用 T-SQL 语言编写应用程序，实现指定的操作功能得以更深一步的理解，所以本章内容是掌握 SQL Server 2000 的重点之一。

T-SQL 语言的功能主要是通过数据定义语言、数据操纵语言和数据控制语言来体现的。其中：数据定义语言是用来创建和管理数据库及数据库对象的，它包括 CREATE、ALTER、DROP 等语句；数据操纵语言是用来实现对数据库中的数据进行查询、添加、修改和删除操作的，它包括 SELECT、INSERT、UPDATE、DELETE 等语句；数据控制语言是用来进行数据库操作的安全管理，它包括 GRANT、DENY、REVOKE 等语句；流程控制语句是用来控制程序执行流程的语句，它包括 BEGIN…END、IF…ELSE、CASE、WHILE、GOTO、WAITFOR、RETURN 等语句。应该很好地理解和掌握这些语句的语句格式和使用方法，并使用这些语句进行程序设计的练习和应用，经过一定的努力会有效地提高读者程序设计的能力。

思考与练习

一、简答题

1. 说明 T-SQL 语言所具有的功能及其组成。
2. SQL Server 2000 提供了哪些数据类型？各种数据类型在内存中占用多大的存储空间？
3. 比较 5 种整数数据类型在所占内存位数和所表示数的范围上的不同。
4. SQL Server 2000 提供了哪些特殊数据类型？
5. 数据定义语言用来实现哪些功能？包括哪些语句？写出各个语句最基本的语法格式。
6. 数据操纵语言用来实现哪些功能？包括哪些语句？写出各个语句最基本的语法格式。
7. 数据控制语言用来实现哪些功能？包括哪些语句？写出各个语句最基本的语法格式。
8. SQL Server 2000 设置了哪 3 种权限？说明 3 种权限的区别。
9. 说明局部变量和全局变量使用中的区别及应该注意的问题。
10. 字符串函数按功能可以分为哪 4 类？
11. 什么是系统的存储过程？系统存储过程存储在何处？
12. 分别说明流程控制语句的语句格式和语句功能。

二、上机操作

1. 使用企业管理器创建图书管理数据库：TSGL。
2. 按第 0 章表 0-1、表 0-2 和表 0-3 所提供的数据，使用查询分析器在 TSGL 数据库中创建“图书”表、“读者”表和“借阅”表，并输入相应记录。

3. 使用查询分析器在TSGL数据库的“读者”表中查找并显示女学生的借书证号、姓名和年龄。
4. 使用查询分析器在TSGL数据库的“图书”表中查找并显示单价超过25元的图书编号、书名和作者。
4. 使用查询分析器在TSGL数据库中查找并显示李立军所借图书名的书名和作者。
6. 使用查询分析器在TSGL数据库中查找并显示借阅《计算机组成原理》的学生姓名和系别。

第 4 章　数据库管理

学习目标

☑ 理解数据库的存储结构，掌握数据库文件和事务日志文件的功能和作用。
☑ 熟练掌握使用企业管理器和 T-SQL 语言创建、修改和删除数据库的操作方法。
☑ 了解并掌握备份和还原数据库的操作方法。
☑ 理解创建数据库维护计划的必要性并掌握使用企业管理器创建数据库维护计划的操作方法。

为企业设计、开发一个管理信息系统时，通常要进行前台的界面设计和后台的数据库设计，其中很重要的设计就是后台的数据库设计，因为数据库是用来存放大量的具有一定结构的数据和信息，在网络数据库 SQL Server 2000 中数据库里存放的是数据库的对象，包括表、视图、索引、存储过程、触发器和关系图等。运用 SQL Server 2000 管理这些数据库对象时，首先要建立的就是用户需要的数据库。在这一章里，将以建立图书管理系统为例，重点介绍如何运用 SQL Server 2000 来创建和维护数据库。

4.1　数据库的存储结构

SQL Server 2000 的数据及所有与数据处理操作相关的信息都存储在数据库中，而数据库的存储分为逻辑存储结构和物理存储结构。其中，逻辑存储结构是指用户可以看到的数据库对象，包括表、视图、索引、存储过程等；物理存储结构是指用户看不到的存储在磁盘上的数据库文件。

数据库在磁盘上是以文件为单位存储的，由数据库文件和事务日志文件组成。一个数据库至少应该包含一个数据库文件和一个事务日志文件，如图 4-1 所示。

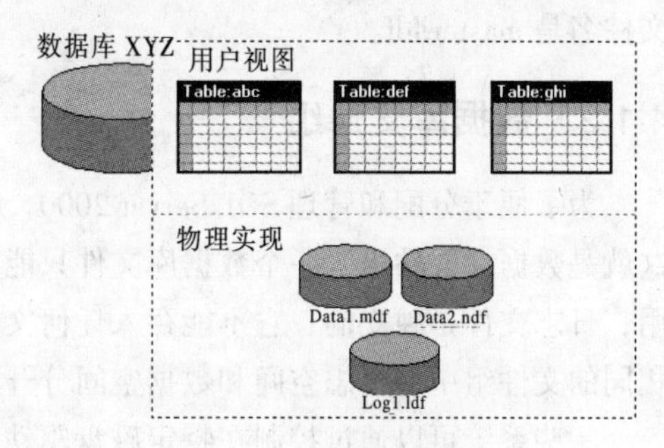

图 4-1　数据库的存储结构

4.1.1 数据库文件

在物理层面上，SQL Server 数据库是由多个操作系统文件组成的，数据库所有的数据、对象和数据库操作日志均存储在这些操作系统文件中，根据这些文件作用的不同，可以将它们分为 3 种文件：主要数据文件（primary database file）、次要数据文件（secondary database file）和事务日志文件。

1. 主要数据文件

数据库文件是存放数据库数据和数据库对象的文件，一个 SQL Server 数据库在磁盘上可以有一个或多个数据库文件，当有多个数据库文件时，有一个数据库文件被定义为主要数据文件，其扩展名为 .mdf。主要数据文件是用来存储数据库的启动信息和部分数据或全部数据，它指向数据库中文件的其他部分，每个数据库只有一个主要数据文件。

2. 次要数据文件

次要数据文件是主要数据文件的辅助文件，扩展名为 .ndf。次要数据文件用于存储主要数据文件没有存储的剩余数据和剩余数据库对象。一个数据库可以没有次要数据文件，也可以同时拥有多个次要数据文件。使用次要数据文件的好处在于可以在不同的物理磁盘上创建次要数据文件，并将数据存储在文件中，这样可以有效地提高数据的处理效率；另外，当数据庞大时，主要数据文件的大小超过操作系统对单一文件大小的限制时，就必须使用次要数据文件来存储数据。

3. 事务日志文件

SQL Server 每个数据库至少有一个事务日志文件，扩展名为 .ldf。事务日志文件用于存储数据库的更新情况等事务日志信息，所有使用 INSERT、DELETE、UPDATE 等 SQL 命令对数据库进行修改操作都要记录在事务日志文件中。

事务日志文件非常重要，当数据库遭到破坏时，管理员可以使用事务日志文件恢复数据库。

SQL Server 2000 的文件拥有逻辑文件名和物理文件名两种名称。当使用 T-SQL 语句访问某一个文件时，必须使用该文件的逻辑文件名，逻辑文件名必须符合 SQL Server 的命名规则，并且不允许有相同的逻辑文件名。物理文件名是文件实际存储在磁盘上的文件名，可包括完整的磁盘目录路径。例如，系统的 master 数据库，其逻辑文件名是 master，物理文件名是 master.mdf，日志文件名是 master.ldf。

4.1.2 数据库文件组

为了便于分配和管理 SQL Server 2000，允许将多个数据库文件归为一个组，并赋予一个组名，这就是数据库文件组。一个数据库文件只能存于一个文件组，一个文件组也只能被一个数据库使用；日志文件是独立的，它不能存入任何文件组，也就是说，数据库的数据和日志内容不能存入相同的文件组中，日志空间和数据空间分开管理。

一些系统可以通过控制在特定磁盘驱动器上放置的数据和索引来提高自身的性能，文件组可以对此进程提供帮助。系统管理员可以为每个磁盘驱动器创建文件组，然后将特定的表、索引，或表中的 text、ntext 或 image 数据指派给特定的文件组。

SQL Server 2000 提供了 3 种文件组类型，分别是主要文件组、用户定义文件组和默认文件组。

主要文件组包含主要数据文件和所有没有被包含在其他文件组里的文件。数据库的系统表都包含在主要文件组里。

用户定义文件组包括所有在使用 CREATE DATABASE 或 ALTER DATABASE 命令时使用 FILEGROUP 关键字进行约束的文件。

默认文件组容纳所有在创建时没有指定文件组的表、索引以及 text、ntext 或 image 数据类型的数据。每个数据库中都有一个文件组作为默认文件组运行，任何时候，只能有一个文件组被指定为默认文件组。默认情况下，主要文件组是默认文件组。

4.2　创建和管理数据库

4.2.1　创建数据库

SQL Server 2000 每个数据库都由以下几个部分的数据库对象组成：关系图、表、视图、存储过程、用户、角色、规则、默认、用户定义的数据类型和用户定义的函数，如图 1-17 所示。

SQL Server 2000 允许每个服务器中最多可以创建 32 767 个数据库，每个数据库的库名必须符合系统标识符的命名规则，应该使用易于记忆并有一定意义的名称命名数据库。

创建数据库的过程实际是为数据库设计名称、设计数据库所占用的存储空间和存放文件的位置的过程。数据库的基本信息存储在系统的 master 数据库中的 sysdatabases 系统表中，可以使用 SELECT 语句来查询数据库的信息。

用户自定义数据库的方法有 3 种：使用企业管理器创建数据库、使用 T-SQL 语言创建数据库和使用向导创建数据库，在此主要介绍前两种方法。

1．使用企业管理器创建数据库

使用在企业管理器创建数据库的方法非常简单，只需要 6 个操作步骤就可以完成一个数据库的创建。

（1）进入企业管理器的主界面，右击“数据库”文件夹，此时将弹出一个快捷菜单，如图 4-2 所示。

（2）在弹出的快捷菜单中选择“新建数据库”命令，就会弹出“数据库属性”对话框，该对话框有 3 个选项卡：常规、数据文件和事务日志，如图 4-3 所示。

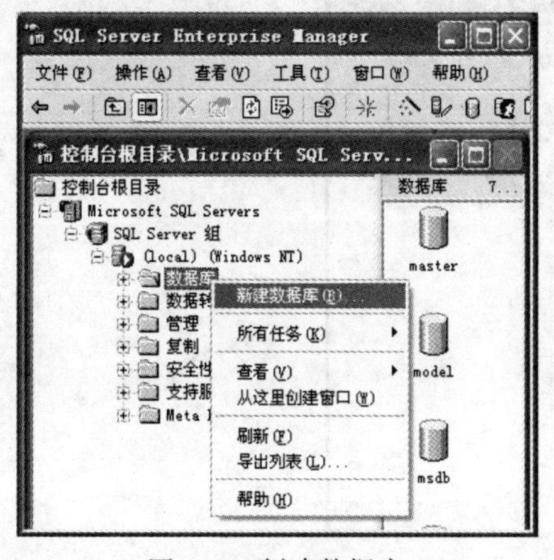

图 4-2　创建数据库

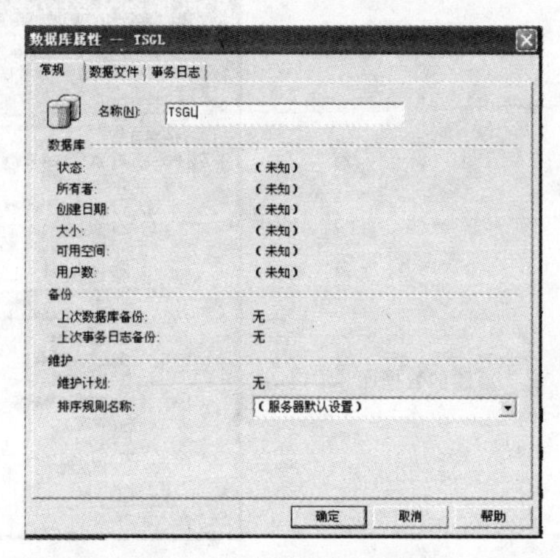

图 4-3　“常规”选项卡

（3）在“常规”选项卡中的“名称”文本框内输入所要建立的数据库逻辑名，如建立图书管理数据库，用汉语拼音的字头 TSGL 做文件名则输入 TSGL，如图 4-3 所示。

（4）选择“数据文件”选项卡，对数据文件的逻辑名称、存储位置、初始容量大小、所属文件组名称、文件属性（文件增长方式和最大文件大小）进行设置，如设置 TSGL 数据库的数据文件的逻辑名是 TSGL_Data，初始大小为 1MB，所属文件组是 PRIMARY，文件按 10%的比例自动增长，文件最大增长到 10MB，如图 4-4 所示。

（5）选择“事务日志”选项卡，对事务日志文件的物理存储进行设置，如图 4-5 所示。在“文件名”列表框内可以输入事务日志文件的信息，包括事务日志文件的逻辑名称、存储位置、初始容量大小、文件属性（文件增长方式和最大文件大小）。如：设置 TSGL 数据库的事务日志文件的逻辑名是 TSGL_Log，初始大小为 1MB，文件按 10%的比例自动增长，文件增长不受限制，如图 4-5 所示。

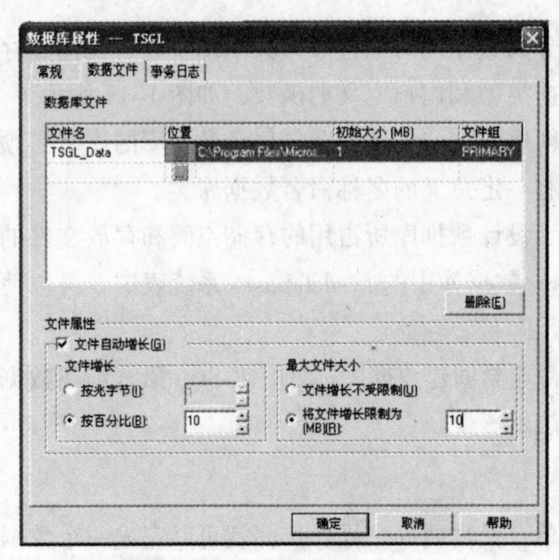

图 4-4 “数据文件”选项卡

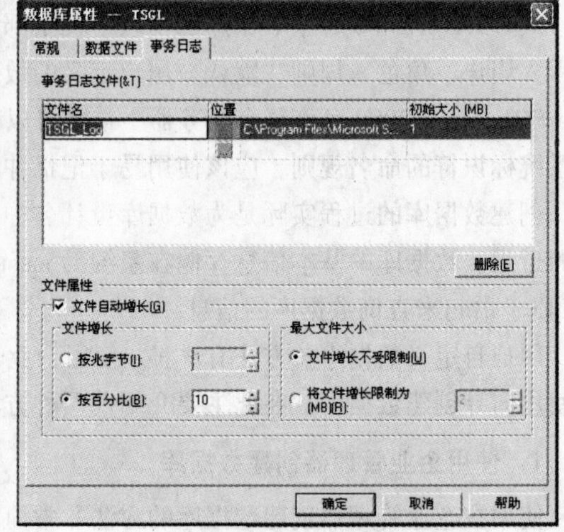

图 4-5 “事务日志”选项卡

（6）前 5 步完成基本设置后，单击“确定”按钮，完成数据库的创建。这时在“数据库”文件夹内出现新建的数据库 TSGL，如图 4-6 所示。

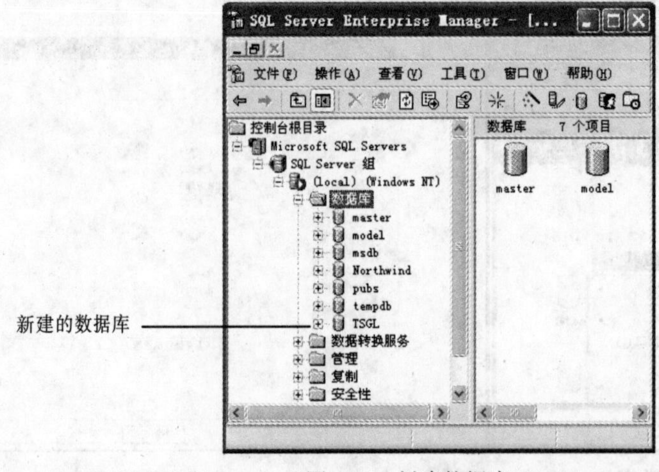

图 4-6 创建数据库 TSGL

2. 使用 T-SQL 语言创建数据库

使用 T-SQL 语言创建数据库的命令是：CREATE DATABASE。

其基本语法格式如下：

```
CREATE DATABASE database_name
[ON [PRIMARY] [<filespec> [,…n][, <filegroupspec> [,…n]] ]
        [LOG ON {<filespec> [,…n]}]
        <filespec>::=([NAME=logical_file_name, ]
FILENAME='os_file_name'
[, SIZE=size]
[, MAXSIZE={max_size|UNLIMITED}]
[, FILEGROWTH=growth_increment] )
```

主要参数说明如下：

① database_name：表示新建数据库的名称，数据库名必须符合标识符的命名规则，数据库名最长为 128 个字符。

② ON：表示存放数据库的数据文件将在后面分别给出定义。

PRIMARY：该选项是定义数据库的主要文件组中的文件。主文件组不仅包含数据库系统表中的全部内容，而且还包含用户文件组中没有包含的全部对象。一个数据库只能有一个主文件，默认情况下，如果不指定 PRIMARY 关键字，则在命令中列出的第一个文件将被默认为主文件。

③ LOG ON：定义数据库的事务日志文件。如果没有 LOG ON 选项，系统会自动产生一个文件名前缀与数据库名相同，容量为所有数据库文件大小 1/4 的事务日志文件。

④ NAME：指定数据库的逻辑名称，这是在 SQL Server 系统中使用的名称，是数据库在 SQL Server 中的标识符。

⑤ FILENAME：定义数据库所在文件的操作系统文件名称和路径，该操作系统文件名和 NAME 的逻辑名称一一对应。

⑥ SIZE：指定数据库的初始容量大小。如果没有指明主文件的大小，则 SQL Server 默认值与模板数据库中主文件的大小一致，其他数据库文件和事务日志默认为 1MB。SIZE 最小值是 512KB，默认值为 1MB。

⑦ MAXSIZE：指定数据库文件可以增长到的最大容量。如果没有指定值，则文件可以不断增长直到充满磁盘。

⑧ FILEGROWTH：指定文件每次增加容量的大小，当指定数据为 0 时，表示文件不增长。如果没有指定值，则默认按 10%的比例增长，每次扩充的最小值为 64KB。

【例 4.1】 使用 T-SQL 语言创建一个图书管理数据库 TSGL1，该数据库的主数据文件逻辑名称为 TSGL1_data，物理文件名为 TSGL1.mdf，初始大小为 10MB，最大容量为无限大，增长速度为 10%；数据库的日志文件逻辑名称为 TSGL1_log，物理文件名为 TSGL1.ldf，初始大小为 1MB，最大容量为 5MB，增长速度为 1MB。

程序代码如下：

```
CREATE DATABASE TSGL1
      ON PRIMARY
        (name=TSGL1_data,
FILENAME='C:\Program Files\Microsoft SQL Server\MSSQL\data\TSGL1.mdf',
   SIZE=10,
```

```
FILEGROWTH=10%)
      LOG ON
        (name=TSGL1_log,
FILENAME='C:\Program Files\Microsoft SQL Server\MSSQL\data\TSGL1.ldf',
   SIZE=1,
      MAXSIZE=5,
FILEGROWTH=1)
```

在查询分析器中输入并运行该程序，将创建 TSGL1 数据库。其运行结果如下：

```
CREATE DATABASE 进程正在磁盘 'TSGL1_data' 上分配 10.00 MB 的空间。
CREATE DATABASE 进程正在磁盘 'TSGL1_log' 上分配 1.00 MB 的空间。
```

在企业管理器中右击新建的 TSGL1 数据库，从弹出的快捷菜单中选择“属性”命令，将弹出“TSGL1 属性”对话框，从这个对话框的“数据文件”选项卡和“事务日志”选项卡中可以查看新建数据库 TSGL1 的相关参数。

【例 4.2】使用 T-SQL 语言创建一个含有多个数据文件和日志文件的数据库。该数据库名称为 TSGL2，有 1 个 10MB 和 1 个 20MB 的数据文件和 2 个 10MB 的事务日志文件。数据文件逻辑名称为 TSGL21_data 和 TSGL22_data，物理文件名为 TSGL21.mdf 和 TSGL22.mdf。主文件是 TSGL21，由 PRIMARY 指定，2 个数据文件最大容量分别为无限大和 100MB，增长速度分别为 10%和 1MB。事务日志文件的逻辑名为 TSGL21_log 和 TSGL22_log，物理文件名为 TSGL21.ldf 和 TSGL22.ldf，最大容量均为 50MB，文件增长速度为 1MB。

程序代码如下：

```
CREATE DATABASE TSGL2
    ON PRIMARY
    (name=TSGL21_data,
FILENAME='C:\Program Files\Microsoft SQL Server\MSSQL\data\TSGL21.mdf',
    SIZE=10,
        MAXSIZE=UNLIMITED,
FILEGROWTH=10%),
    (name=TSGL22_data,
FILENAME='C:\Program Files\Microsoft SQL Server\MSSQL\data\TSGL22.mdf',
    SIZE=20,
        MAXSIZE=100,
FILEGROWTH=1)
LOG ON
    (name=TSGL21_log,
FILENAME='C:\Program Files\Microsoft SQL Server\MSSQL\data\TSGL21.ldf',
    SIZE=10,
        MAXSIZE=50,
FILEGROWTH=1),
    (name=TSGL22_log,
FILENAME='C:\Program Files\Microsoft SQL Server\MSSQL\data\TSGL22.ldf',
    SIZE=10,
        MAXSIZE=50,
FILEGROWTH=1)
```

在查询分析器中输入并运行该程序，将创建 TSGL2 数据库。其运行结果如下：

```
CREATE DATABASE 进程正在磁盘 'TSGL21_data' 上分配 10.00 MB 的空间。
CREATE DATABASE 进程正在磁盘 'TSGL22_data' 上分配 20.00 MB 的空间。
```

CREATE DATABASE 进程正在磁盘 'TSGL21_log' 上分配 10.00 MB 的空间。
CREATE DATABASE 进程正在磁盘 'TSGL22_log' 上分配 10.00 MB 的空间。

同样，由企业管理器可以查看新建数据库 TSGL2 的相关参数。

4.2.2 查看数据库

一个数据库创建以后，可以使用企业管理器查看已建立的数据库基本属性。

在企业管理器的树形目录中找到要查看的数据库，如查看系统数据库 master，右击该数据库名，在弹出的下拉菜单中选择“属性”命令，如图 4-7 所示，将出现数据库“master 属性”对话框，如图 4-8 所示，它含有“常规”、“数据文件”、“事务日志”、“文件组”、“选项”和“权限”选项卡，其中“常规”选项卡显示了 master 数据库的所有者、创建日期、大小、可用空间、用户数、维护计划、排序规则名称和备份情况等信息。选择其他选项卡，还可以查看其他相关信息。

图 4-7　查看数据库属性

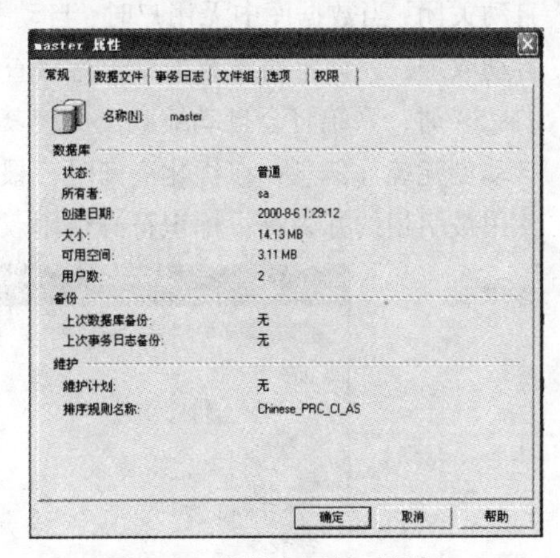

图 4-8　数据库属性对话框

4.2.3 修改数据库

当需要对所创建数据库的属性进行修改时，可以使用企业管理器或使用 T-SQL 语言对数据库进行修改。

1. 使用企业管理器修改数据库

在企业管理器中，右击所要修改的数据库（如修改 TSGL 数据库），从弹出的快捷菜单中选择“属性”命令，将出现数据库“属性”对话框（如“TSGL 属性”对话框，如图 4-9 所示），对话框中有 6 个选项卡，可以分别修改选定数据库的属性，然后单击“确定”按钮，完成对选定数据库的修改。

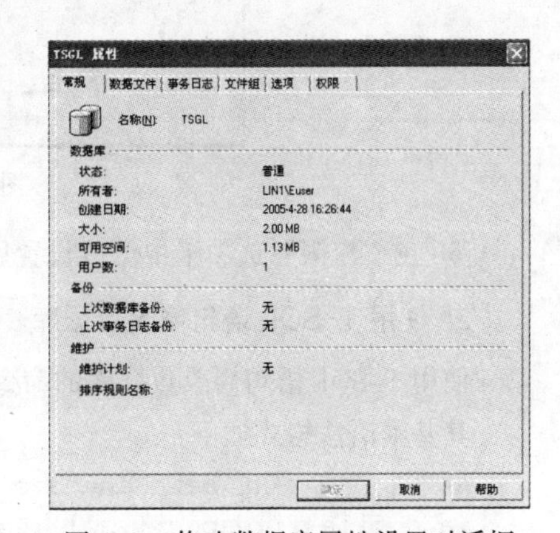

图 4-9　修改数据库属性设置对话框

数据库“属性”对话框各个选项卡的属性如下：

① 在“常规”选项卡中显示数据库的状态、所有者、创建日期、大小、可用空间、用户数、备份和维护等属性，可对相关属性进行修改。

② 在“数据文件”选项卡和“事务日志”选项卡中可以重新指定数据文件和事务日志文件的名称、存储位置、容量等属性。

③ 在“文件组”选项卡中可以添加或删除文件组。

④ 在“选项”选项卡中还可以对数据库的访问、故障还原、设置、兼容性等属性进行修改，如图 4-10 所示。对其中“设置”的各选项含义说明如下：

- ANSI NULL 默认设置：允许在数据库表的列中输入空（NULL）值。
- 递归触发器：允许触发器递归调用。SQL Server 设置的触发器递归调用的层数最多为 32 层。
- 自动更新统计信息：允许使用 SELECT INTO 或 BCP、WRITETEXT、UPDATETEXT 命令向表中大量插入数据。
- 残缺页检测：允许自动检测有损坏的页。
- 自动关闭：当数据库中无用户时，自动关闭该数据库，并将所占用的资源交还给操作系统。
- 自动收缩：允许定期对数据库进行检查，当数据库文件或日志文件的未用空间超过其大小的 25%时，系统将会自动缩减文件使其未用空间等于 25%。
- 自动创建统计信息：在优化查询时，根据需要自动创建统计信息。
- 使用被引用的标识符：标识符必须用双引号括起来，且可以不遵循 T-SQL 命名标准。

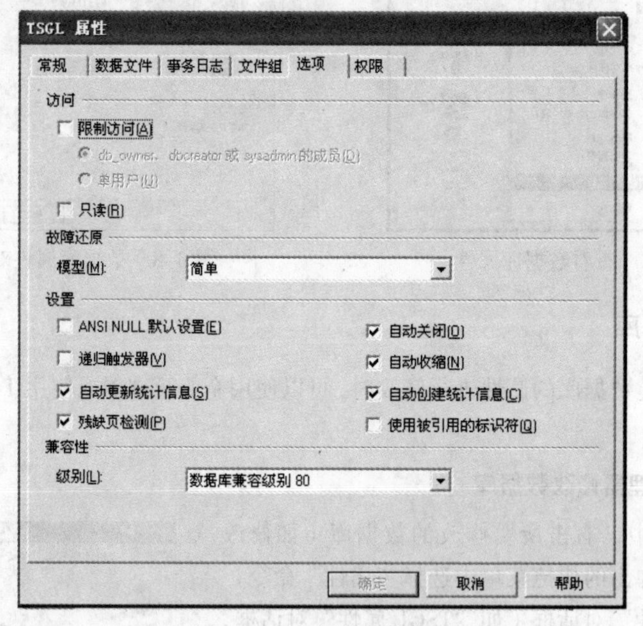

图 4-10 “选项”选项卡

⑤ 在“权限”选项卡中可以设置用户对数据库的使用权限。

2. 使用 T-SQL 语句修改数据库

使用 T-SQL 语句修改数据库的命令是：ALTER DATABASE。

其基本语法格式如下：

```
ALTER DATABASE databasename
{add file<filespec>[,…n] [to filegroup filegroupname]
|add log file <filespec>[,…n]
```

```
|remove file logical_file_name [with delete]
|modify file <filespec>
|modify name=new_databasename
|add filegroup filegroup_name
|remove filegroup filegroup_name
|modify filegroup filegroup_name
{filegroup_property|name=new_filegroup_name}}
```

使用 ALTER DATABASE 语句可以增加或删除数据库中的文件，也可以修改数据库文件的属性。

主要参数说明如下：

① 语句中 add file、remove file 和 modify file 3 个子句分别指定创建、删除和修改已有的文件。

② to filegroup：使用该选项把新文件赋给已有的文件组。

③ add log file：使用该子句可以创建新的事务日志并将其添加到已有的数据库事务日志中。

④ add filegroup：使用该选项可以创建新的文件组。

⑤ remove filegroup：使用该选项可以从系统中删除文件组。

⑥ <filespec>[, …n]：表示文件说明。

注意：*数据库管理员或拥有 ALTER DATABASE 权限的用户才有权执行该语句。*

【例 4.3】使用 T-SQL 语言添加一个含有两个数据文件的文件组和一个事务日志文件到 TSGL1 数据库。

程序代码如下：

```
ALTER DATABASE TSGL1
add filegroup DATA1
ALTER DATABASE TSGL1
   Add file
   (name=TSGL11_data,
FILENAME='C:\Program Files\Microsoft SQL Server\MSSQL\data\TSGL11.mdf',
   SIZE=1,
       MAXSIZE=50,
FILEGROWTH=1),
   (name=TSGL12_data,
FILENAME='C:\Program Files\Microsoft SQL Server\MSSQL\data\TSGL12.mdf',
   SIZE=2,
       MAXSIZE=50,
FILEGROWTH=10%)
to filegroup DATA1
ALTER DATABASE TSGL1
add log file
   (name=TSGL11_log,
FILENAME='C:\Program Files\Microsoft SQL Server\MSSQL\data\TSGL11.ldf',
   SIZE=1,
       MAXSIZE=50,
FILEGROWTH=1)
```

在查询分析器中输入并运行该程序，将在 TSGL1 数据库中添加含有两个数据文件的文件组 DATA1 和一个事务日志文件。其运行结果为如下：

```
以 1.00 MB 为单位在磁盘 'TSGL11_data' 上扩展数据库。
以 2.00 MB 为单位在磁盘 'TSGL12_data' 上扩展数据库。
以 1.00 MB 为单位在磁盘 'TSGL11_log' 上扩展数据库。
```

由企业管理器可以查看数据库 TSGL1 新增加的数据文件和事务日志文件。

4.2.4 删除数据库

对于不再使用的数据库应该删除它以释放数据库所占用的存储空间。删除数据库也有两种方法，即使用企业管理器删除数据库或使用 T-SQL 语言删除数据库。

1. 使用企业管理器删除数据库

在企业管理器中，右击所要删除的数据库，从弹出的快捷菜单中选择“删除”命令，便可删除指定的数据库。

2. 使用 T-SQL 语言删除数据库

使用 T-SQL 语言删除数据库的命令是：DROP。

其基本语法格式如下：

```
DROP database database_name[,…n]
```

DROP 语句可以从 SQL Server 中一次删除一个或多个数据库。

【例 4.4】删除所创建的数据库 TSGL1。

程序代码如下：

```
DROP database TSGL1
```

4.3 备份和还原数据库

4.3.1 概述

Microsoft SQL Server 2000 备份和还原数据库的功能，为存储在 SQL Server 数据库中的关键数据提供重要的保护手段。通过正确设计，可以从多种故障中恢复数据库，这些故障包括：媒体故障、用户的错误操作或服务器的彻底崩溃等。另外，也可出于其他目的备份和还原数据库，如将数据库从一台服务器复制到另一台服务器等。通过备份一台计算机上的数据库，再将该数据库还原到另一台计算机上，可以快速地生成数据库的复本。

备份数据库就是对 SQL Server 数据库文件或事务日志进行备份。数据库备份记录了在进行备份这一操作时数据库中所有数据的状态，以便在数据库遭到破坏时能够及时地将其还原。

备份数据库是动态的，即备份时允许其他用户继续对数据库进行操作。

SQL Server 2000 对所要备份内容的选项设置，提供了 4 种不同的备份方式。

1. 完全数据库备份

完全数据库备份是对所有数据库操作和事务日志中的事务进行备份，这种备份方式可用作系统失败时恢复数据库的基础。

2. 差异备份（或称增量备份）

差异备份是对最近一次数据库备份以来发生的数据变化进行备份。对于一个经常进行数据操作的数据库进行备份，需要在完全数据库备份的基础上进行差异备份，差异备份的优点是速度快。通过增加差异备份的备份次数可以降低丢失数据的风险。

3. 事务日志备份

事务日志备份是对数据库发生的事务进行备份，包括从上次进行事务日志备份、差异备份和数据库完全备份之后，所有已经完成的事务，它可以在相应的数据库备份的基础上，尽可能地恢复最新的数据库记录。由于它仅对数据库事务日志进行备份，所以它需要的磁盘空间和备份时间都比数据库备份少得多。

差异备份和事务日志备份的速度快，但它们之间的主要差异是事务日志备份含有自上次备份以来的所有修改，而差异备份只含有最后一次的修改。

4. 数据库文件和文件组备份

当数据库非常大时，可以进行数据库文件或文件组的备份，文件组包含了一个或多个数据库文件。当 SQL Server 系统备份文件或文件组时，最多可以指定 16 个文件或文件组。

4.3.2　创建备份设备

在进行备份以前首先要指定或创建备份设备，备份设备是用来存储数据库、事务日志或文件和文件组备份的存储介质。备份设备可以是硬盘、磁带或管道，当使用磁盘时，SQL Server 允许将本地主机硬盘和远程主机上的硬盘作为备份设备，备份设备在硬盘中是以文件的方式存储的。

创建备份设备可以使用企业管理器或执行系统存储过程两种方法，在此仅介绍使用企业管理器创建备份设备的方法。

使用 SQL Server 企业管理器创建备份设备需要 3 个步骤。

（1）在企业管理器中，选择要创建备份设备的服务器，打开管理文件夹，右击备份图标，从弹出的快捷菜单中选择“新建备份设备”命令，如图 4-11 所示，弹出“备份设备属性-新设备”对话框，如图 4-12 所示。

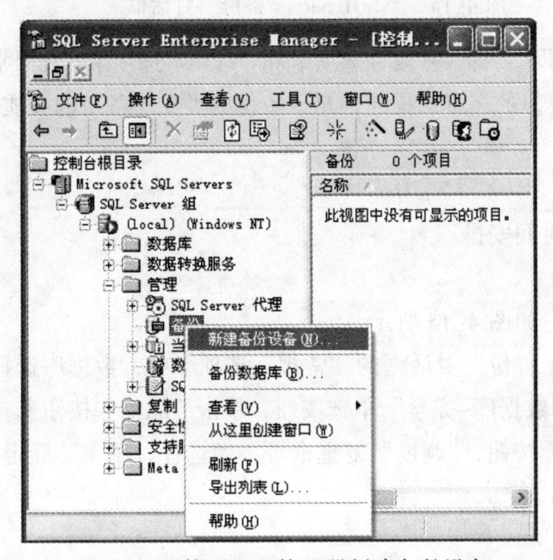

图 4-11　使用企业管理器创建备份设备

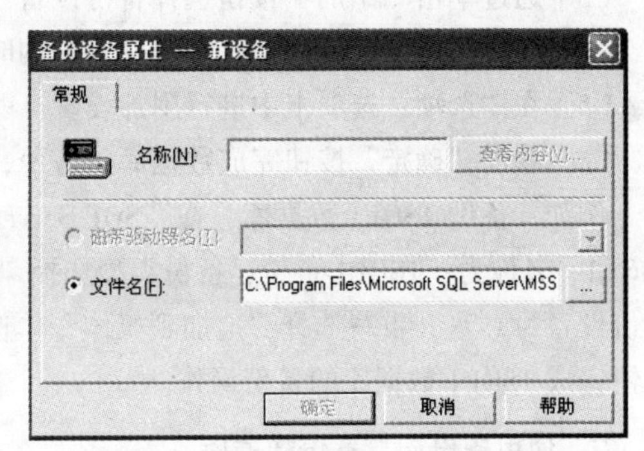

图 4-12　“备份设备属性-新设备”对话框

（2）在“新设备”对话框中输入备份设备名称，该名称是备份设备的逻辑名称，另外还要选择备份设备的类型，如果选择文件名表示使用硬盘做备份，那么只有正在创建的设备是硬盘时，该选项才有效；如果选择磁带做备份，那么只有正在创建的设备是与本地服务器相连的磁带设备时，该选项才有效。

（3）单击“确定”按钮便可以创建备份设备。

4.3.3 备份数据库的操作

SQL Server 系统提供了使用企业管理器、使用备份向导或使用 T-SQL 语句 3 种数据库备份操作的方法，在此仅介绍前两种操作方法。

1. 使用 SQL Server 企业管理器备份数据库

使用 SQL Server 企业管理器备份数据库需要以下 6 个操作步骤：

（1）右击所要进行备份的数据库文件夹，在弹出的快捷菜单中选择“所有任务”命令，再选择“备份数据库”命令，如图 4-13 所示，将出现“SQL Server 备份”对话框，如图 4-14 所示。

图 4-13 选择“备份数据库”命令

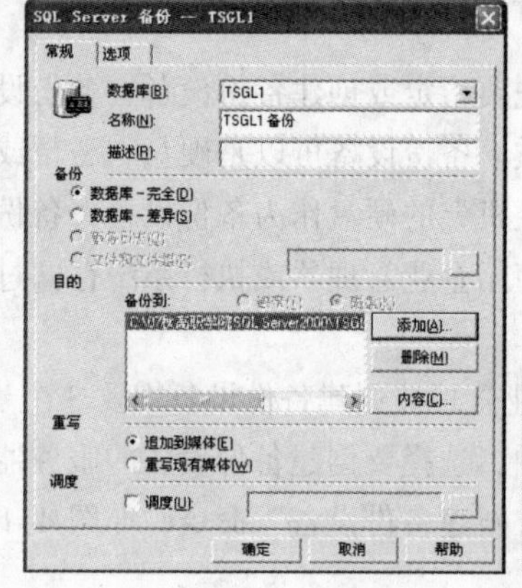

图 4-14 “SQL Server 备份”对话框

（2）“SQL Server 备份”对话框中有两个选项卡，即“常规”选项卡和“选项”选项卡。在“常规”选项卡中，可以选择备份数据库的名称、操作的名称、描述信息、备份的类型、备份的介质、备份的执行时间。

（3）通过单击“添加”按钮选择备份设备。

（4）选择“调度”复选框，来改变备份的时间安排。

（5）在“选项”选项卡中进行附加设置。

（6）单击“确定”按钮完成数据库的备份，如图 4-14 所示。

例如，备份 TSGL1 数据库，在“SQL Server 备份”对话框的“常规”选项卡中，数据库选择 TSGL1，名称为：TSGL1 备份，备份类型选择“数据库-完全”单选按钮，单击“添加”按钮选择备份设备为 C 盘，重写选择“追加到媒体”单选按钮，“调度”复选框可不做选择，单击“确定”按钮完成 TSGL1 数据库的备份操作。

2. 使用备份向导备份数据库

使用备份向导备份数据库需要 6 个操作步骤。

（1）打开 SQL Server 企业管理器，单击要创建的备份服务器，在水平主菜单上选择“工具”菜单，再从下拉菜单中选择“向导”命令，如图 4-15 所示，将出现“选择向导”对话框，如图 4-16 所示。

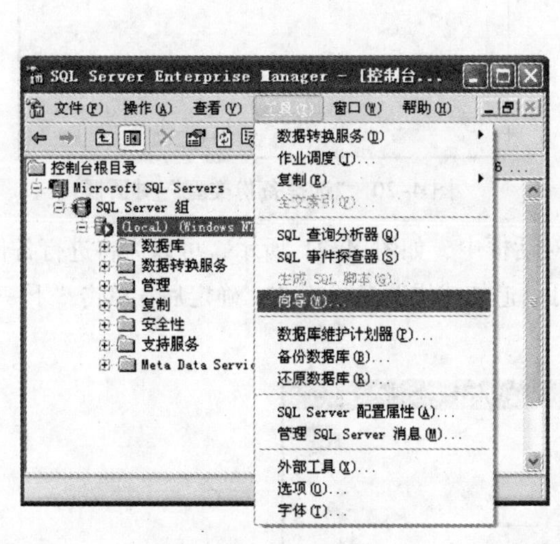

图 4-15　使用备份向导

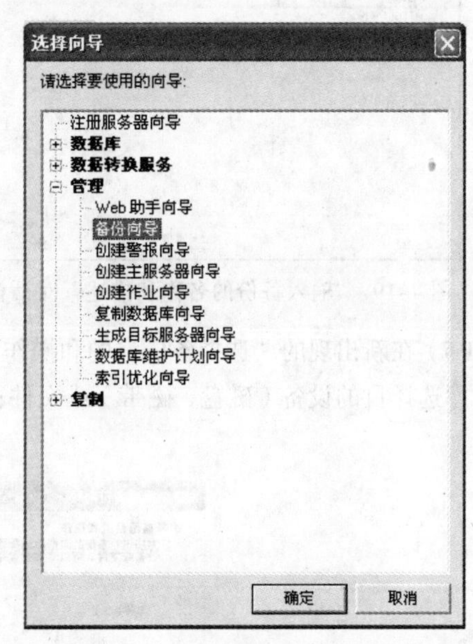

图 4-16　“选择向导”对话框

（2）在“选择向导”对话框中，单击“管理”左边的“+”号，再双击“备份向导”，又弹出“创建数据库备份向导”对话框，如图 4-17 所示。单击该对话框的“下一步”按钮，又将弹出“选择要备份的数据库”对话框，如图 4-18 所示，在其文本框内选择要备份的数据库（如 TSGL1）。

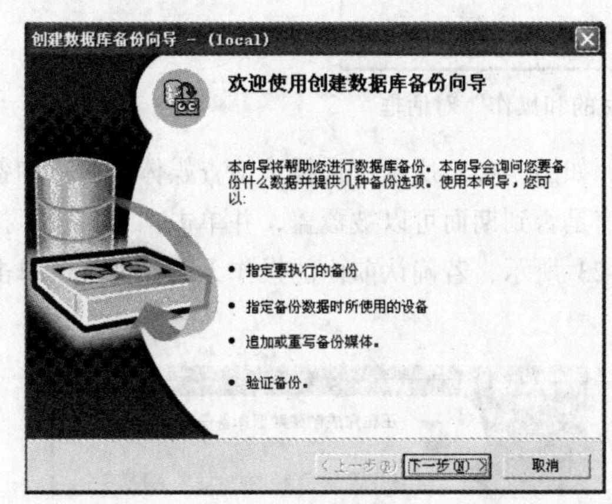

图 4-17　“创建数据库备份向导”对话框

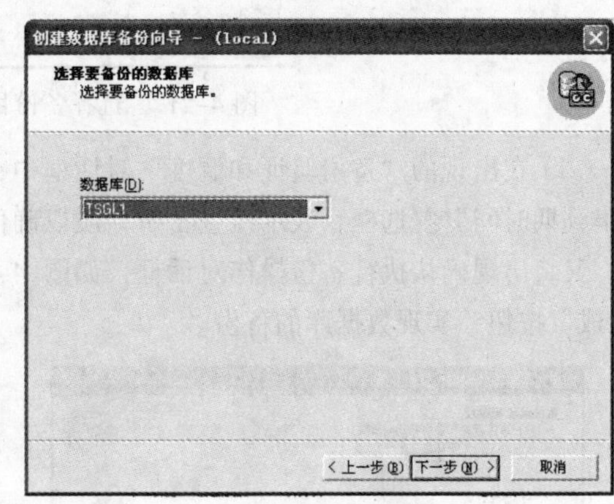

图 4-18　“选择要备份的数据库”对话框

（3）选择好要备份数据库后，单击“下一步”按钮，则弹出“输入备份的名称和描述”对话框，如图 4-19 所示，分别输入备份名称和描述的信息，并单击“下一步”按钮。

（4）出现“选择备份类型”对话框后，如图 4-20 所示，在该对话框中可以选择完全备份、差异（增量）备份和事务日志备份，并单击“下一步”按钮，又出现新的对话框。

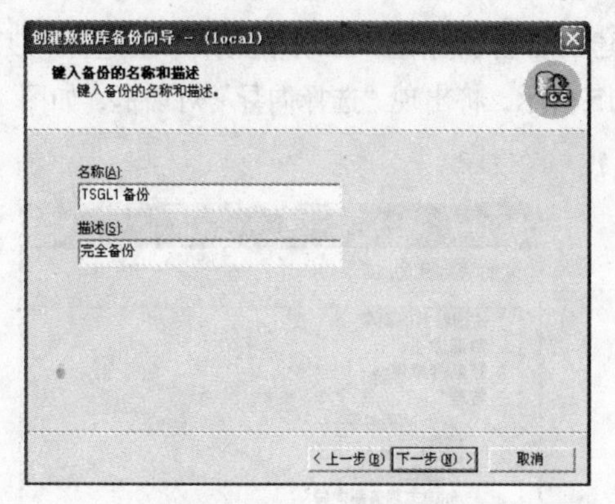

图 4-19 “输入备份的名称和描述”对话框

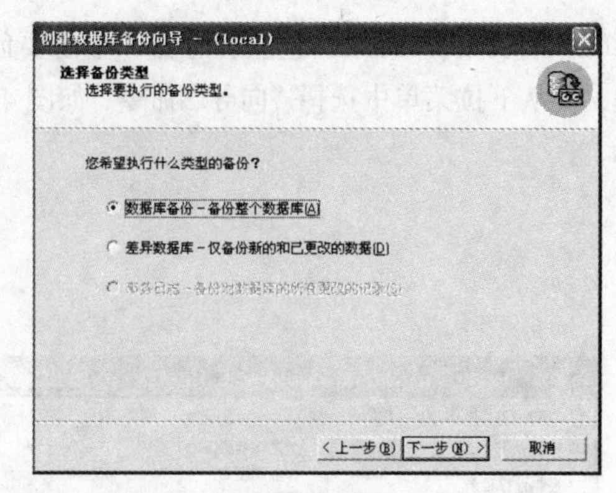

图 4-20 “选择备份类型”对话框

（5）在新出现的“选择备份目的和操作”对话框中，如图 4-21 所示，可以为将进行备份的数据库选择目的设备（磁盘、磁带）或文件；可以追加或重写备份媒体，确定后，单击“下一步”按钮。

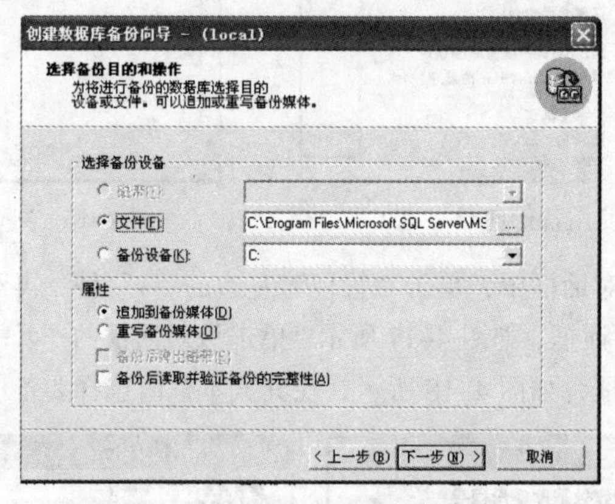

图 4-21 “选择备份目的和操作”对话框

（6）在出现的“备份验证和调度”对话框中，如图 4-22 所示，选择“检查媒体集名称和备份集到期时间”复选框，表示检查备份介质以确信是否到期而可以被覆盖，并单击“下一步”按钮，又将出现确认执行备份操作对话框，如图 4-23 所示，若确认前面的操作无误，则可以单击“完成”按钮，实现数据库的备份。

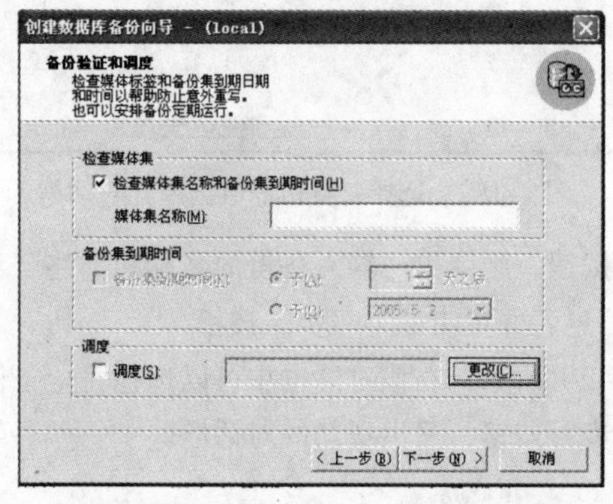

图 4-22 “备份验证和调度”对话框

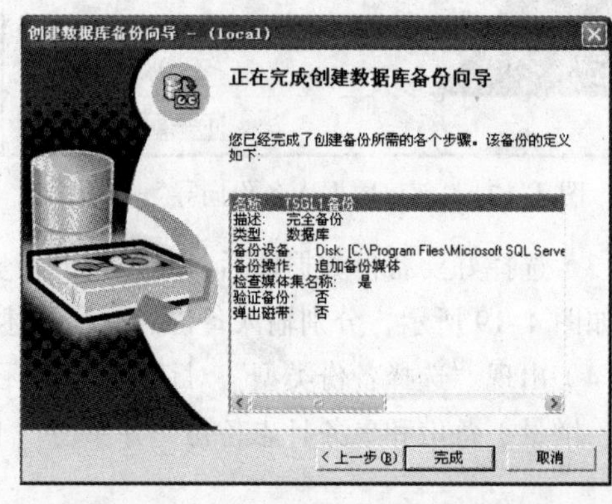

图 4-23 确认执行备份操作对话框

4.3.4　还原数据库

数据库备份后，一旦执行了错误的数据库操作或系统发生崩溃时，就要将备份的数据库还原，数据库还原是指将数据库备份加载到系统中的过程。系统在还原数据库的过程中，自动执行安全性检查、重建数据库结构以及完整数据库内容。

由于数据库的还原操作是静态的，所以还原数据库时，必须限制用户对该数据库进行其他操作，为此在还原数据库之前要先设置数据库的访问属性，具体操作步骤如下：

（1）在企业管理器中，右击要还原的数据库，从弹出的快捷菜单中选择“属性”命令。

（2）从弹出的“属性”对话框的“选项”选项卡中，选择“限制访问”复选框，如图 4-24 所示，再选择“单用户”单选按钮，并单击“确定”按钮，完成访问属性的设置。

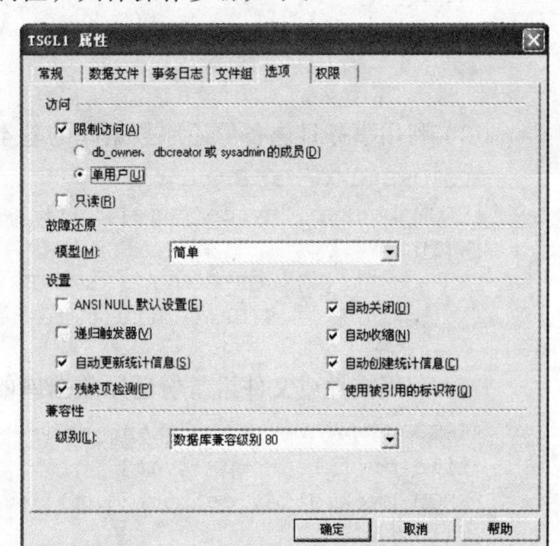

图 4-24　设置数据库访问属性对话框

还原数据库可以使用企业管理器，也可以使用 T-SQL 语言。

1．使用企业管理器还原数据库

（1）打开企业管理器，单击要登录的数据库服务器，然后从主菜单中选择“工具”菜单，再从弹出的菜单中选择“还原数据库”命令，如图 4-25 所示，将弹出“还原数据库”对话框。

（2）在“还原数据库”对话框中有两个选项卡，在“常规”选项卡的“还原为数据库”的下拉列表框中选择要还原的数据库；在“还原”选项组中通过选择单选按钮来选择相应的数据库备份类型；在“参数”选项组“显示数据库备份”的下拉列表框中选择要还原的数据库，这时在其下面的列表框中将显示该数据库的备份历史，如图 4-26 所示。

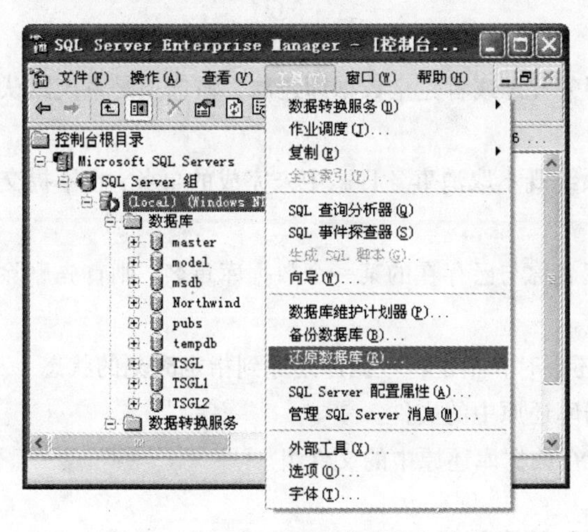

图 4-25　选择“还原数据库”命令

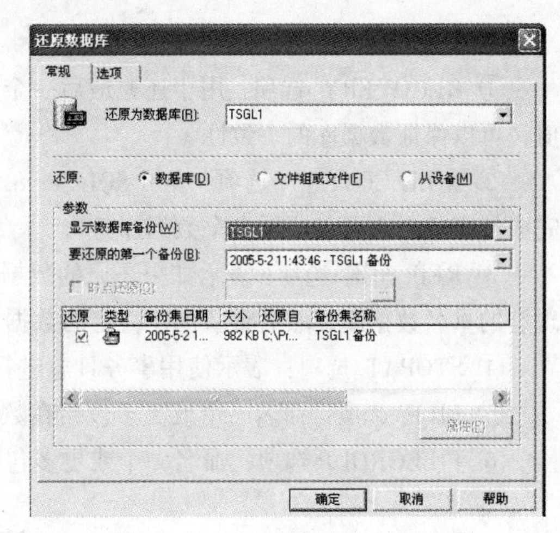

图 4-26　“还原数据库”对话框

（3）单击“确定”按钮，便可以完成数据库的还原。

2. 使用 T-SQL 语言还原数据库

使用 T-SQL 语言还原数据库的命令是：RESTORE DATABASE。

还原数据库的操作有以下 3 种情况：

（1）利用数据库备份还原数据库的基本语法格式如下：

```
RESTORE  DATABASE database_name
[FROM backup_device_name[,…n]]
[WITH
          [[,]{NORECOVERY|RECOVERY}]
          [[,] REPLACE]
     ]
```

（2）利用事务日志备份还原数据库的基本语法格式如下：

```
RESTORE  LOG database_name
[FROM backup_device_name[,…n]]
[WITH
          [[,]{NORECOVERY|RECOVERY}]
          [[,] STOPAT=data_time]
     ]
```

（3）利用文件或文件组备份还原数据库的基本语法格式如下：

```
RESTORE  DATABASE database_name
<file_or_filegroup> [,…n]
[FROM backup_device_name[,…n]]
[WITH
          [{NORECOVERY|RECOVERY}]
          [[,] REPLACE]
     ]
<file_or_filegroup>::=
{
FILE={logical_file_name|@ logical_file_name_var }|
FILEGROUP={logical_filegroup_name|@logical_filegroup_name_var}
}
```

主要参数说明如下：

① RECOVERY 选项：用于还原最后一个事务日志或者完全数据库还原，该选项是系统默认值，可以保证数据库的一致性。

② NORECOVERY 选项：表示 SQL Server 系统既不取消事务日志中未完成的事务，也不提交完成的事务，它可以还原多个数据库备份。

③ REPLACE 选项：表示如果还原的数据库名称与已存在的某一个数据库重名，则首先删除现有的重名数据库，然后重新创建指定的数据库。

④ STOPAT 选项：表示使用事务日志进行还原时，指定将数据库还原到指定时刻的状态。

⑤ FILE 选项：命名一个或更多包括在数据库还原中的文件。

⑥ FILEGROUP 选项：命名一个或更多包括在数据库还原中的文件组。

4.4 维护数据库

数据库创建后，维护数据库的目的是使数据库保持最佳运行状态。创建数据库维护计划可以使 SQL Server 自动而有效地维护数据库，这既减轻了数据库管理员的维护操作，又防止延误数据库的维护，所以数据库创建后要及时创建数据库维护计划。

如何创建数据库的维护计划？利用“数据库维护计划向导”可以方便地设置数据库的核心维护任务，以自动而有效地定期执行维护任务。

创建数据库维护计划的操作步骤如下：

（1）打开企业管理器，右击需要建立数据库维护计划的数据库，从弹出的快捷菜单中选择“所有任务→维护计划”命令，如图 4-27 所示，将出现“数据库维护计划向导”对话框，如图 4-28 所示。

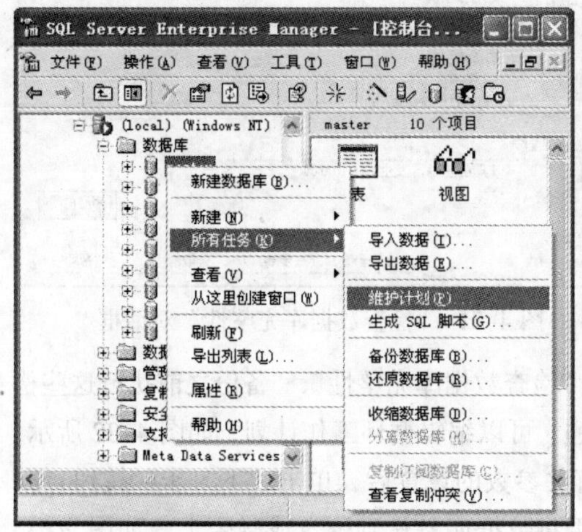

图 4-27 建立数据库维护计划

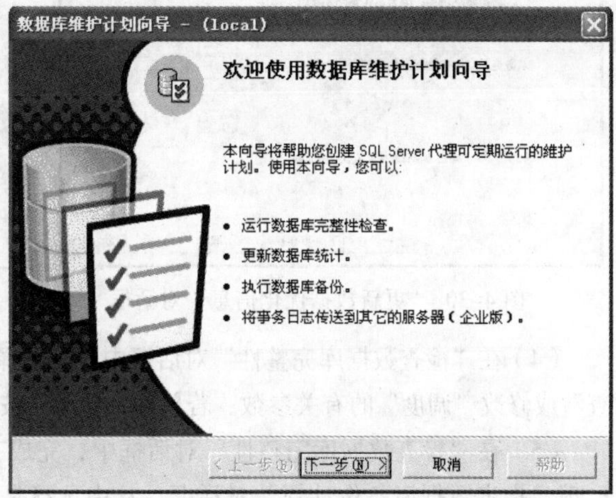

图 4-28 “数据库维护计划向导”对话框

（2）在“数据库维护计划向导”对话框中，单击“下一步”按钮，将出现“选择数据库”对话框，数据库的选择可以是“全部数据库”、“全部系统数据库”或者“全部用户数据库”，在列表框内选择需要维护的数据库后，单击“下一步”按钮，如图 4-29 所示。

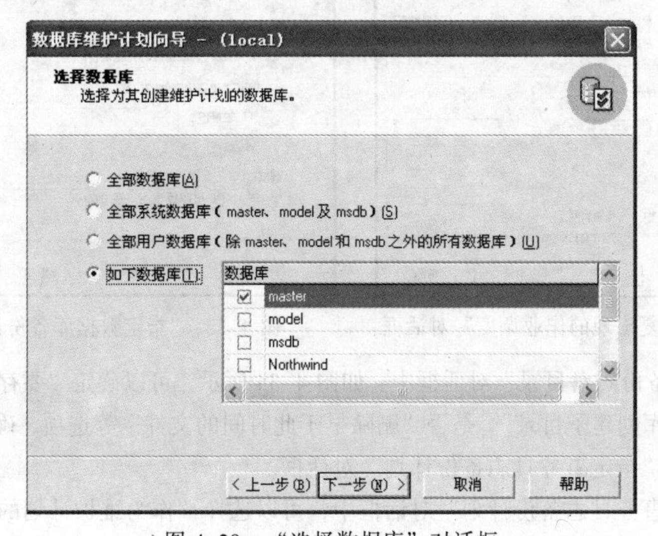

图 4-29 “选择数据库”对话框

（3）在“选择数据库”对话框内，单击“下一步”按钮将出现“更新数据优化信息”对话框，如图 4-30 所示，在此对话框内可根据需要选择是否“重新组织数据和索引页”，还可以选择是否“从数据库文件中删除未使用的空间”或进行“调度”设置等。在这个对话框中，完成相应的选择操作并单击“下一步”按钮，将出现“检查数据库完整性”对话框，如图 4-31 所示。

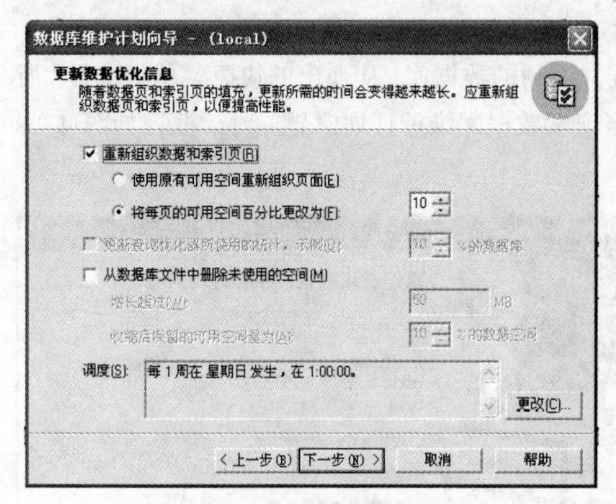

图 4-30 “更新数据优化信息”对话框

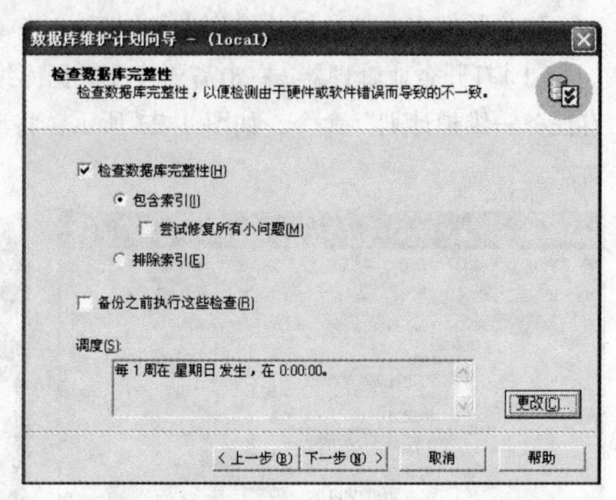

图 4-31 “检查数据库完整性”对话框

（4）在“检查数据库完整性”对话框中，可选择“检查数据库完整性”、“备份之前执行这些检查”或修改“调度”的有关参数，若单击“更改”按钮，可以编辑循环工作计划，如图 4-32 所示。

（5）在“检查数据库完整性”对话框中，完成有关参数的设置后，单击“下一步”按钮，则出现“指定数据库备份计划”对话框，从中选择是否将数据库备份到硬盘或磁带上，如图 4-33 所示；选择后单“下一步”按钮，将出现“指定备份磁盘目录”对话框。

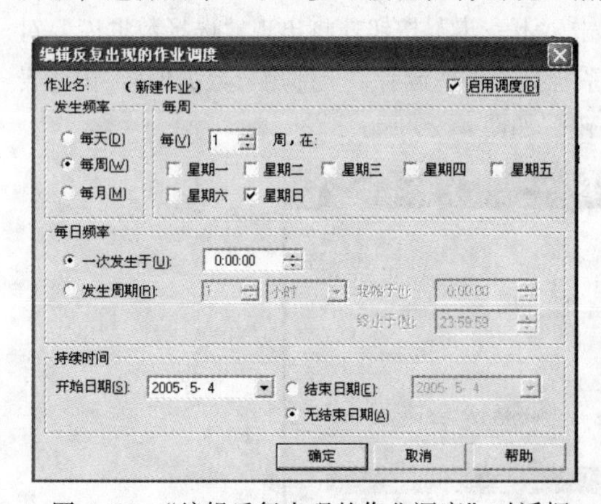

图 4-32 “编辑反复出现的作业调度”对话框

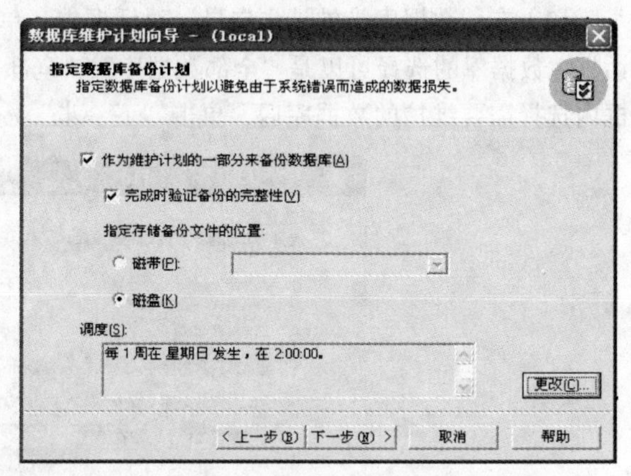

图 4-33 “指定数据库备份计划”对话框

（6）在“指定备份磁盘目录”对话框中，如图 4-34 所示，可以确定“要存储备份文件目录”、是否“为每个数据库创建子目录”、是否“删除早于此时间的文件”等选项，确定后，单击“下一步”按钮，将出现“指定事务日志备份计划”对话框。

（7）在“指定事务日志备份计划”对话框中，可以选择“作为维护计划的一部分来备份事务日志”复选框，如图 4-35 所示。选定后，单击“下一步”按钮，将出现“指定事务日志的备份磁盘目录”对话框。

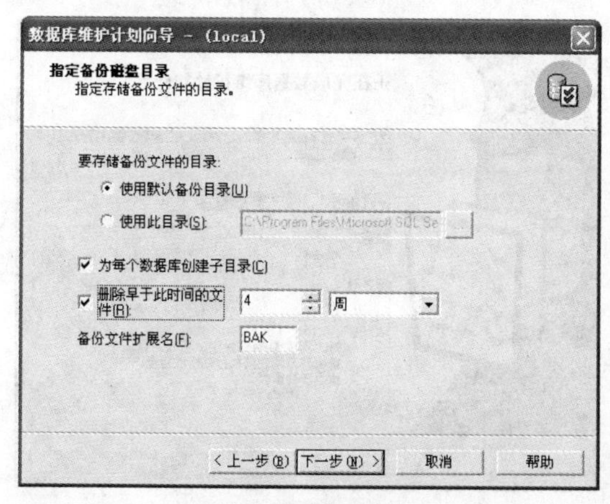

图 4-34 “指定备份磁盘目录”对话框

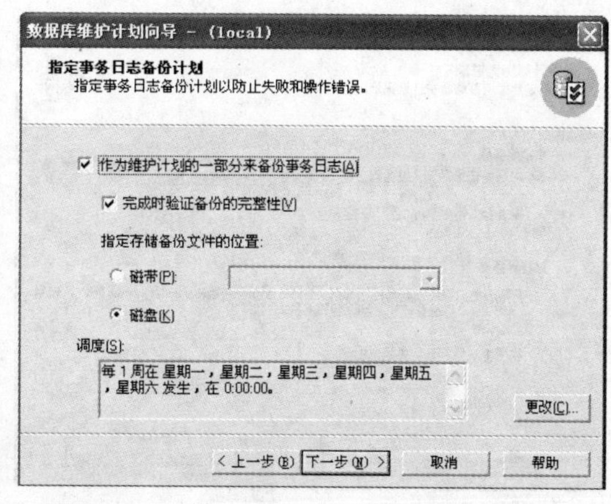

图 4-35 “指定事务日志备份计划”对话框

（8）在“指定事务日志的备份磁盘目录”对话框中，如图 4-36 所示，可以选择是否“要存储备份文件的目录”，是否“为每个数据库创建子目录”，是否“删除早于此时间的文件”等选项，选择确定后，单击“下一步”按钮，将出现“要生成的报表”对话框。

（9）在“要生成的报表”对话框中，如图 4-37 所示，可以选择报表的存放位置，也可以将报表以电子邮件的方式发送给指定的操作员，单击“下一步”按钮，将出现“维护计划历史记录”对话框。

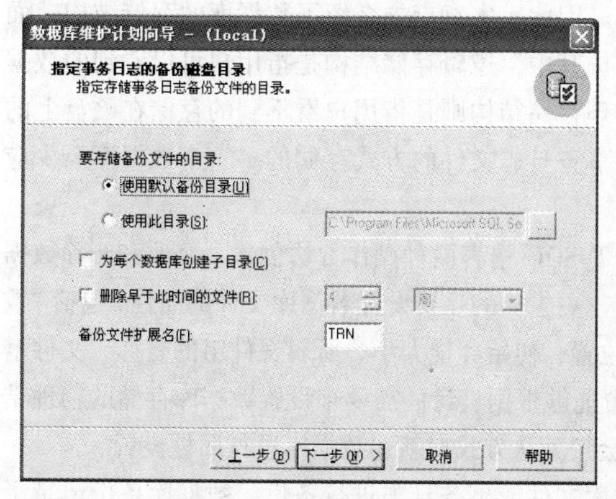

图 4-36 “指定事务日志的备份磁盘目录”对话框

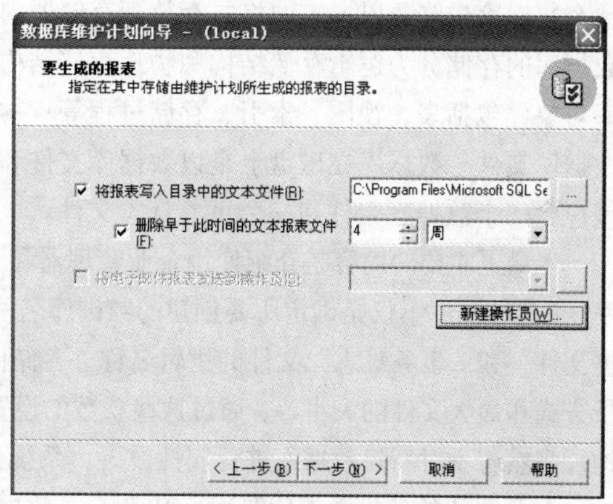

图 4-37 “要生成的报表”对话框

（10）在“维护计划历史记录”对话框中，如图 4-38 所示，指定要如何存储维护计划记录。可将历史记录存放在本地服务器或远程服务器上，也可以将历史记录写到指定的服务器上；选定后，单击“下一步”按钮，将出现“正在完成数据库维护计划向导”对话框。

（11）在“正在完成数据库维护计划向导”对话框中，如图 4-39 所示，通知用户已经完成了创建数据库维护计划的各个步骤，并对该计划进行描述，在此可以输入数据库维护计划的名称，然后单击“完成”按钮，结束数据库维护计划的设置。

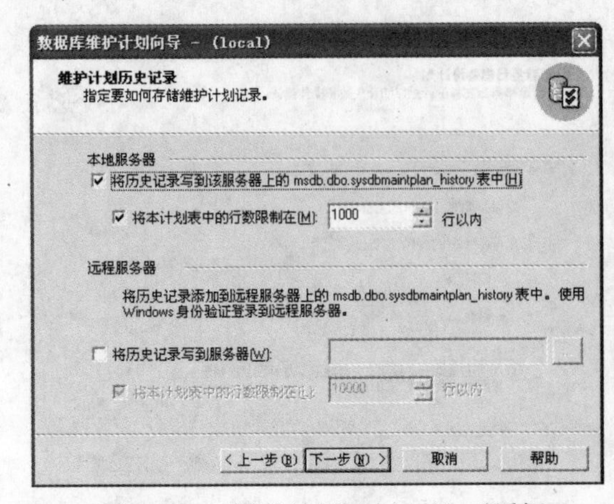

图 4-38 “维护计划历史记录”对话框

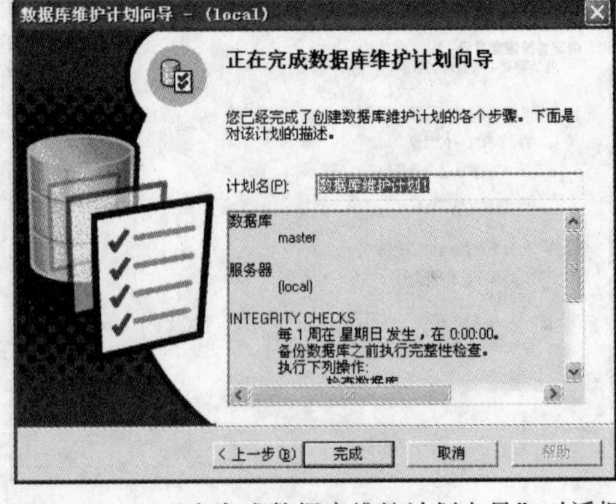

图 4-39 “正在完成数据库维护计划向导”对话框

经过上述一系列的操作过程，完成了数据库维护计划的设置。设置好数据库维护计划后，还可以在企业管理器中查看或修改数据库的维护计划。

本章小结

应用SQL Server 2000进行数据库设计首先要创建一个数据库，并用以存储大量的数据和信息，这个数据库最终要以一定的格式存放到存储器内。因此，本章首先介绍了数据库的存储结构，而数据库的存储分为逻辑存储结构和物理存储结构。其中，逻辑存储结构是指用户可以看到的数据库对象，包括表、视图、索引、存储过程等；物理存储结构则是指用户看不到的存储在磁盘上的数据库文件。数据库在磁盘上是以数据库文件和事务日志文件的方式存储的。一个数据库至少应该包含一个数据库文件和一个事务日志文件。

本章更主要的内容是介绍使用企业管理器和 T-SQL 语言两种操作方法创建、修改和删除数据库；创建数据库不仅是确定所要创建的数据库名称，更主要的是要设置数据库文件的属性，包括“数据文件”和“事务日志”文件的逻辑名称、存储位置、初始容量大小、所属文件组的名称、文件增长方式和最大文件的大小等，通过这些参数的设置能够根据设计的需要来设置数据库存储的物理结构。当然若不对新建数据库进行属性设置，系统会按默认方式对新建数据库进行属性设置。

本章介绍的备份数据库是对 SQL Server 数据库文件或事务日志进行备份。数据库备份记录了在进行备份这一操作时数据库中所有数据的状态，以便在数据库遭到破坏时能够及时地将其还原；而维护数据库的目的是使数据库始终保持最佳的运行状态，为此创建数据库维护计划可以使 SQL Server 自动而有效地维护数据库，这既减轻了数据库管理员的维护操作，又防止延误数据库的维护，所以数据库创建后要及时创建数据库维护计划。可见，备份数据库和创建数据库维护计划是管理和维护数据库的重要内容，应该认真地理解和掌握其操作方法。

思考与练习

一、简答题

1. 数据库的存储结构分为哪两种？它们有什么不同？

2. 主要数据文件、次要数据文件和事务日志文件在功能上是如何区分的？它们的扩展名是什么？
3. SQL Server 2000 提供了哪 3 种文件组类型？
4. 在 SQL Server 2000 中数据库和数据库对象有什么区别？简述用企业管理器创建数据库的操作步骤。
5. 创建数据库的过程中对“数据文件”选项卡要设置哪些参数？对“事务日志”选项卡要设置哪些参数？
6. 为什么不再使用的数据库要删除它？
7. 备份数据库的目的是什么？SQL Server 2000 提供了哪 4 种备份数据库的方式？
8. 如何创建备份设备？
9. 还原数据库应该做哪些必要的准备？
10. 为什么要创建数据库维护计划？使用企业管理器创建数据库维护计划主要设置哪些任务？

二、上机操作

1. 使用 Transact-SQL 语言创建人才管理数据库 RCGL，该数据库的主数据文件逻辑名称为 RCGL_data，物理文件名为 RCGL.mdf，初始大小为 10MB，最大尺寸为无限大，增长速度为 5%，数据库的日志文件逻辑名称为 RCGL_log，物理文件名为 RCGL.ldf，初始大小为 1MB，最大尺寸为 10MB，增长速度为 1MB。
2. 使用企业管理器创建名为 XJGL 的学籍管理数据库，其相关属性与第 1 题相同。
3. 使用企业管理器修改第 2 题所创建的 XJGL 数据库的属性。
4. 使用企业管理器备份 XJGL 管理数据库。
5. 使用“数据库维护计划向导”为 XJGL 管理数据库创建一个维护计划。

实训三　学习并使用 SQL Server2000 企业管理器和查询分析器(1)

一、实训目的

（1）学会使用 SQL Server 2000 的企业管理器创建数据库并设置相应参数的方法；

（2）学会使用 SQL Server 2000 的企业管理器创建关系图的方法；

（3）学会使用 SQL Server 2000 的查询分析器创建数据库表对象及进行程序查询的方法。

二、实训内容

（1）使用企业管理器创建指定数据库：使用企业管理器创建一个名为“图书管理_06100” 的数据库（注意：以下均以 06 级学号尾号是 100 的学生为例，命名数据库名或文件名。实训中每位学生要以自己实际的年级和学号的 3 位尾号来命名数据库名或文件名），该数据库的主数据文件逻辑名为“图书管理_06100_data”，物理文件名为“图书管理_06100.mdf”，初始大小为 20MB，最大容量为无限大，增长速度为 5%；数据库的日志文件逻辑名为“图书管理_06100_log”，物理文件名为“图书管理_06100.ldf”，初始大小为 2MB，最大容量为 10MB，增长速度为 1MB。

（2）使用查询分析器创建表：按教材第 0 章表 0–1、表 0–2 和表 0–3 所提供的数据，使用查询分析器在“图书管理_06100”数据库中创建“图书_06100”表、“读者_06100”表和“借阅_06100”表。

注意：

① 要在查询分析器中使用命令 CREATE 定义各个表的结构；

② 各个表的名称均+_+年级+3位学号的尾号命名，如：借阅_06100。

③ 要保存并提交3个定义表结构的程序文件（如：图书_06100）。

（3）使用企业管理器创建指定数据库的关系图：使用企业管理器创建“图书_06100”表、“读者_06100”表和“借阅_06100”表的关系图，具体操作可参见教材“6.5 创建和管理关系图”。

（4）录入表记录：按教材第0章表0–1、表0–2和表0–3所提供的数据，录入3个表的记录。

（5）使用查询分析器按下列要求进行程序查询：

① 使用查询分析器在“图书管理_06100”数据库的“读者”表中查找并显示女学生的借书证号、姓名和年龄；查询程序文件定义为“查询1_06100”。

② 使用查询分析器在“图书管理_06100”数据库的“图书”表中查找并显示单价超过25元的图书编号、书名和作者；查询程序文件定义为“查询2_06100”。

③ 使用查询分析器在“图书管理_06100”数据库中查找并显示李立军所借图书的书名和作者；查询程序文件定义为“查询3_06100”。

④ 使用查询分析器在“图书管理_06100”数据库中查找并显示借阅《计算机组成原理》的学生姓名和系别；查询程序文件定义为“查询4_06100”。

三、实训要求

（1）将创建的“图书管理_06100”数据库的备份数据库和创建图书、读者、借阅3个表的结构程序以及4个查询程序文件存入一个文件夹内，文件夹的名称定义为“实训三实验数据_06100_姓名”。

（2）将“实训三实验数据_06100_姓名”文件压缩后提交到老师指定的邮箱。

第5章 创建和维护数据库表

学习目标

☑ 理解表的基本概念和特点。

☑ 熟练掌握使用企业管理器和使用 T-SQL 语言创建数据库表的方法。

☑ 掌握修改表结构、删除表的方法。

☑ 掌握向表中添加、修改和删除记录的方法。

☑ 理解数据库数据的完整性概念。

☑ 熟练掌握使用企业管理器和使用 T-SQL 语言创建主键约束、唯一性约束、检查性约束、外键约束及默认约束的方法。

在 SQL Server 中，经常会涉及对各种数据库对象的操作，那什么是数据库对象呢？数据库对象是数据库的组成部分，主要包括表、视图、索引、存储过程、触发器以及关系图等。

表是数据库中的主要对象，它是用来存储所有数据的数据库对象。在使用数据库的过程中，经常操作的就是数据库中的表。数据库表中的数据是由行和列组成的，每一列数据称为一个属性或一个字段，每一列的名称称为属性名或字段名；每一行数据包含若干属性（字段），一行数据的集合称为一个元组或一条记录，它是一条信息的组合。一个表可以有若干条记录，也可以仅有表的结构而没有记录，没有记录的表称为空表。

每个表通常都有一个主关键字，用于保证表中记录的唯一性。例如：在一个存储学生信息的表中每一条记录代表了一名学生，而每个字段则分别表示学生的相关信息，如：学号、姓名、性别、年龄、系和专业等。这样，为了保证表中的每个学生信息的不重复，可以设置学号为关键字段，以保证不能有相同的学号。

当建立了 TSGL（图书管理）数据库之后，要分析考虑的是：如何根据需要设计 TSGL 数据库中的表，如何定义各个表的结构以及如何管理好数据库中的表。

本章将重点介绍定义表结构和添加表记录以及维护表的方法。

5.1 定义表结构

所谓定义表结构就是设计表中应该包含哪些字段，各个字段应该选择哪种数据类型，各个字段值的宽度，以及该表与用户数据库中的哪些表相关。

创建表是数据库构架的重要一步，需要遵循一定的设计原则。为确定新表的结构，需要明确如下内容：

① 这个表将包含哪些类型的数据。

② 表中需要设置哪些字段。

③ 哪些字段应确定为主键或外键。

④ 哪些字段可以接受空值。

⑤ 是否使用约束，如果要用的话，在何处使用。

⑥ 是否需要建立索引。

如果确切知道一个表中需要哪些类型的数据，这个表有些什么特征，那么起始就要定义好这个表的结构。不过，许多情况下是先创建一个基表并将其保存，这样就在数据库中创建了一个基表，然后可以将一些测试数据添加到基表中，并在数据库关系图中对该表进行测试以便调整它的设计。数据库设计器允许在关系图中对表进行处理以测试不同的设计方案。通过测试，可以确定经常输入和查询的数据类型，然后相应地对表进行重新设计，最后确定所设计的表结构。

当在数据库关系图或表设计器中更改表的设计时，要尽可能保留存储在原表中的所有数据。

设计表时还应注意表的各个字段应设计合理的数据类型和合适的列（值）宽，列宽应根据需要以“够用”为度，尽量占用最小的存储空间。

5.2 创建与管理表结构

在 SQL Server 2000 中，一个数据库中最多可以创建 20 亿个表，每个表最多可以定义 1 024 个列（字段），每行最多可以存储 8 060 字节，表的行数及总大小仅受可用存储空间的限制。在同一数据库的不同表中，可以有相同的字段，但在同一表中不允许有相同的字段。

在数据库中表名必须是唯一的，但是，如果为表指定了不同的用户，就可以创建多个相同名称的表，即同一个名称的表可以有多个不同的所有者，在使用这些表时，需要在表的名称前面加上所有者的名称。

5.2.1 创建表结构

SQL Server 2000 中提供了使用企业管理器或在查询分析器中使用 T-SQL 语言两种方法创建数据库表。

1．使用企业管理器创建表

启动服务器，打开企业管理器，展开指定的服务器和数据库，打开想要创建新表的数据库，右击表对象，从弹出的快捷菜单中选择“新建表”命令，如图 5-1 所示，则会出现“设计表”对话框，如图 5-2 所示，该操作也可以选择“操作”菜单下的“新建表”命令；还可以单击工具栏中的图标；在“设计表”对话框中，可以定义字段的相关属性：列名称，数据类型、长度、是否允许空值、描述、默认值、精度、小数位数、是否有标识、标识种子、标识递增量、公式、排序规则等，在这些属性当中，一般如描述、默认值、标识等可以不填。填写完成后，单击图 5-2

中工具栏的“保存”按钮或直接关闭新建表窗口都会弹出“选择名称”对话框，如图 5-3 所示。输入新建表的名称后，单击“确定”按钮，即会将新表保存到数据库中去。

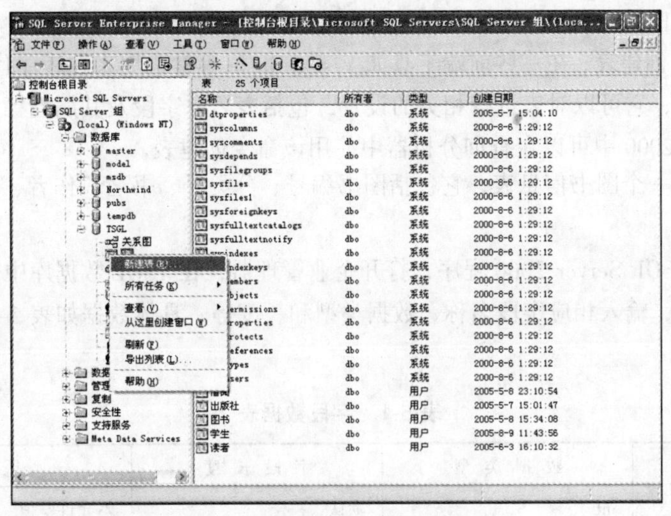

图 5-1　选择“新建表”命令

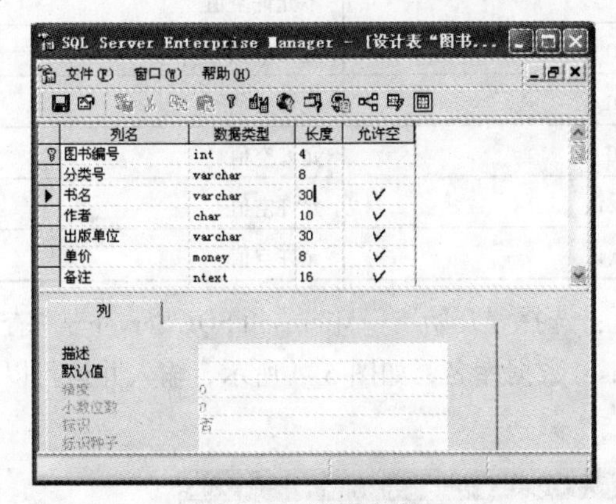

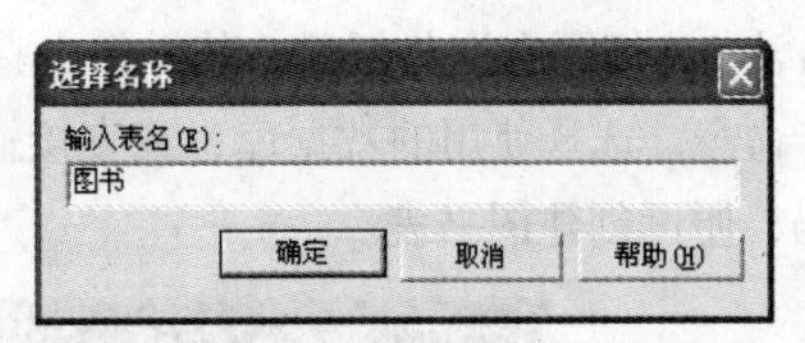

图 5-2　新建表窗口

图 5-3　“选择名称”对话框

2. 使用 T-SQL 语言创建表

使用 T-SQL 语言创建表的命令是：CREATE TABLE。

其基本的语法格式如下：

```
CREATE TABLE table_name
(
   Column _name  data_type [NOT NULL|NULL], [PRIMARY  KEY]…
)
```

主要参数说明如下：

① table_name：用于指定新建表的名称。表名必须符合标识符规则。对于数据库来说，表名应是唯一的，表名最长不能超过 128 个字符。

② Column_name：用于指定新建表的列名（字段名），列名必须符合标识符规则，并且在表内保持唯一。

③ data_type：指定列的数据类型。

④ NULL | NOT NULL：是确定列中是否允许空值的关键字。

⑤ PRIMARY KEY：是通过唯一索引对给定的一列或多列强制实体完整性的约束。对于每个表只能创建一个 PRIMARY KEY 约束。

使用 CREATE 创建表，在一些前端工具如 Visual Basic 等常常用来在程序代码中动态创建表，它的使用非常灵活，它可以对表进行相关的设置，包括表名、字段及其属性等。

在 SQL Server 2000 中可以在查询分析器中使用该命令创建表。

【例 5.1】创建一个图书信息表，它包括图书编号、分类号、书名、作者、出版单位、单价和备注信息。

方法 1：启动 SQL Server 2000 程序，打开企业管理器，在 TSGL 数据库中，打开新建表对话框，如图 5-2 所示，输入相应字段名称、数据类型和长度等，具体数据如表 5-1 所示，便可创建图书表。

表 5-1　字段数据表

字 段 名 称	数 据 类 型	字 段 长 度	是否允许空值
图书编号	int	默认	不允许空值
分类号	char	8	不允许空值
书名	varchar	30	允许空值
作者	char	10	允许空值
出版单位	varchar	30	允许空值
单价	money	默认	允许空值
备注	ntext	默认	允许空值

方法 2：打开查询分析器，其操作步骤如下：选择“开始”→Microsoft SQL Server→“查询分析器”命令，选择使用的数据库，或直接输入 use 数据库名，如图 5-4 所示，输入并运行以下程序代码，便可创建图书表。

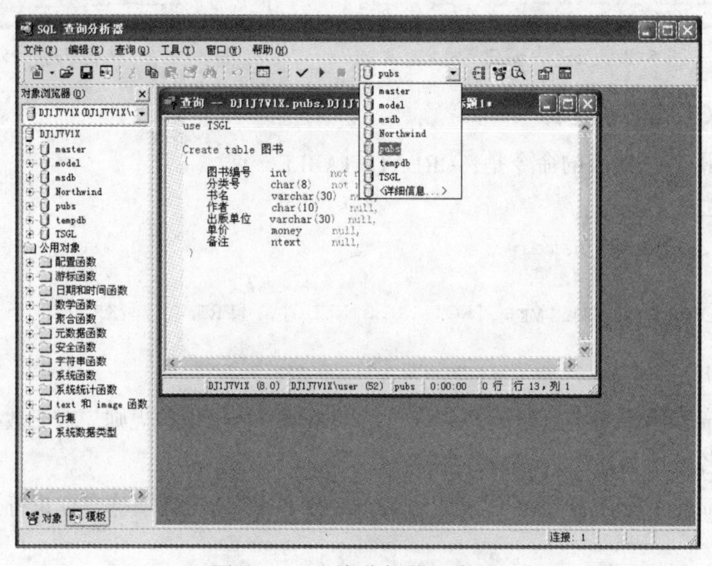

图 5-4 “查询分析器”窗口

程序代码如下：

```
Create table 图书
(
   图书编号   int        not null,
   分类号     char(8)     not null,
   书名       varchar(30)  null,
   作者       char(10)     null,
   出版单位   varchar(30)  null,
   单价       money      null,
   备注       ntext      null,
 )
```

5.2.2　重命名表

在对数据库表操作时，常常会涉及对数据库表的重新命名，当重命名表时，表名在包含该表的各数据库关系图中自动更新。当保存表或关系图时，表名在数据库中被更新。

需要注意的是:在重命名表之前需慎重考虑。如果现在有查询、视图、用户定义函数、存储过程或程序引用该表，则更改表名将使这些对象无效。

那么，如何对表进行重新命名操作呢?

重新命名表有以下两种方法：

1. 使用企业管理器重新命名表

打开企业管理器，打开指定服务器中要修改的数据库中的表，右击要进行修改的表，从弹出的快捷菜单中选择“重命名”命令，如图 5-5（a）所示，便可在企业管理器中重新命名表名。

2. 使用 T-SQL 语言重命名表

使用 T-SQL 语言重新命名表名是在查询分析器中调用系统的存储过程 sp_rename 为指定表重新命名表名。

其基本语法格式如下：

```
sp_rename  old_table_name , new_table_name
```

例如，将表“读者”重命名为“读者一”。在查询分析器中输入并运行如下程序代码：

```
EXEC sp_rename '读者', '读者一'
```

该命令执行结果如图 5-5（b）所示。

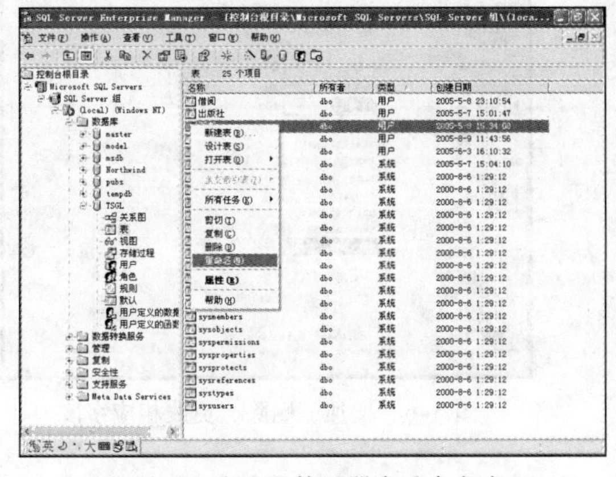

（a） 在企业管理器中重命名表

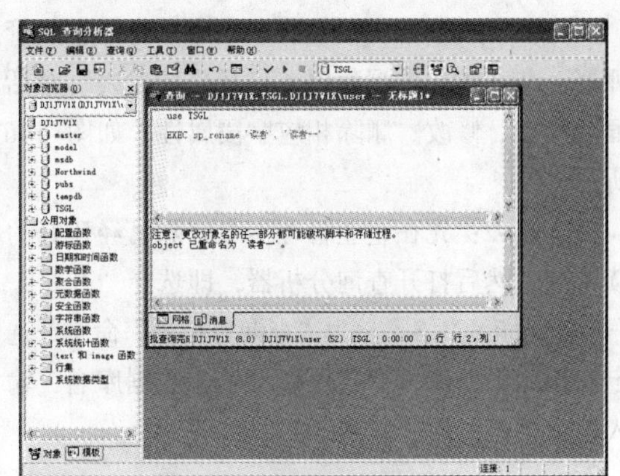

（b） 在查询分析器中重命名表

图 5-5　重命名表

5.2.3 修改表字段

数据库中的表创建后，有时需要改变表中原先定义的一些选项，例如增加、删除或修改字段，重命名表名或者是表的所有者、权限等。SQL Server 提供了两种方法来完成表字段的修改，即使用企业管理器或在查询分析器中使用 T-SQL 语言修改表字段。

1．使用企业管理器修改表字段

打开企业管理器，打开指定服务器中要修改的数据库中的表，右击要进行修改的表，选择“设计表”命令，则会弹出“设计表”对话框，如图 5-2 所示。在该对话框中可以完成对字段的相应修改。

2．使用 T-SQL 语言修改表字段

使用 T-SQL 语言修改表字段的命令是：ALTER TABLE。

其基本语法格式如下：

```
ALTER TABLE table
ADD COLUMN column_name    data_type|
ALTER COLUMN column_name    new_data_type|
DROP COLUMN column_name
```

主要参数说明如下：

① table：用于指定要更改的表名称。

② ADD COLUMN：指定要添加一个或多个列定义。

③ column_name:是要更改、添加或删除列的名称。

④ data_type：指定要添加列的数据类型。

⑤ ALTER COLUMN：指定要更改的列。

⑥ new_data_type：指定列更改后的数据类型。

⑦ DROP COLUMN：　用于指定从表中删除列。

【例 5.2】创建一个读者表，然后在表中增加一个年龄字段，然后删除表中的地址字段，并修改备注字段的数据类型。

方法 1：启动 SQL Server 程序，打开企业管理器，在 TSGL 数据库中，打开“新建表”对话框，增加、修改、删除相应字段属性，如图 5-6 所示。

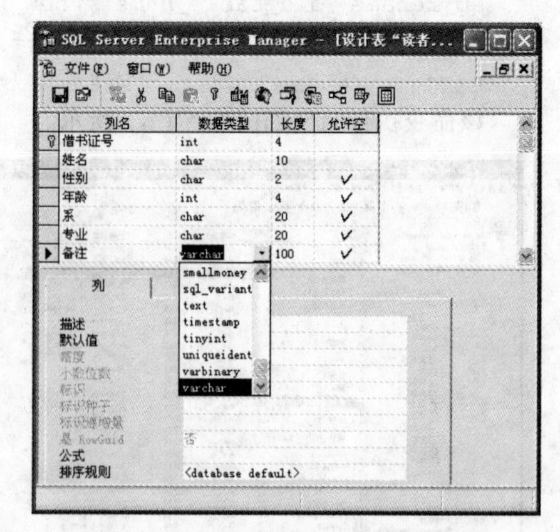

图 5-6　增加、删除、更改相应字段

方法 2：先在企业管理器中删除已经建好的读者表。然后打开查询分析器，即选择“开始”→Microsoft SQL Server→“查询分析器”命令，选定使用的数据库，或直接输入 use 数据库名，输入以下程序代码，如图 5-7（a）所示。

程序代码如下：

```
CREATE TABLE 读者
(
    借书证号 int primary key,
    姓名  char(10) not NULL,
    性别  char(2)  NULL,
    地址  char(20)  NULL,
    系    char(20) NULL,
    职称  char(12)  NULL,
    专业  char(20)  NULL,
    备注  varchar(10) NULL
)
```

在查询分析器中执行上述命令，并在企业管理器中查看读者表的结构。然后在查询分析器中输入并执行下列命令，如图 5-7（b）所示，将对读者表的字段做相应修改。

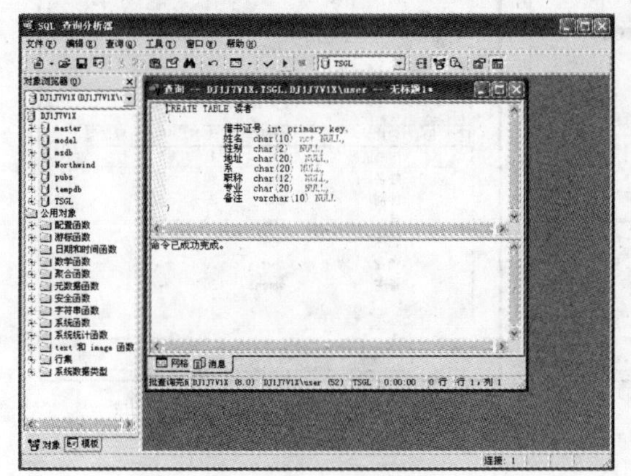

（a） 创建读者表

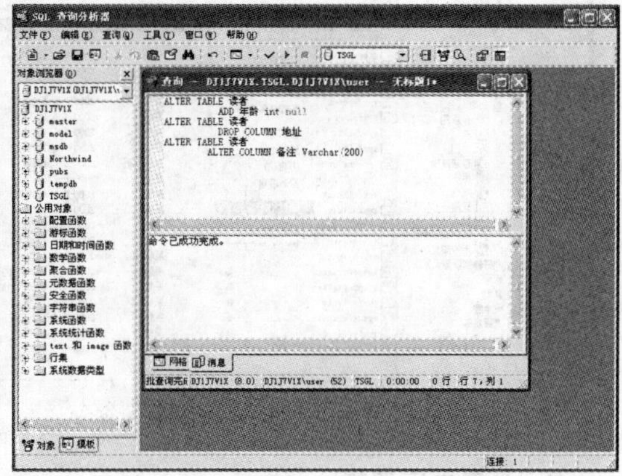

（b） 用查询分析器修改读者表

图 5-7 创建和修改读者表

```
ALTER TABLE 读者
        ADD 年龄 int null
ALTER TABLE 读者
        DROP COLUMN 地址
ALTER TABLE 读者
      ALTER COLUMN 备注 Varchar(200)
```

【例 5.3】修改读者表中的字段，要求把“备注”字段改为“备注一”。

在查询分析器中输入以下代码将修改备注字段：

```
EXEC sp_rename '读者.[备注] ', '备注一', 'COLUMN'
```

5.3 查看与管理表

在数据库中创建一个表后，经常需要查看表中各种相关信息。例如表的属性、表中定义的字段、表中的数据类型等。有时也需要改变表中一些记录，例如增加、删除或修改表中记录等。

5.3.1 查看表

查看表主要是查看表属性和表中的数据。

1. 查看表属性

打开指定的服务器和数据库，展开表后选择要查看的表格，右击该表，如图 5-8 所示，从弹出的快捷菜单中选择“属性”命令，就会弹出“表属性”对话框，并显示该表所定义的键码、各字段的名称、数据类型、大小（长度）等属性，如图 5-9 所示。单击“权限”按钮，还可以查看和修改表的权限。

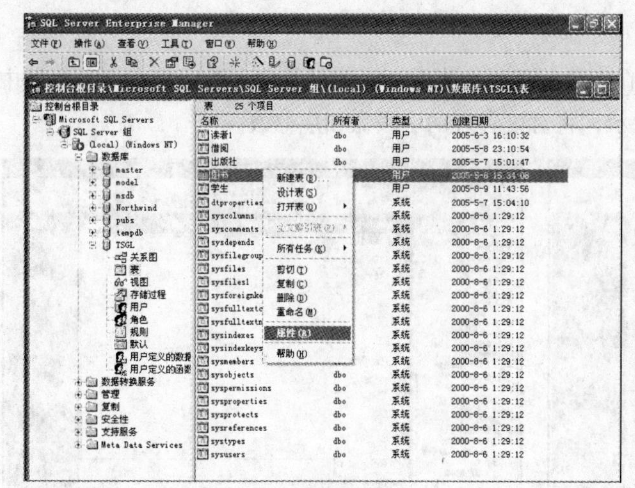

图 5-8 选择“属性”命令

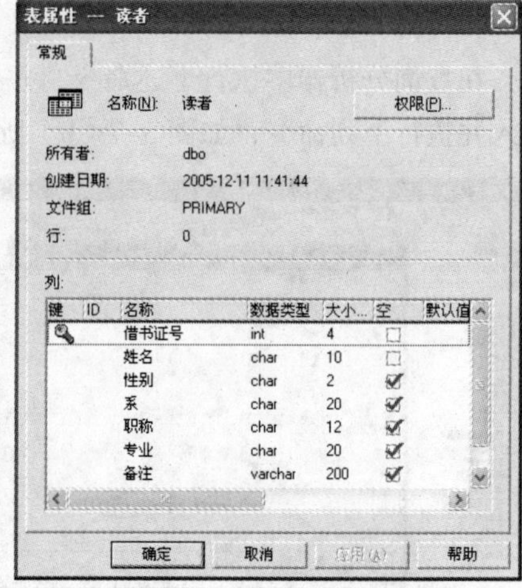

图 5-9 “表属性”对话框

2. 查看表中数据

查看表中的数据可以使用企业管理器，还可以在查询分析器中使用 T-SQL 语言查看表中的数据。

（1）使用企业管理器查看表中记录

在企业管理器中，打开指定的数据库并展开表格，选择要查看的表并右击该表，从弹出的快捷菜单中选择“打开表”命令，该项中有 3 个子菜单，如图 5-10 所示，其中“返回所有行”表示显示表中所有记录；“返回首行”表示显示前 N 条记录，要通过对话框输入最大行数，如图 5-11 所示；“查询”用于查询具体满足某项条件的记录。例如，选择了“返回所有行”或“返回首行”命令后，会在对话框中显示表中的数据，如图 5-12 所示。

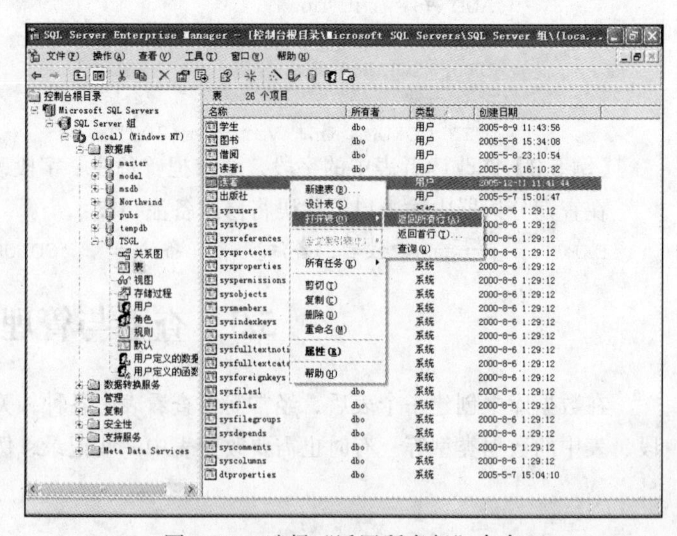

图 5-10 选择“返回所有行”命令

图 5-11　“行数”对话框

表“读者”中的数据，位置是“TSGL”中、“(local)”上

借书证号	姓名	性别	年龄	系	专业
111	王维莉	女	22	计算机工程系	计算机
112	李立军	男	22	计算机工程系	计算机
113	张　涛	男	24	计算机工程系	计算机
114	李　菊	女	28	计算机工程系	计算机
115	周洪发	男	18	计算机工程系	计算机
116	李　雪	女	21	自动化	自动控
117	沈小霞	女	20	自动化	自动控
118	宋连祖	男	24	自动化	自动控
119	马英明	男	22	自动化	自动控
120	朱　海	男	21	自动化	自动控

图 5-12　显示表数据对话框

（2）使用 T-SQL 语言查看表中记录

使用 T-SQL 语言查看表中记录的命令是：SELECT。

SELECT 查询语句是 T-SQL 语言最重要的功能性语句之一，它的功能主要是从一个表或多个表中筛选出符合指定条件的记录。

① SELECT 语句最简单的语法格式如下：

```
SELECT fields
FROM table
WHERE search_condition
```

主要参数说明如下：

- fields：表示需要检索的字段列表，字段名称之间使用逗号分隔。
- table：指定检索数据的数据源表。
- search_condition：筛选条件。

② 使用 SELECT 语句时应注意的问题：

- 在数据库系统中，可能存在对象名称相同的现象。例如：两个用户同时定义了一个名为“读者”的表，因此在查询相关数据时，应使用用户 ID。如：

```
SELECT *
FROM LiMing.table
```

- 在使用 SELECT 语句进行查询时，需要引用对象所在的数据库不一定总是当前的数据库。因此，为了保证使用，在引用数据库表时需要使用数据库来限制数据表名称。如：

```
SELECT *
FROM TSGL.读者
```

（3）使用查询分析器查看记录

使用查询分析器查看记录的具体步骤：打开企业管理器，选择“工具”菜单下的“SQL 查询分析器”命令，如图 5-13 所示。打开查询分析器窗口，选择指定的数据库，如图 5-14 所示，输入代码：SELECT *　FROM 读者，即可查询读者表中所有记录。

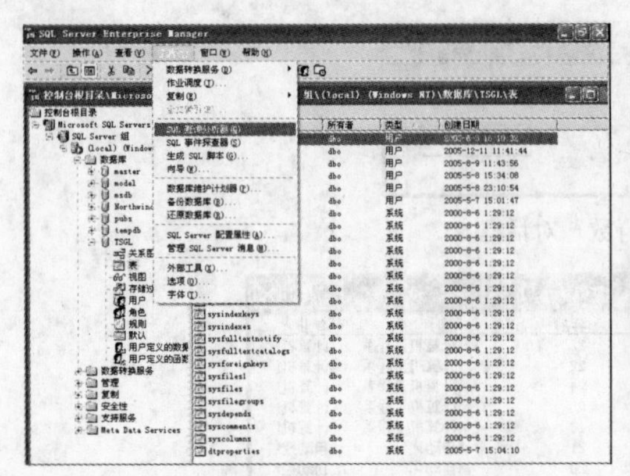

图 5-13 选择“SQL 查询分析器”命令

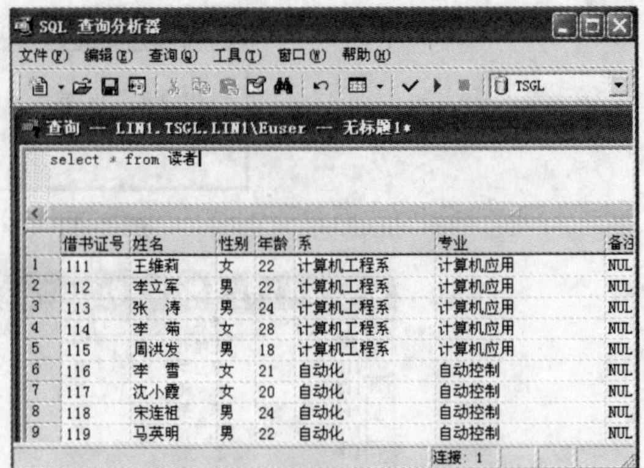

	借书证号	姓名	性别	年龄	系	专业	备注
1	111	王维莉	女	22	计算机工程系	计算机应用	NUL
2	112	李立军	男	22	计算机工程系	计算机应用	NUL
3	113	张 涛	男	24	计算机工程系	计算机应用	NUL
4	114	李 菊	女	28	计算机工程系	计算机应用	NUL
5	115	周洪发	男	18	计算机工程系	计算机应用	NUL
6	116	李 雪	女	21	自动化	自动控制	NUL
7	117	沈小霞	女	20	自动化	自动控制	NUL
8	118	宋连祖	男	24	自动化	自动控制	NUL
9	119	马英明	男	22	自动化	自动控制	NUL

图 5-14 用查询分析器查询后的结果

5.3.2 向表中添加记录

向表中添加数据可以使用企业管理器，也可以在查询分析器中使用 T-SQL 语言向表中添加数据。

1. 使用企业管理器向表中添加记录

在企业管理器中，打开指定的数据库并展开表，在右边的窗口中选择需要添加记录的表，右击该表，从弹出的快捷菜单中选择“打开表”命令，再选择“返回所有行”命令，这时将在对话框中显示该表的数据，可以在空行处输入要添加的记录，如图 5-12 所示。

2. 使用 T-SQL 语言向表中添加记录

使用 T-SQL 语言向表中添加记录的命令是：INSERT。

其基本语法格式如下：

```
INSERT  INTO table_name (column_list )
        VALUES( { DEFAULT | NULL | expression } [ ,...n] )
```

主要参数说明如下：

① table_name：将要接收数据的表名称。

② column_list：要在其中插入数据的一列或多列的字段名列表。必须用圆括号将 column_list 括起来，并且用逗号进行分隔。

③ VALUES:引入要插入的数据值的列表。

④ DEFAULT:强制 SQL Server 装载为列定义的默认值。

⑤ expression:一个常量、变量或表达式。

使用查询分析器向表中插入数据是经常使用的方法，INSERT 语句就是用来向表中追加数据，可以一次追加一行数据，也可以从另外的表和查询中追加数据。

【例 5.4】向读者表中插入一条新记录，借书证号：214；姓名：李娟；性别：女；年龄：20；系：电子工程；专业：无线电；备注：空。

程序代码如下：

```
INSERT  INTO 读者 (借书证号,姓名,性别,年龄,系,专业,备注)
VALUES ('214' , '李娟', '女', '20', '电子工程', '无线电', '')
```

在查询分析器中输入并运行以上程序代码，将在读者表中插入一条新记录。

5.3.3　删除表中的记录

使用企业管理器或在查询分析器中使用 T-SQL 语言可以删除表中指定的记录。

1．使用企业管理器删除表中的记录

在企业管理器中，打开指定的数据库并展开表，在右边的窗口中右击要修改的表，从弹出的快捷菜单中选择“打开表”命令，选择“返回所有行”或“返回首行”命令后，会在对话框中显示表中的数据，如图 5-15 所示，此时选择要删除的记录并右击，从弹出的快捷菜单中选择“删除”命令，可以删除该记录。

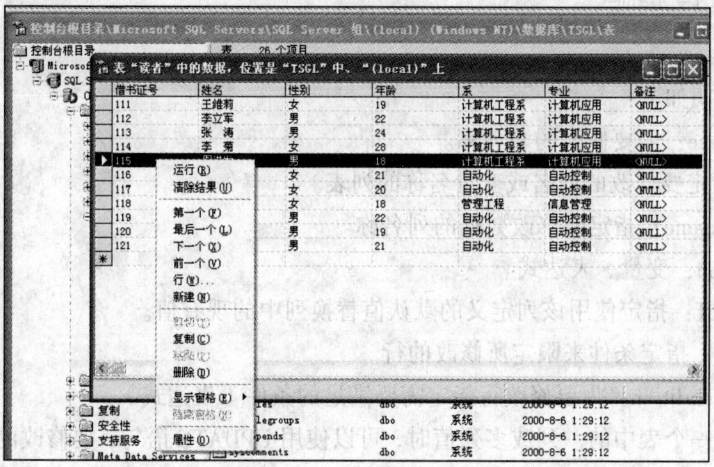

图 5-15　删除记录选项

2．使用 T-SQL 语言删除表中的记录

使用 T-SQL 语言删除表中记录的命令是：DELETE。

其基本语法格式如下：

```
DELETE
FROM  table_name
WHERE  search_condition
```

DELETE 用于从表中删除数据，可以与 WHERE 子句配合使用，用于删除符合指定条件的记录。当用 DELETE 命令删除记录后，不能取消本次操作。

注意：如果要删除表中的所有行，可以用 TRUNCATE TABLE 命令，它比 DELETE 命令要快。

【例 5.5】用 DELETE 删除读者表中的所有记录。

在查询分析器中输入并运行以下 SQL 语句，将删除读者表中的记录，但保留表结构。

```
DELETE FROM 读者
```

【例 5.6】用 DELETE 删除读者表中姓名为“李娟”的记录。

在查询分析器中输入并运行以下 SQL 语句，将从表中删除姓名为“李娟”的记录。

```
DELETE FROM 读者 WHERE 姓名='李娟'
```

5.3.4　修改表中的记录

使用企业管理器或在查询分析器中使用 T-SQL 语言可以对表中的记录值进行修改。

1. 使用企业管理器对表中的记录进行修改

在企业管理器中，打开指定的数据库并展开表格，在右边的窗口中右击要修改的表，从弹出的快捷菜单中选择“打开表”命令，选择“返回所有行”或“返回首行”命令后，将在对话框中显示表中的数据，如图 5-12 所示，此时可对相关记录值进行修改。

2. 使用 T-SQL 语言对表中记录进行修改

使用 T-SQL 语言对表中记录值进行修改的命令是：UPDATE。

其基本语法格式如下：

```
UPDATE table_name
       SET  { column_name = { expression | DEFAULT | NULL }
       WHERE   < search_condition >
```

主要参数说明如下：

① table_name：需要修改的表名称。

② SET：指定要修改的列名或变量名称的列表。

③ column_name：指定要修改数据的列名称。

④ expression：变量、表达式。

⑤ DEFAULT：指定使用该列定义的默认值替换列中的现有值。

⑥ WHERE：指定条件来限定所修改的行。

⑦ search_condition：为要修改行指定需要满足的条件（表达式）。

当需要修改一个表中的一列或多列值时，可以使用 UPDATE 语句，要修改的目标在语句中定义，SET 子句则指定要修改哪些列并计算它们的值，WHERE 子句则给出要修改的列必须满足的条件。因为 UPDATE 语句的不可逆性，所以要慎用。

【例 5.7】用 Update 修改读者表中备注为空的记录，使其为“新的读者”。

在查询分析器中输入并运行以下 SQL 语句，将使读者表中备注为空的记录值均修改为“新的读者”。

```
Update 读者 set 备注='新的读者' where 备注=''
```

5.3.5 删除表

可以使用企业管理器或在查询分析器中使用 T-SQL 语言删除指定表。

1. 使用企业管理器删除表

打开企业管理器，展开指定的数据库和表，右击要删除的表，从弹出的快捷菜单中选择“删除”命令，则会出现“除去对象”对话框，如图 5-16 所示。单击“全部除去”按钮，即可删除表。单击“显示相关性”按钮，则会出现“相关性”对话框，该对话框列出了该对象所依赖的对象和依赖于该表的对象，当有对象依赖于该表时，该表就不能删除。

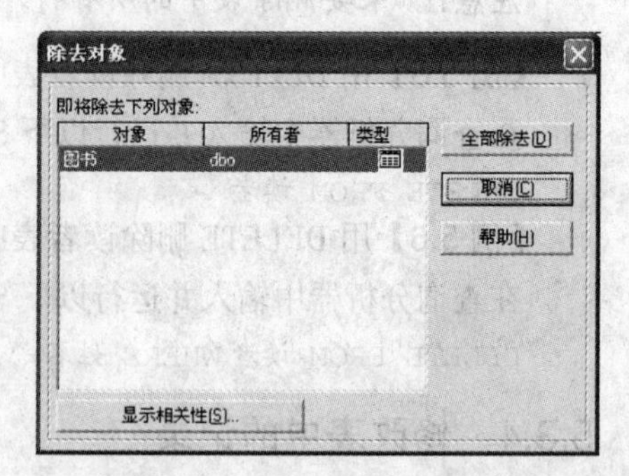

图 5-16 “除去对象”对话框

2. 使用 T-SQL 语言删除表

使用 T-SQL 语言删除表的命令是：DROP。

其基本语法格式如下：

```
DROP TABLE table_name
```

主要参数说明如下：

table_name：是要删除的表名。

DROP TABLE 语句可以删除一个表的结构和表中的数据及其与表有关的索引、触发器、约束和权限范围。

使用中注意的问题如下：

① DROP TABLE 不能用于删除由外键约束引用的表。必须先删除引用的外键约束或引用的表。

② 表所有者可以删除任何数据库内的表。删除表时，表上的规则或默认值将解除绑定，任何与表关联的约束或触发器将自动除去。如果重新创建表，必须重新绑定适当的规则和默认值，重新创建任何触发器并添加必要的约束。

③ 在系统表上不能使用 DROP TABLE 语句。

④ 如果删除表内的所有行（DELETE tablename）或使用 TRUNCATE TABLE 语句删除表，则删除的是表记录，而保留表结构，此时该表称为空表。

【例 5.8】删除 TSGL 数据库中的读者表。

在查询分析器中输入并运行以下 SQL 语句，将删除 TSGL 数据库中的读者表。

```
DROP TABLE TSGL.dbo.读者
```

5.4　数据库中数据的完整性

5.4.1　数据库中数据的完整性概述

数据库中数据的完整性是指数据库运行时，应防止输入或输出出现不符合语义的错误数据，而始终保持其数据的正确性。数据库的完整性描述是数据库内容的完整性约束集合，对一个数据库进行操作时，首先要判定其是否符合完整性约束，全部判定无矛盾时才可以执行。数据的完整性要确保数据库中数据的一致、准确，因此满足数据完整性要求的数据应具有以下特点：

① 数据类型准确无误。

② 数据的值满足范围设置。

③ 同一表格数据之间不存在冲突。

④ 多个表格数据之间不存在冲突。

数据完整性设计是数据库设计的重要内容之一。

数据完整性包括实体的完整性、域完整性、引用完整性和用户定义完整性 4 类。

1. 实体的完整性（entity Integrity）

实体的完整性保证一个表中的每一行必须是唯一的，也就是不允许输入完全相同的数据记录。实体的完整性可以通过设置索引、唯一性约束、主键约束等多种方法来实现。例如，如果在读者表中已经存在学生证号为“210001”的记录，那么，当试图添加一个学生证号为“210001”的记录时，SQL Server将拒绝向数据表中添加该记录。

2．域完整性（field Integrity）

域完整性保证一个数据库不包含无意义的或不合理的值，即要求数据表中的数据位于某一个特定的允许范围内。可以使用默认值（DEFAULT）、检查（CHECK）约束、外键（FOREIGN KEY）约束和规则（RULE）等多种方法来实现域的完整性。例如，如果限定“性别”字段的数据值为“男”或“女”，那么可以使用CHECK约束，这样若输入了其他值将被SQL Server 2000拒绝接受。

3．引用完整性（reference Integrity）

引用完整性定义了一个关系数据库中不同的列和不同表之间的关系（主键与外键），它是用来维护相关数据表之间数据一致性的手段，通过实现引用完整性，可以避免因一个数据表的记录改变而造成另一个数据表内的数据变成无效的值。在输入或删除记录时，引用完整性将保持表之间已定义的关系，确保键值在所有表中一致。

4．用户定义完整性

用户定义完整性使用户得以定义不属于其他任何完整性分类的特定业务规则。由于每个用户的数据库都有自己独特的业务规则集，所以系统必须有一种方式来实现定制的业务规则，即定制的数据完整性约束。用户定义完整性可以通过用户定义数据类型、规则、存储过程和触发器来实现。

5.4.2 实现数据库中数据的完整性

利用约束可以实现数据库中数据的完整性，约束包括：主键约束（PRIMARY KEY）、唯一性约束（UNIQUE）、检查性约束（CHECK）、外部键约束（FOREIGN KEY）、默认约束（DEFAULT）和级联引用完整性约束。

5.4.3 主键约束

PRIMARY 约束（主键约束）可以在表中定义一个主键，它是一个列或列的组合，它是唯一确定表中每一条记录的标识符，主键约束是最重要的一种约束。一个表只能有一个主键约束，而且主键约束的列不能接受空值。如果主键约束定义在不止一列上，则一列中的值可以重复，但主键约束定义中的所有列的组合值必须唯一，应注意：image和text类型的列不能被定为主键。

当向表中的现有列添加主键约束时，SQL Server 2000检查列中现有数据以确保现有数据遵从主键的规则，要确保该列中无空值并且没有重复值。

主键约束的添加、删除和修改可以使用企业管理器或在查询分析器中使用T-SQL语言实现。

1．使用企业管理器设置主键约束

在企业管理器中，右击要操作的数据库表，从弹出的快捷菜单中选择“设计表”命令，弹出“设计表”对话框。在该对话框中，选择要设置为主键的字段（如果需要选定多个字段，在按住【Ctrl】键的同时，单击每一个要选的字段），然后右击选中的字段，从弹出的快捷菜单中选择“设置主键”命令，如图5-17所示（或单击工具栏上的按钮来设置主键），被设置为主键字段的左端会出现标志。

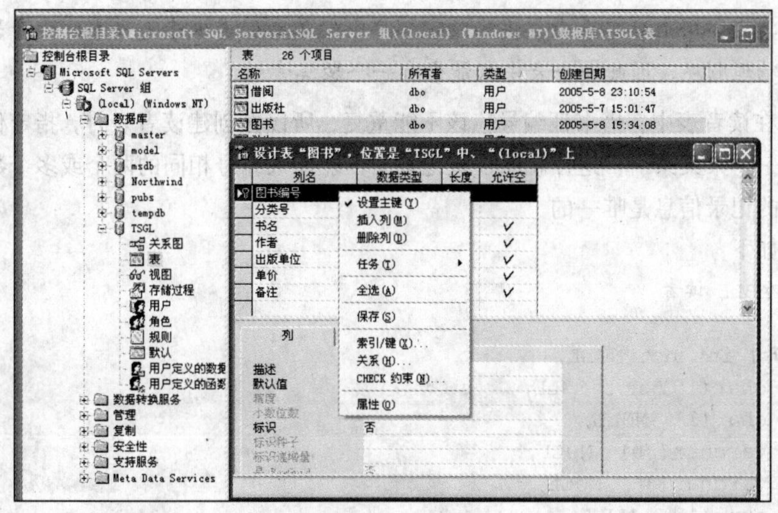

图 5-17　设置主键

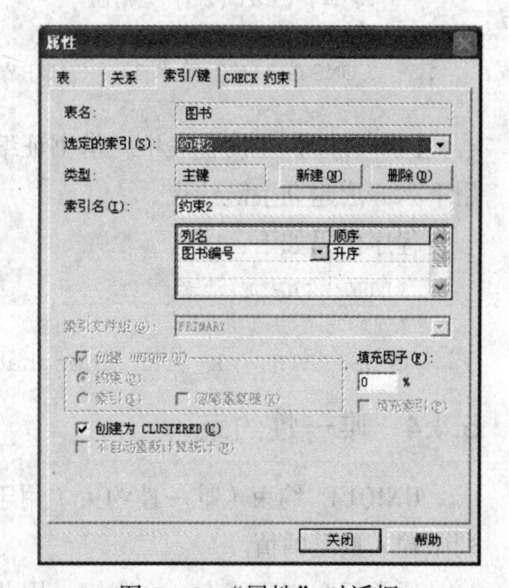

图 5-18　"属性"对话框

在企业管理器中还可以删除已经设置的主键或修改设置其他的字段为主键。右击某个想要删除主键的字段，从弹出的快捷菜单中选择"属性"或"索引/键"命令，则出现"属性"对话框，然后在该对话框中选择"索引/键"选项卡，如图 5-18 所示。在"选定的索引"下拉列表框中选择主键的名称，单击"删除"按钮就可以删除想要删除的主键。

在企业管理器中，删除主键字段的最简单的方法是：选定现主键字段，再单击工具栏上的按钮，这时主键字段左端的标志消失，表明该主键字段设置已删除。

2. 使用 T-SQL 语言设置主键约束

使用 T-SQL 语言设置主键约束的命令是：CONSTRAINT-PRIMARY。

基本语法格式如下：

```
CONSTRAINT constraint_name
PRIMARY KEY [CLUSTERED | NONCLUSTERED] {(column_name[ ,...n ])}
```

主要参数说明如下：

① constrain_name：是约束的名称。约束名在数据库内必须是唯一的，如果不指定约束名，则系统会自动生成一个约束名。

② CLUSTERED | NONCLUSTERED：是表示为指定约束创建聚集索引或非聚集索引的关键字。PRIMARY KEY 约束默认为 CLUSTERED，UNIQUE 约束默认为 NONCLUSTERED。在 CREATE TABLE 语句中只能为一个约束指定 CLUSTERED。如果在为 UNIQUE 约束指定 CLUSTERED 的同时又指定了 PRIMARY KEY 约束，则 PRIMARY KEY 将默认为 NONCLUSTERED。

③ column_name：用于指定主键约束的列名，主键最多可由 16 个列组成。

注意：聚集索引用来确定表中数据的物理顺序。聚集索引类似于电话本，由于聚集索引规定数据在表中的物理顺序，因此一个表中只能含有一个聚集索引。

【例 5.9】在读者表中，借书证编号应该不能重复，所以在创建读者表时，指定借书证号为主键，并且创建一个聚集索引，这样就保证该记录中不能插入编号相同的两个或多个数据信息，从而保证了表中的记录信息是唯一的。

程序代码如下：

```
CREATE TABLE 读者
(
    借书证号 int not NULL,
    姓名  char(10) not NULL,
    性别  char(2)  NULL,
    地址  varchar(30)  NULL,
    系    varchar(30) NULL,
    职称  char(12)  NULL,
    专业  char(20)  NULL,
    备注  varchar(40) NULL,
    CONSTRAINT 约束1 PRIMARY  KEY  CLUSTERED (借书证号)
)
```

【例 5.10】在读者表中，借书证编号应该不能重复，若在建表时，未设置主键约束，可以使用下列方法建立主键约束。

程序代码如下：

```
ALTER TABLE 读者
ADD
CONSTRAINT pk_jishuzhenghao PRIMARY  KEY  CLUSTERED (借书证号)
```

5.4.4 唯一性约束

UNIQUE 约束（唯一性约束）用于指定一个列值或者多个列的组合值具有唯一性，以防止在列中输入重复的值。

通常每个表只能有一个主键，因此当表中已经有一个主键时，如果还需要保证其他的标示符唯一，就可以使用唯一性约束。例如在读者表中，借书证号是主键，若另有一个字段“身份证号”也不能出现重复值，就需要为“身份证号”字段建立一个 UNIQUE 约束。

注意：尽管 UNIQUE 约束和 PRIMARY KEY 约束都强制唯一性，但在强制下面的唯一性时应使用 UNIQUE 约束而不是 PRIMARY KEY 约束。

当设置唯一性约束时，需要考虑以下几个因素：

① 唯一性约束主要用于非主键的一列或列组合。

② 一个表可以设置多个 UNIQUE 约束，而只能设置一个 PRIMARY KEY 约束。

③ 使用唯一性约束的字段允许空值。

创建和修改唯一性约束的操作方法也有两种。

1．使用企业管理器创建和修改唯一性约束

打开企业管理器，打开指定的服务器和数据库，选择“表”选项，在右栏窗口中右击选定的表格，并从弹出的快捷菜单中选择“设计表”命令，将出现“设计表”对话框，在该对话框中右

击需要设置唯一性约束的字段，从弹出的快捷菜单中选择“索引/键”命令，则出现“属性”对话框的“索引/键”选项卡，如图 5-19 所示。在“索引/键”选项卡中单击“新建”按钮，然后选择“创建 UNIQUE”和“约束”，在“列名”下展开列的列表，选择要将约束附加的列，然后单击“关闭”按钮，最后在“表格编辑”对话框中单击“保存”按钮，即可完成唯一性约束的创建和修改。

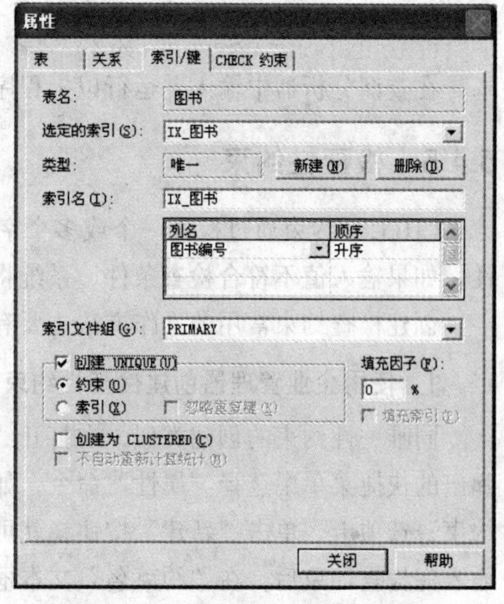

图 5-19　创建唯一性约束对话框

2．使用 T-SQL 语言创建唯一性约束

使用 T-SQL 语言创建唯一性约束的命令是：CONSTRAINT – UNIQUE。

其基本语法格式如下：

```
CONSTRAINT constraint_name
UNIQUE [CLUSTERED | NONCLUSTERED]
{(column_name [ ,...n ])}
```

主要参数说明如下：

① constrain_name：是约束的名称。约束名在数据库内必须是唯一的。如果不指定约束名，则系统会自动生成一个约束名。

② CLUSTERED | NONCLUSTERED：是表示为指定约束创建聚集或非聚集索引的关键字。PRIMARY KEY 约束默认为 CLUSTERED，UNIQUE 约束默认为 NONCLUSTERED。在 CREATE TABLE 语句中只能为一个约束指定 CLUSTERED。如果在为 UNIQUE 约束指定 CLUSTERED 的同时又指定了 PRIMARY KEY 约束，则 PRIMARY KEY 将默认为 NONCLUSTERED。

③ column_name：用于指定唯一性约束的列名。

【例 5.11】 创建一个学生信息表，其中身份证号字段具有唯一性。

程序代码如下：

```
CREATE TABLE 学生
(
    学号 int ,
    姓名 char(10),
    性别 char(2),
    年龄 int,
    电话号码 int,
    邮编 char(6),
    身份证号 char (18),
    CONSTRAINT pk_xuehao  PRIMARY KEY (学号),
    CONSTRAINT uk_shenfenhao  UNIQUE(身份证号)
)
```

在查询分析器中输入并运行以上程序代码，将设置键码约束和唯一性约束。

【例 5.12】 在读者表中，借书证号是主键，假设姓名也不能有重复值，可以使用下列方法建立唯一性约束，以保证姓名的唯一性。

程序代码如下：

```
ALTER TABLE 读者
ADD
```

```
CONSTRAINT uni_xingming
UNIQUE NONCLUSTERED(姓名)
```

在查询分析器中输入并运行以上程序代码，将为读者表的姓名字段设置唯一性约束。

5.4.5 检查性约束

CHECK 约束通过检查一个或多个字段的输入值是否符合设置的检查条件来强制数据的完整性，如果输入值不符合检查条件，系统将拒绝这条记录。

创建检查约束常用的操作方法主要有两种。

1. 使用企业管理器创建检查性约束

同唯一性约束的创建类似，在打开“表设计”对话框后，右击要设置的检查约束的字段，从弹出的快捷菜单中选择“属性”命令，如图 5-19 所示，然后在“属性”对话框中选择“CHECK 约束”选项卡，单击“新建”按钮，就可以在“约束表达式”文本框中输入检查约束的表达式，输入完检查约束后，在“约束名”文本框中输入约束的名称，然后单击“关闭”按钮，即完成了检查性约束的设置。

CHECK 约束通过限制输入到列中的值来强制域的完整性。CHECK 约束可以用逻辑表达式来限制输入到列的数据。例如，通过创建 CHECK 约束可将 salary 列的取值范围限制在$1 500 ~ $4 000 之间，从而防止输入的薪金值超出正常的薪金范围，此时逻辑表达式为：

```
salary >= 1500 AND salary <= 4000。
```

2. 使用 T-SQL 语言创建检查约束

使用 T-SQL 语言创建检查约束的命令是：CONSTRAINT – CHECK。

其基本语法格式如下：

```
CONSTRAINT constraint_name
   CHECK [NOT FOR REPLICATION]
(logical_expression)
```

主要参数说明如下：

① constrain_name：是约束的名称。

② NOT FOR REPLICATION：用于指定在把从其他表中复制的数据插入到该表时检查约束对其不发生作用。

③ logical_expression：用于指定逻辑条件表达式，返回值为 TRUE 或者 FALSE。

【例 5.13】创建一个学生信息表，其中在输入“性别”字段时，只能接受数据“男”或“女”，而不能接受其他的数据，并且为“电话号码”字段创建检查约束，限制只能输入数字 0，1，2，3，… 9 之类的数据（含区号如 022-23456789），而不能接受其他数据。

如果 TSGL 数据库中已经存在学生信息表，可先删除学生信息表。

程序代码如下：

```
CREATE TABLE 学生
(
    学号 int ,
    姓名 char (10),
    性别 char(2),
    年龄 int,
```

```
    电话号码 varchar(15),
    邮编 char(6),
    身份证号 char (18),
CONSTRAINT 约束2  PRIMARY KEY (学号),
CONSTRAINT 约束3  UNIQUE(身份证号)
CONSTRAINT 约束4 CHECK(性别 IN ('男','女')),
CONSTRAINT 约束5 CHECK (
电话号码 LIKE  '022- [0-9][0-9][ 0-9][ 0-9][ 0-9][ 0-9][ 0-9][ 0-9]')
)
```

在查询分析器中输入并运行以上程序代码将建立学生表，同时为学生表的性别和电话号码字段设置检查约束。

【例 5.14】在学生信息表中有一个字段是邮政编码，要求输入的数据格式为字符类型的 6 位数码，因此需要建立一个 CHECK 约束来防止输入非法数据。

程序代码如下：

```
ALTER TABLE 学生
ADD
CONSTRAINT chk_youbian CHECK(邮政编码 LIKE  '[0-9][0-9][0-9][0-9][0-9][0-9]')
```

在查询分析器中输入并运行以上程序代码，将为学生表的邮编字段设置检查约束。

【例 5.15】在读者表中，假设输入的数据年龄范围在 18 ~ 100 之间，为了防止非法数据录入，可以为“年龄”字段设置 CHECK 约束。

程序代码如下：

```
ALTER TABLE 学生
ADD
CONSTRAINT chk_nianling CHECK ( 年龄 BETWEEN 18 and 100 )
```

在查询分析器中输入并运行以上程序代码，将为学生表的年龄字段设置检查约束。

5.4.6　外键约束

FOREIGN　KEY 约束（外键约束）用于强制参照完整性，提供单个字段或者多个字段的参照完整性，外键（FK）主要用于维护两个表之间的一致性关系。外键的设置主要是通过将一个表中主键所在的列包含到另一个表中，这个列就是另一个表的外键。

尽管设置外键约束的主要目的是控制存储在外键表中的数据，但它还可以控制主键表中数据的修改。例如，如果在读者表中删除一个学生，而这个学生的学号在借阅表中已经使用了，这时如果删除该学生，则读者表和借阅表之间的关联完整性将被破坏，使得借阅表中该学生数据因为与读者表中的数据没有建立链接而变得孤立了，为了防止这种情况发生，应该设置外键约束。

设置外键约束常用的操作方法有两种。

1．用企业管理器设置外键约束

在企业管理器中展开指定数据库，右击对象“关系图”，从弹出的快捷菜单中选择“新建数据库关系图”命令，则将出现“创建数据库关系图向导”对话框，该向导会引导用户将所需要的表添加到数据库关系图中。如果不想使用“创建数据库关系图向导”选择相关表，可以单击“取消”按钮，然后在出现的“新关系图”对话框中右击，从弹出的快捷菜单中选择“添加表”命令（或单击工具栏上的图标），从添加表中选择要建立的关系图的表，表格添加完后，将出现如图 5-20

所示的“新关系图”窗口。在该对话框中，单击主键字段，并在按住鼠标左键的同时拖动只需要建立连接的外键字段处，然后释放鼠标左键即可建立连接。此时可以看到在两个表之间有一个箭头，然后单击“保存”按钮时，将会弹出“另存为”对话框，如图 5-21 所示，输入关系图名称并单击“确定”按钮，即完成外键约束的创建。

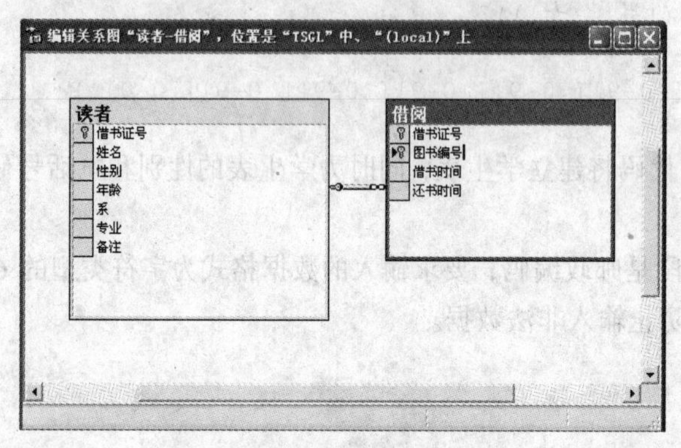

图 5-20 “新关系图”窗口

图 5-21 “另存为”对话框

2. 使用 T-SQL 语言设置外键约束

使用 T-SQL 语言设置外键约束的命令是：CONSTRAINT-FOREIGN KEY。

其基本语法格式如下：

```
CONSTRAINT constraint_name
FOREIGN KEY (column_name[,…n])
REFERENCES ref_table [ ( ref_column[,…n] ) ]
```

主要参数说明如下：

① REFERENCES：用于指定要建立关联表的信息。

② ref_table：用于指定要建立关联表的名称。

③ ref_column：用于指定要建立关联表中的相关列的名称。

设置外键约束时，需要考虑以下几个因素：

① 外键中的字段数目和每个字段指定的数据类型都必须和 REFERENCES 从句中的字段相匹配。

② 若要修改外键约束的数据，必须要有参考表的 SELECT 权限或者 REFERENCES 权限。

③ 主键和外键的数据类型必须严格匹配。

【例 5.16】创建一个借阅表，为该表创建一个外键约束，该约束把借阅表中的学生“借书证号”字段和读者表中的“借书证号”关联起来，在这两个表中建立一种制约关系，只有在借阅表中没有参考的学生记录才可以直接从读者表中删除。若有，说明该学生借阅的图书未还，不能删除读者表中的学生记录；同时应将借阅表的图书编号字段设置为外键约束。

程序代码如下：

```
CREATE TABLE 借阅(
    借书证号  int NOT NULL ,
    图书编号  int NOT NULL ,
    借书时间  smalldatetime NULL ,
    还书时间  smalldatetime NULL
    CONSTRAINT 约束6 PRIMARY KEY CLUSTERED (借书证号,图书编号),
```

```
CONSTRAINT 约束 7 FOREIGN KEY (借书证号) REFERENCES 读者(借书证号),
CONSTRAINT 约束 8 FOREIGN KEY (图书编号) REFERENCES 图书(图书编号),    )
```

在查询分析器中输入并运行以上程序代码，将在借阅表中为“借书证号”字段设置外键约束。

注：读者表中字段“借书证号”是主键，图书表中字段“图书编号”是主键。

5.4.7　默认约束

DEFAULT 通过指定列的默认值，来强制实现完整性，即每当用户没有对某一列输入值时，则将所定义的默认值提供给这一列。

DEFAULT 定义不能添加到具有 timestamp 数据类型、IDENTITY 属性、现有的 DEFAULT 定义或绑定默认值的列。如果某列已有默认值，必须除去旧默认值后才能添加新默认值。

默认约束可以包括常量、函数或者空值。使用默认约束时应该注意以下几点：

① 只能在当前数据库中创建默认值的名称。

② 每个字段只能定义一个默认约束。

③ 如果默认值对于它所绑定的列而言太长，该值就会被截断。

创建默认约束的常用方法有两种。

1. 使用企业管理器创建默认约束

在企业管理器中打开“设计表”窗口，选定要设置默认约束的字段后，在默认值栏中输入该字段的默认值，即可创建默认约束，如图 5-22 所示。

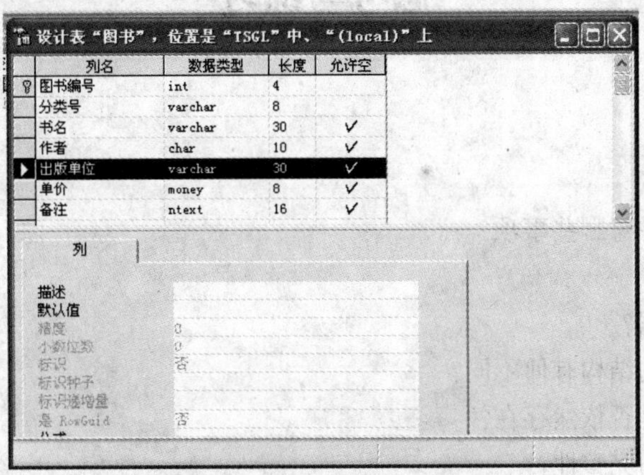

图 5-22　创建默认约束

2. 使用 Transact_SQL 语言创建默认约束

使用 Transact_SQL 语言创建默认约束的命令是：CONSTRAINT – DEFAULT。

其基本语法格式如下：

```
CONSTRAINT constraint_name DEFAULT constant_expression [ FOR column_name]
```

主要参数说明如下：

① constraint_name：约束名。

② constant_expression：约束表达式。

③ column_name: 用于指定默认约束的列名。

【例 5.17】在图书表中有一个币种字段，新建图书表时没有指定币种，现需要系统为币种自动充填为人民币（RMB）。

为此需要建立一个 DEFAULT 约束如下：

```
ALTER TABLE 图书  ADD   币种  char(8) null   --增加字段
ALTER TABLE 图书  ADD CONSTRAINT def_tushubiao DEFAULT 'RMB' FOR 币种
```

本章小结

本章主要介绍了如何创建表、修改表、删除表、向表中添加记录以及实现数据库数据完整性的方法。首先，介绍了表的基本概念和特点，使读者建立一种表的感性认识。接下来详细讨论了表的定义，例如：如何创建表、如何修改表、如何删除表的定义等。之后，又详细讨论了向表中添加、修改、删除数据的方法和实现数据库完整性的方法。插入数据是操纵数据的前提，修改和删除数据是管理数据库不可缺少的操作，其中表的创建和管理是数据库系统管理中最重要和最基本的工作。这些工作完成之后，就可以在表中操纵数据了。

在此还要指出的是：当创建一个表时，数据的完整性设计是数据库设计的重要内容之一，而实现数据库中数据的完整性，必须根据实际需要，认真定义一个表的主键约束、唯一性约束、检查性约束、外部键约束、默认约束等，这一点需要读者在实际应用中加深理解和掌握。

思考与练习

一、简答题

1. 简述表的特点。
2. 如何创建表？
3. 定义表结构时应该注意哪些事项？
4. 如何重命名表？
5. 如何在表中插入数据？
6. 修改数据与修改表的结构有何不同？
7. 删除数据之后，表是否依然存在？
8. 什么是数据库数据的完整性？
9. 如何为一个表添加主键约束？
10. 什么是唯一性约束？如何为一个表添加唯一性约束？
11. 什么是检查性约束？如何为一个表添加检查性约束？
12. 什么是默认约束？如何为一个表添加默认约束？

二、上机操作

1. 使用企业管理器在 XJGL（学籍管理）数据库中创建一个名为 XSB（学生表）的二维表。它包括以下字段：XH（学号）、XM（姓名）、XB（性别）、NL（年龄）、XI（系）。
2. 使用查询分析器在 XJGL 数据库中创建一个名为 KCB（课程表）的二维表。它包括以下字段：KCH（课程编号）、KCMC（课程名称）、RKJS（任课教师）。

3. 使用企业管理器在XJGL数据库中创建一个名为CJB（成绩表）的二维表。它包括以下字段：XH（学号）、KCH（课程编号）、CJ（成绩）。
4. 在XSB表中增加一个ZY（专业）字段。
5. 分别为XSB、KCB和CJB创建主键约束、唯一性约束、检查性约束、默认约束和外键约束。其中为CJB表创建外键约束，使其能链接到XSB和KCB表。
6. 在XJGL（学籍管理）数据库中，分别为表XSB、KCB和CJB插入20条记录。
7. 在KCB和XSB中删除学号相同的一条记录（任选一条）。
8. 在KCB和XSB中修改学号相同的一条记录（任选一条的3个字段）。
9. 使用查询分析器中分别查询KCB、XSB和CJ表中的所有记录。
10. 查询姓名为“张杰”的记录。
11. 查询姓名中姓为“张”的记录。
12. 查询学生李林“C++语言程序设计”课程的考试成绩。

实训四　学习并使用SQL Server 2000企业管理器和查询分析器(2)

一、实训目的

（1）学会使用SQL Server 2000的企业管理器创建数据库方法；

（2）学会使用SQL Server 2000的企业管理器创建关系图的方法；

（3）学会利用约束实现数据库中数据的完整性的方法；

（4）学会使用SQL Server 2000的查询分析器创建数据库表对象及进行程序查询的方法；

（5）创建“学生成绩管理”数据库及相应的数据库表。

二、实训内容

（1）使用企业管理器创建“学生成绩管理”数据库：使用企业管理器创建一个名为“学生成绩管理_06100”的数据库（注意：仍以06级学号尾号是100的学生为例，实训中要按自己实际的年级和学号确定数据库名，以下雷同）。

（2）使用查询分析器创建表：按教材“11.1.2 创建信息表”小节中，表11-1、表11-2和表11-3所提供的表结构，使用查询分析器在“学生成绩管理_06100”数据库中创建“学生_06100”表、“课程_06100”表和“成绩_06100”表。

要求：

① 要在查询分析器中使用命令CREATE 定义各个表的结构。

② 为实现数据库数据的完整性，各个表要做主键约束；学生表的“性别”字段要做检查约束；成绩表要做外键码约束。

③ 各个表的名称均为：表名+_+年级+3位学号的尾号。

④ 要保存并提交定义表结构的程序文件。

（3）使用企业管理器创建指定数据库的关系图：使用企业管理器创建“学生_06100”表、“课程_06100”表和“成绩_06100”表的关系图，具体操作可参见教材“6.5 创建和管理关系图”。

（4）录入表记录：按教材“11.1.2 创建信息表”小节中，表11-4、11-5和11-6提供的初始记录输入相应数据。

要求："学生_06100"表的第 1 条记录"王小燕"的名字和相关数据要修改为学生本人。

（5）使用查询分析器按下列要求进行程序查询：

① 使用查询分析器在"学生成绩管理_06100"数据库的"学生_06100"表中查找并显示男学生的学号、姓名、性别、出生日期和所在班级；查询文件定义为："实训四查询 1_06100"。

② 使用查询分析器在"学生成绩管理_06100"数据库的"课程_06100"表中查找并显示第 3 学期开设的课程号、课程名和任课教师；查询文件定义为："实训四查询 2_06100"。

③ 使用查询分析器在"学生成绩管理_06100"数据库中查找并显示郝一平所选修课程的课程名、开课学期和成绩；查询文件定义为："实训四查询 3_06100"。

④ 使用查询分析器在"学生成绩管理_06100"数据库中查找并显示成绩在 80 分以上(含 80 分)的学生的学号、姓名、院系、课程名、开设学期和成绩；查询文件定义为："实训四查询 4_06100"。

三、实训要求

（1）将创建的"学生成绩管理_06100"数据库的备份数据库和创建 3 个表结构的程序以及 4 个查询程序存入一个文件夹内，文件夹的名称定义为："实训四实验数据_06100_姓名"。

（2）要保存本次实训的实验数据，以备后面实训使用这个数据库，同时将"实训四实验数据_06100_姓名"文件压缩后提交到老师指定的邮箱。

第6章 创建和管理数据库对象

学习目标

☑ 了解索引的作用和设计原则。

☑ 理解索引的类型并掌握创建索引和管理索引的方法。

☑ 了解视图的基本概念和特点并熟练掌握使用企业管理器和使用 T-SQL 语言创建、修改视图的方法。

☑ 了解存储过程的类型和作用并掌握使用 T-SQL 语言创建存储过程的方法。

☑ 理解触发器的特点和作用并掌握使用 T-SQL 语言创建触发器的方法。

数据库对象的创建和维护主要指数据库其他对象如索引、视图、触发器、存储过程及关系图的创建和维护。

索引是对数据库表中一个或多个列的值进行排序的结构。索引提供指针以指向存储在表中指定列的数据值，然后根据指定的排序次序排列这些指针。数据库通过搜索索引找到特定的值，然后跟随指针在表中找到该值的行，因此索引提供了快速访问表中数据的途径。

视图是从一个或几个基表导出的表，是一个在数据库中并不存在的虚拟表，数据库中存放的是视图的逻辑定义，而不存放视图对应的数据。视图是由查询数据库的表产生的，它限制了用户所能看到和修改的数据，因此视图可以用来控制用户对数据的访问。

存储过程是为完成特定的功能而汇集在一起的一组命令，是经过编译后存储在数据库中的 SQL 程序，可由应用程序通过一个调用来执行。

触发器是用户所定义的 SQL 事务命令的集合。当对一个表进行相关的插入、更改、删除操作时，这组命令就会自动执行。

在 SQL Server 中关系图实际是数据库表之间的关系示意图，利用它可以编辑表和表之间的关系。

6.1 创建和管理索引

在数据库中，SQL Server 可以使用两种方式访问数据库表中的数据。

① 使用表扫描方式（读取每页的数据）访问数据：SQL Server 执行表扫描时，从表的起始处开始，遍历表中的所有数据页，提取满足查询条件的记录。

② 使用索引方式访问数据：通过遍历索引来查找满足查询条件的记录。

一个表若没有创建索引，SQL Server 是通过读 SQL 命令中指定表的数据来访问，即表扫描方式，这种方式就好像在图书馆的书架上查找一本书，需要把所有的书都查找一遍，显然效率很低。实际上，查找一本书并不需要将书架上的所有书都找一遍，有很多查找方法，如按类别、拼音排序等。

如果需要查询表中的所有记录，则表扫描可能是最有效的方法。但是，对于企业数据库而言，数据量庞大，往往查询只涉及表中的少量信息。采用表扫描的方式速度较慢，效率较低，而使用索引将有助于更快地获得信息。因此，索引是数据库中常用而重要的数据库对象，使用索引可以有效地提高数据库的检索速度，改善数据库的性能。

带索引的表在数据库中要占据较多的空间，此外为了维护索引，对数据进行插入、更新、删除操作的命令所花费时间将更长。所以设计索引时应根据数据库的实际情况设置相应的索引。

6.1.1 索引的设计原则和索引类型

1. 索引的设计原则

在实际应用中，数据库的结构是多种多样的，设计索引时应注意以下问题。

（1）要分析是否有必要为数据表中的某个列创建索引；应考虑对某列创建索引，是否有利于查询。索引对于精确查询（例如：WHERE 学号=‘0210001’的查询）、范围查询（例如 WHERE 年龄 BETWEEN 20 AND 30 的查询）、搜索已定义了外键约束的两个表之间匹配的行都是有利的，这时应对该列创建索引。

（2）如果一个表中建有较多索引，会影响 INSERT、UPDATE 和 DELETE 语句的性能。这是因为当表中的数据更改时，所有索引都需进行相应调整。但是，对于不需要修改数据的查询（如：SELECT 语句），大量索引将有助于提高性能。

（3）小型表一般不需要创建索引，因为此时在 SQL Server 中遍历索引所花费的时间会比表扫描长得多。

（4）一般需要在频繁搜索的字段上创建索引，如下所示。

① 主关键字上的字段：主键字段包含唯一值，利用主键能够迅速完成单行查找。

② 外部关键字所在的字段或在连接查询中经常使用的字段。

③ 按关键字的范围进行搜索的字段。

④ 按关键字的排列顺序访问的列：经常使用 ORDER BY 子句对数据按某个顺序进行排列的字段。

（5）下列情况一般不要使用索引，如下所示：

① 在查询中很少涉及的字段：大量使用索引会占有大量的空间，因此对于查询几乎不使用的字段，不需要创建索引。

② 在具有大量重复值的字段：如对性别字段进行索引是没有意义的，此时用表扫描可能要好一些。

③ 更新性能比查询性能更重要的列：因为在被索引的字段上修改数据时，SQL Server 将更新相关的索引，维护索引需要较多的资源开销，影响系统性能。

④ 定义为text、ntext或image数据类型的字段：在SQL Server中使用大对象数据的字段不能被索引。

（6）对表中的外键列创建索引时，首先创建聚集索引，然后创建非聚集索引；当使用多种检索方式搜索信息时，应当创建复合索引。

总之，通常情况下只有当经常查询索引列中的数据时，才需要在表上创建索引。索引将占用磁盘空间，并且降低添加、删除和更新记录的速度。在多数情况下，索引所带来的数据检索速度的优势大大超过了它的不足之处。然而，如果应用程序非常频繁地更新数据，或磁盘空间有限，那么最好限制索引及索引的数量。

2. 索引的类型

SQL Server 2000 的索引主要有以下两种类型：

① 聚集索引：聚集索引基于数据行的键值在表内排序和存储这些数据行。由于数据行按基于聚集索引键的排序次序存储，因此聚集索引对查找行很有效。在聚集索引中，表中各行的物理顺序与索引键值的逻辑顺序相同，因此每个表只能有一个聚集索引。如果一个表没创建聚集索引，其数据行按堆集方式存储。

② 非聚集索引：非聚集索引具有完全独立于数据行的结构。非聚集索引的最低行包含非聚集索引的键值，并且每个键值项都有指针指向包含该键值的数据行。数据行不按基于非聚集键的次序存储。在非聚集索引内，从索引行指向数据行的指针称为行定位器。行定位器的结构取决于数据页的存储方式是堆集还是聚集。对于堆集，行定位器是指向行的指针。对于有聚集索引的表，行定位器是聚集索引键。

只有在表上创建了聚集索引，表内的行才按特定的顺序存储。这些行就基于聚集索引键按顺序存储。如果一个表只有非聚集索引，它的数据行将按无序的堆集方式存储。

此外，SQL Server 2000还可创建唯一索引和主键索引。

6.1.2 创建索引

在SQL Server 2000中提供了以下4种创建索引的方法：

① 使用企业管理器中的索引向导创建索引。

② 使用企业管理器直接创建索引。

③ 在查询分析器中使用T-SQL语言创建索引。

④ 使用企业管理器中索引优化向导创建索引。

此外，有些索引并不需要数据库用户自己创建，在SQL Server 2000中建立或修改数据表时，如果创建或添加了主键约束或唯一性约束，系统会基于添加约束的字段自动创建主键索引或唯一性索引。

在此介绍前3种创建索引的方法。

1. 使用企业管理器中的索引向导创建索引

（1）打开企业管理器，展开指定的服务器和数据库，选择“工具”菜单中的“向导”命令，打开“选择向导”对话框，在该对话框中，展开“数据库”并选择“创建索引向导”选项，如图6-1所示。

（2）单击“确定”按钮后，则会出现“欢迎使用创建索引”对话框，在该对话框中单击“下一步”按钮则会打开“选择数据库和表”对话框，需要选择要创建索引的表及其所属的数据库，如图 6-2 所示，选择数据库 TSGL 和表“读者”。

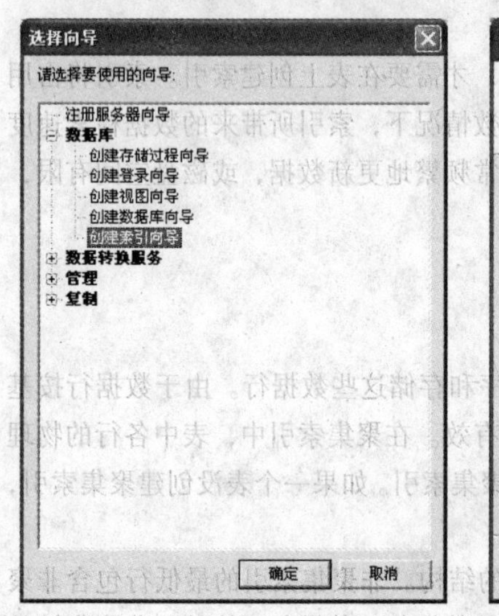

图 6-1 “选择向导”对话框

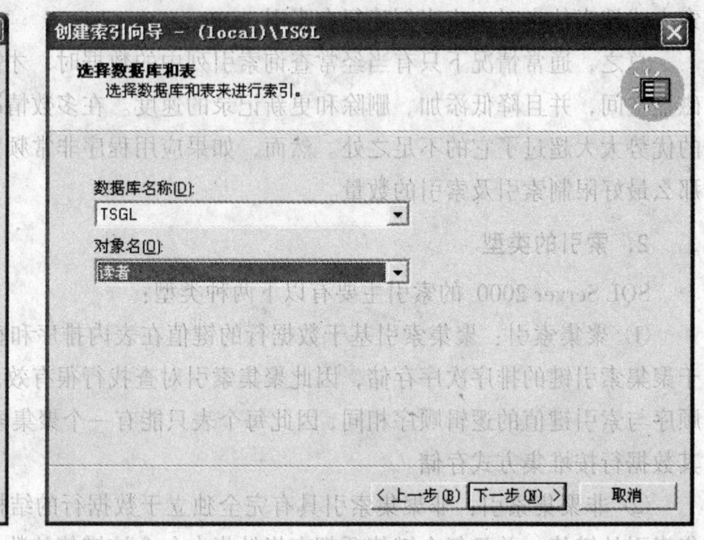

图 6-2 “选择数据库和表”对话框

（3）单击“下一步”按钮，则会出现读者表中现有的索引对话框，如图 6-3 所示。该对话框中显示了所选择表中的已经有的索引信息，由于创建表“读者”时没有指定索引，但是建立主键“借书证号”时，系统会自动创建一个名为“PK_”且后跟表名的主键索引，因此表中的索引有 PK_读者_1DE57479，为聚集索引，对应的字段为借书证号。

（4）单击“下一步”按钮，会出现“选择列”对话框，在该对话框中，选择所要建立索引的字段（只需要在复选框上单击即可），在这里选择“姓名”作为索引字段，如图 6-4 所示。单击“下一步”按钮。注意，如果在这个对话框中选择了多个字段，则基于这些字段的组合创建索引。

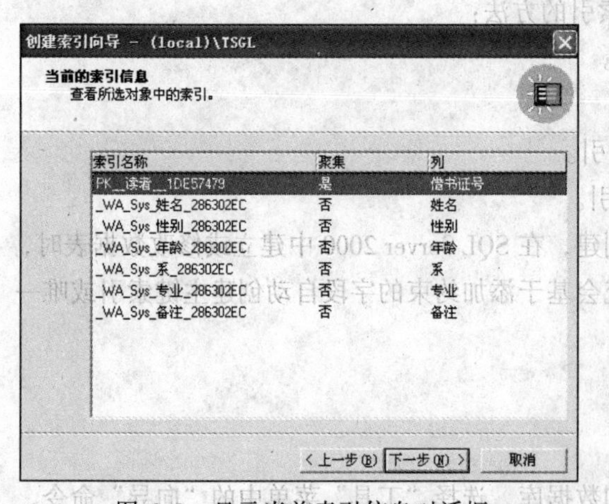

图 6-3 显示当前索引信息对话框

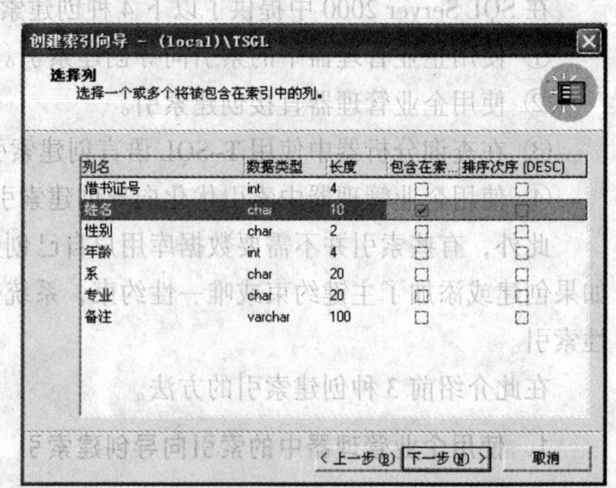

图 6-4 选择创建索引的字段对话框

（5）此时会出现“指定索引选项”对话框，如图 6-5 所示。在该对话框中可以设置索引选项，各个选项的具体含义如下：

① 使其成为聚集索引：指定该索引为聚集索引。因为在一个表中只能存在一个聚集索引，如果该表已经存在聚集索引，则该选项不能选，此时在该选项的后面将出现提示信息“该对象已经有一个聚集索引”。

② 使其成为唯一性索引：指定将该索引创建为唯一性索引。

③ 填充因子：设置填充因子，并设置系统在最初创建索引时索引页的填充程度。

（6）设置完索引项后，单击“下一步”按钮，则会弹出“正在完成创建索引向导”对话框，在该对话框中显示了索引的名称和包含在索引中的字段。在这个对话框中还可以为索引重新命名，如图 6-6 所示。

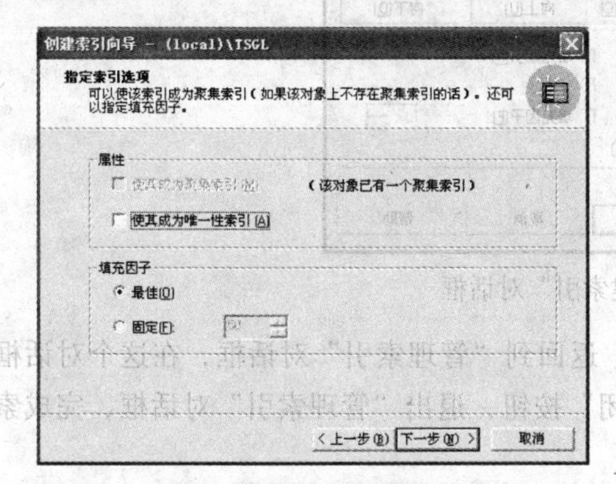

图 6-5 指定索引选项

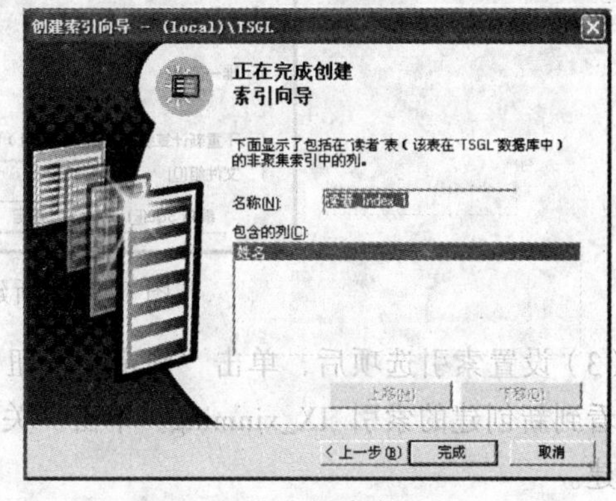

图 6-6 完成创建索引向导

（7）单击“完成”按钮，系统弹出“向导完成”对话框，单击“确定”按钮，完成了索引的创建。

2．使用企业管理器直接创建索引

（1）打开企业管理器，展开相关的数据库和表，并选择需创建索引的表（如：“读者”表），并右击，在弹出的菜单中选择“所有任务”下的“管理索引”命令，如图 6-7 所示。打开“管理索引”对话框，如图 6-8 所示。在该对话框中可以选择要处理的数据库和表（如选择 TSGL 和“读者”表），此时在“现有索引”的列表框中会列出“读者”表中现存的所有索引。

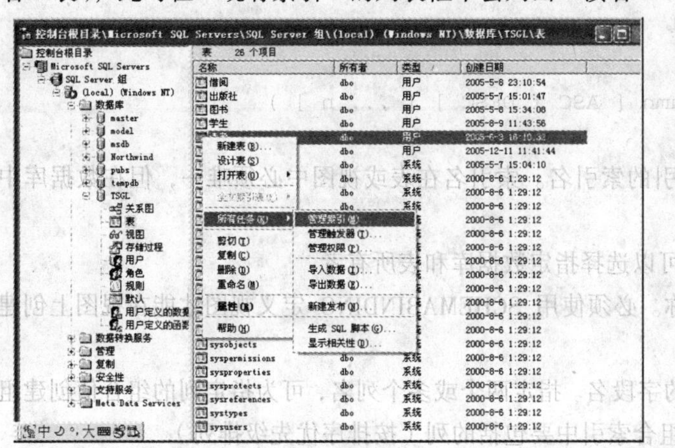

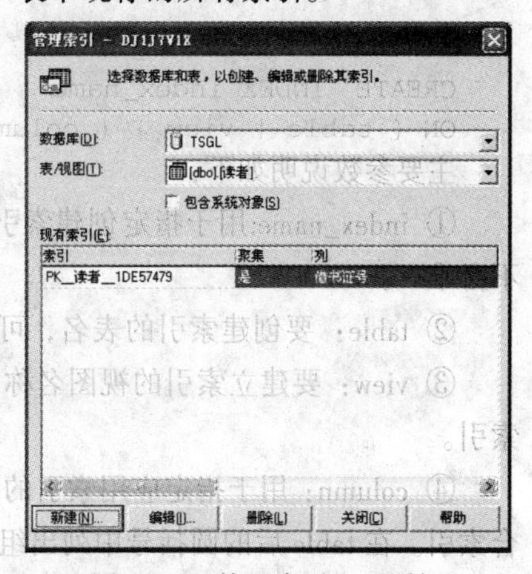

图 6-7 选择“管理索引”命令　　　图 6-8 “管理索引”对话框

（2）选择创建索引的字段（如：为“姓名”字段创建新的索引），单击“新建”按钮，将弹出“新建索引”对话框，如图 6-9 所示，可以在“索引名称”文本框中输入索引名称并设置索引选项。

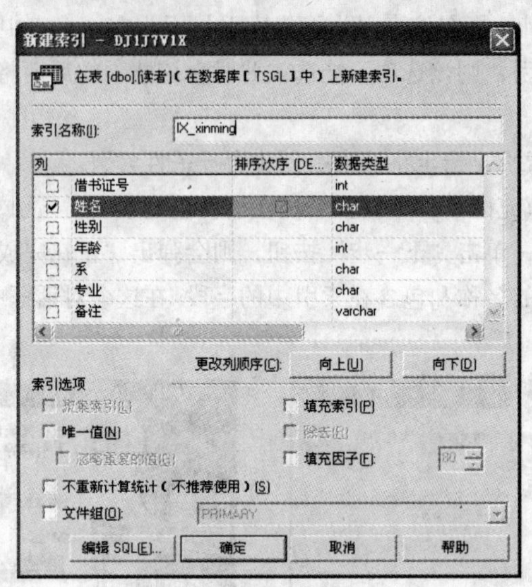

图 6-9 “新建索引”对话框

（3）设置索引选项后，单击“确定”按钮，返回到“管理索引”对话框，在这个对话框中可以看到新创建的索引 IX_xinming。单击“关闭”按钮，退出“管理索引”对话框，完成索引的创建。

如果要修改一个现有的索引，只要在“管理索引”对话框中选中该索引，然后单击“编辑”按钮，便可以进入“编辑现有索引”对话框，可以按照创建索引的步骤设置对各索引选项进行修改。

如果要删除一个现有的索引，只要在“管理索引”对话框中选中该索引，然后单击“删除”按钮，如图 6-8 所示，即可完成对一个现有索引的删除操作。

3. 使用 T-SQL 语言创建索引

使用 T-SQL 语言创建索引的命令是：CREATE INDEX。

其基本语法格式如下：

```
CREATE  INDEX index_name
ON { table | view } ( column [ ASC | DESC ] [ ,...n ] )
```

主要参数说明如下：

① index_name:用于指定创建索引的索引名。索引名在表或视图中必须唯一，但在数据库中不必唯一。

② table：要创建索引的表名，可以选择指定数据库和表所有者。

③ view：要建立索引的视图名称。必须使用 SCHEMABINDING 定义视图才能在视图上创建索引。

④ column：用于指定应用索引的字段名。指定两个或多个列名，可为指定列的组合值创建组合索引。在 table 后的圆括号中列出组合索引中要包括的列（按排序优先级排列）。

⑤ [ASC | DESC]：确定具体某个索引列的升序或降序排序方向，默认设置为 ASC。

【例 6.1】为“读者”表的姓名字段创建非聚集索引。

程序代码如下：

```
USE TSGL
CREATE INDEX ind_xingming ON 读者(姓名)
```

在查询分析器中输入并运行该程序，便可创建该索引。

【例 6.2】为“读者”表上借书证号字段创建唯一聚集索引。

程序代码如下：

```
use TSGL
GO
CREATE UNIQUE CLUSTERED INDEX ind_zhenghao ON 读者(借书证号)
```

在查询分析器中输入并运行该程序，便可创建该索引。

【例 6.3】为“读者”表的姓名和年龄字段创建一个复合索引。

程序代码如下：

```
USE TSGL
GO
CREATE INDEX ind_cpl_xm_nl ON 读者(姓名,年龄)
```

在查询分析器中输入并运行该程序，便可创建该索引。

6.1.3　管理索引

一个表创建了若干索引后，可以根据需要查看、修改和删除索引。

1. 使用企业管理器查看、修改和删除索引

要查看、修改索引，可以打开企业管理器，展开指定数据库，右击要查看的表，从弹出的快捷菜单中选择“所有任务”下的“管理索引”命令，则会出现“管理索引”对话框，如图 6-10 所示。对索引进行修改，可以选择要修改的索引，单击“编辑”按钮，则会弹出“编辑现有索引”对话框，如图 6-11 所示。在该对话框中可以对索引进行相关的修改，也可以通过修改 SQL 脚本来达到目的，例如，单击“编辑 SQL”按钮，会弹出“编辑 T-SQL 脚本”对话框，如图 6-12 所示，在此对话框中可以进行相应的编辑、测试、运行索引的 SQL 脚本。

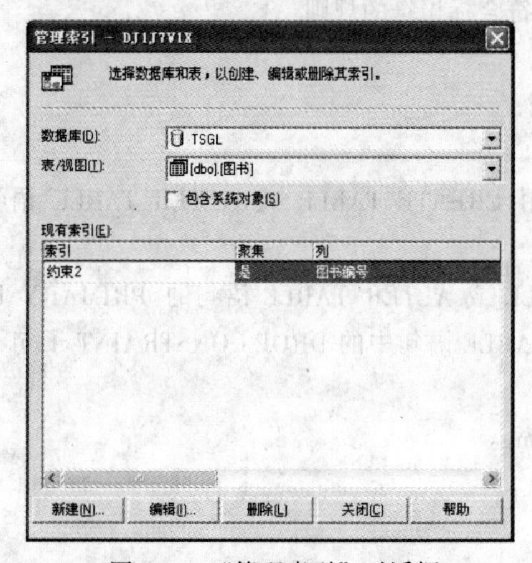

图 6-10　“管理索引”对话框

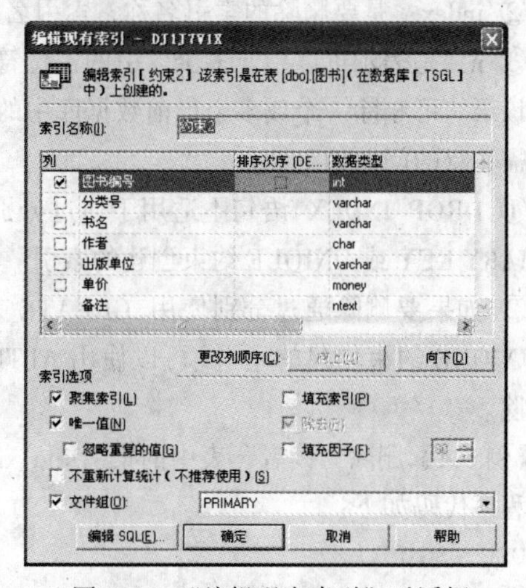

图 6-11　“编辑现有索引”对话框

修改索引的名称或改变所属文件组的一些信息，需要打开“属性”对话框，即右击要修改的表，在弹出的快捷菜单中选择“设计表”命令，再右击任意字段，从弹出的快捷菜单中选择“索引/键”命令，即可出现“属性”对话框，如图 6-13 所示。

删除索引，可以在企业管理器中，在如图 6-10 所示的对话框中选择要的索引，单击“删除”按钮，即可删除要相关的索引。

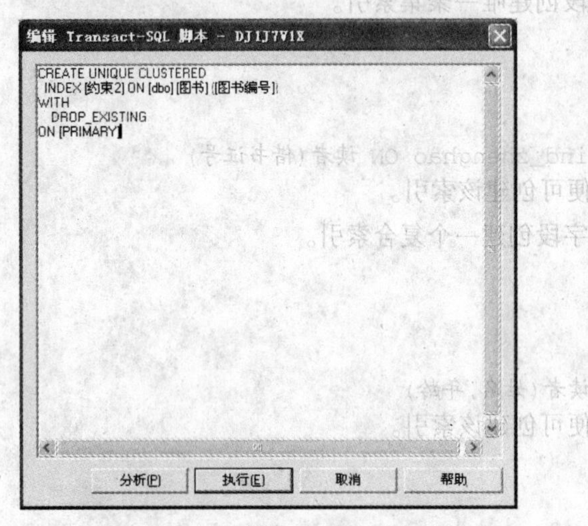

图 6-12 编辑 T-SQL 脚本

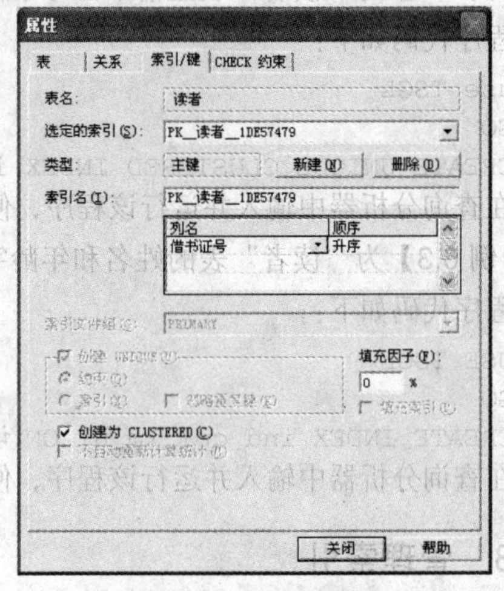

图 6-13 “属性”对话框

2．使用 T-SQL 语言查看、删除索引

使用 T-SQL 语言删除索引的命令是：DROP INDEX。

其语句基本语法格式如下：

```
DROP INDEX 'table.index | view.index'
[ ,...n ]
```

主要参数说明如下：

① table | view：是索引列所在的表或索引视图。

② index：是要删除的索引名称，索引名必须符合标识符的规则。

③ n：是表示可以指定多个索引的占位符。

该语句可删除一个或多个当前数据库中的索引。

需注意的问题如下：

① DROP INDEX 语句不适用于通过分别使用 CREATE TABLE 或 ALTER TABLE 语句的 PRIMARY KEY 或 UNIQUE 约束创建的索引。

② 如果要删除通过分别使用 CREATE TABLE 或 ALTER TABLE 语句的 PRIMARY KEY 或 UNIQUE 约束创建的索引，可以使用 ALTER TABLE 语句中的 DROP CONSTRAINT 子句将约束删除。

【例 6.4】删除“读者”表中的索引 ind_xingming。

程序代码如下：

```
USE TSGL
GO
```

```
DROP INDEX 读者.ind_xingming
```

3. 调用系统存储过程查看索引

打开查询分析器，调用系统存储过程 sp_helpindex 来查看表中的索引信息（如：读者表），如图 6-14 所示，由查询分析器的查询结果显示窗口可以看出在 index_name 列显示该表的索引名(如："PK_读者_1DE57479")，在 index_description 列显示索引的类型（该索引是聚集的唯一索引）。在 index_keys 列显示建立索引的字段（如：借书证号）。

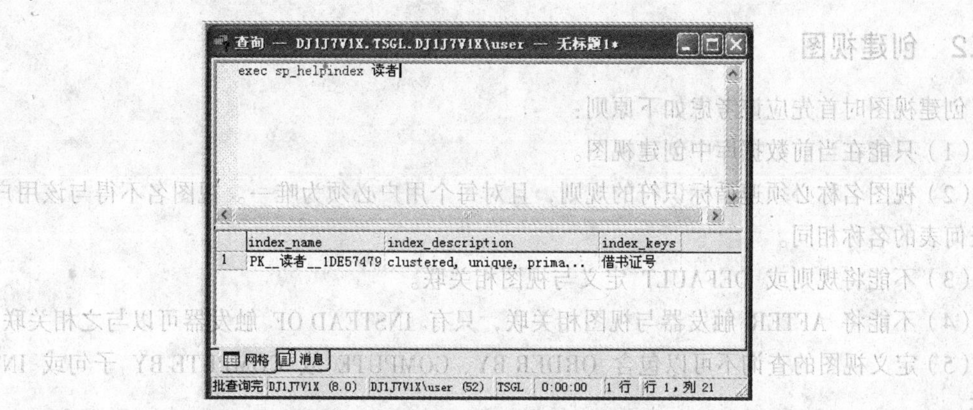

图 6-14　在查询分析器查看索引

6.2　创建和管理视图

视图作为一种基本的数据库对象，是查询一个表或多个表的另一种方法，它是通过把预先定义的查询存储在数据库中，然后就可以在查询语句中调用它。

6.2.1　视图

1. 视图的概念

视图是一种虚拟的表或存储查询，它只包含表的一部分，其内容由查询需求定义。同真实表一样，视图包含一系列带有名称的列和行数据。但是，与表不同的是，保存在视图中的数据并不是物理存储的数据，因此视图并不在数据库中以存储的数据值集形式存在。视图来源于一个或多个基表的行或列的子集，也可以是基表的统计汇总，或者是来源于另一个视图或基表与视图的组合。

2. 视图的作用

相对于所引用的基础表来说，视图的作用类似于筛选。通过视图进行查询没有任何限制，通过它们进行数据修改时的限制很少，因此使用 T-SQL 语句可以通过引用视图名称来使用虚拟表。使用视图可以实现以下功能：

① 返回用户需要的数据：视图可以为用户提供一个受限制的环境，因此对用户而言只能访问表中允许的数据，一些不需要、不合适的数据可以不在视图上显示，因此可以将用户限定在特定的行或列上。此外，如果权限允许，用户可以修改视图中的全部或部分数据。

② 使数据库查询方便、直观：尽管原数据库的设计可能很复杂，但是使用视图可以避免用

户跟复杂的数据结构打交道，可以使用易于理解的名字来命名视图，使数据库结构简单、清晰。对于复杂的查询，可以写在视图中，这样用户就可以通过使用视图来实现复杂的操作，避免重复写一些复杂的查询语句。

③ 可以方便数据的导出：可以通过视图来创建相对复杂的查询，把一个表或多个表的数据导出到另一个应用程序或外部文件中。

④ 可以实现对创建视图的内部表进行数据修改：如插入新记录、更新记录以及删除记录等。

6.2.2 创建视图

创建视图时首先应该考虑如下原则：

（1）只能在当前数据库中创建视图。

（2）视图名称必须遵循标识符的规则，且对每个用户必须为唯一。视图名不得与该用户拥有的任何表的名称相同。

（3）不能将规则或 DEFAULT 定义与视图相关联。

（4）不能将 AFTER 触发器与视图相关联，只有 INSTEAD OF 触发器可以与之相关联。

（5）定义视图的查询不可以包含 ORDER BY、COMPUTE 或 COMPUTE BY 子句或 INTO 关键字。

（6）不能在视图上定义全文索引定义，不能创建临时视图，也不能在临时表上创建视图。

在 SQL Server 2000 中可以使用 3 种方法创建视图：使用企业管理器、使用 T-SQL 语言和使用企业管理器中的创建视图向导，在此我们仅介绍前两种方法。

1. 使用企业管理器创建视图

（1）打开企业管理器，展开要创建视图的数据库，右击“视图”，如图 6-15 所示，从弹出的快捷菜单中选择“新建视图”命令，就会出现“新视图”窗口，如图 6-16 所示。或者右击要创建视图的数据库，从弹出的快捷菜单中选择“新建”中的“视图”命令，也会出现“新视图”窗口。

（2）在“新视图”对话框中，单击工具栏中的按钮，或者右击图表窗口，从弹出的快捷菜单中选择“添加表”命令，会出现如图 6-17 所示的“添加表”对话框，在该对话框中可以选择需要添加的基表。

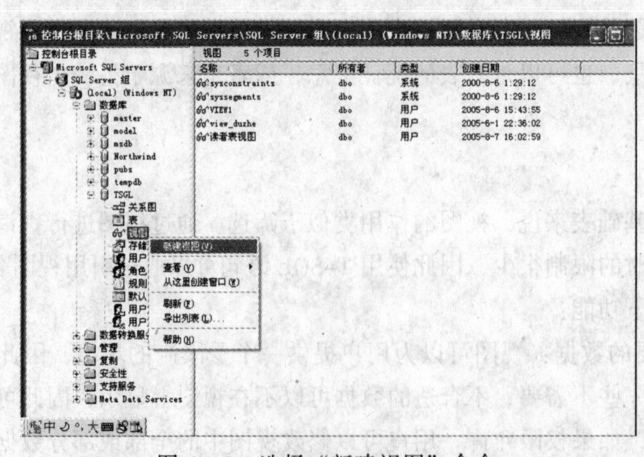

图 6-15 选择“新建视图”命令

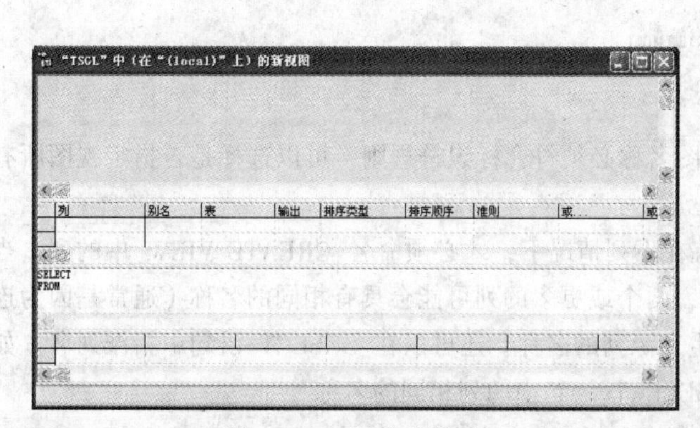

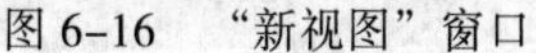
图 6-16 “新视图”窗口

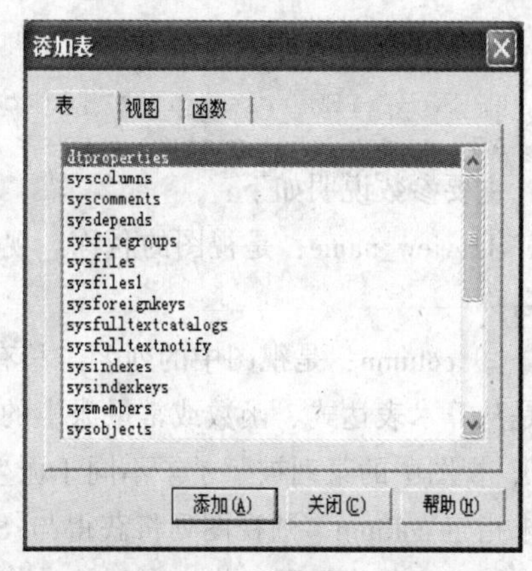

图 6-17 “添加表”对话框

（3）选择要添加的表，单击“添加”按钮，即可把表添加到“新视图”的窗口中，然后通过单击字段左边的复选框选择必要的字段，如图 6-18 所示。在该窗口中，“输出”复选框表示可以在输出中显示该字段，“准则”复选框表示可在此输入限制条件，或限制输出的记录（对应于查询语句的 WHERE 子句）。右击任意字段，从弹出的快捷菜单中选择“属性”命令，则出现“属性”对话框，如图 6-19 所示，“选项”中的“DISTINCT 值”复选框和“加密浏览”复选框可以选择不输出值相同的记录和对视图进行加密。“顶端” 复选框可以用来限制视图最多输出的记录条数。当然，要想视图输出结果，可以单击工具栏上的运行按钮 ! ，则在数据结果区将会出现查询结果。

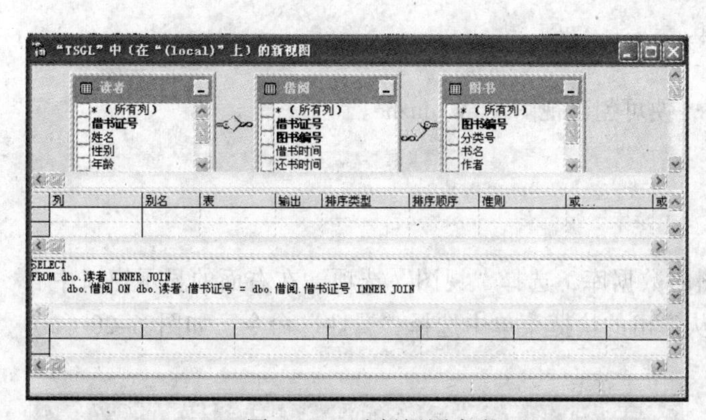

图 6-18 选择视图字段

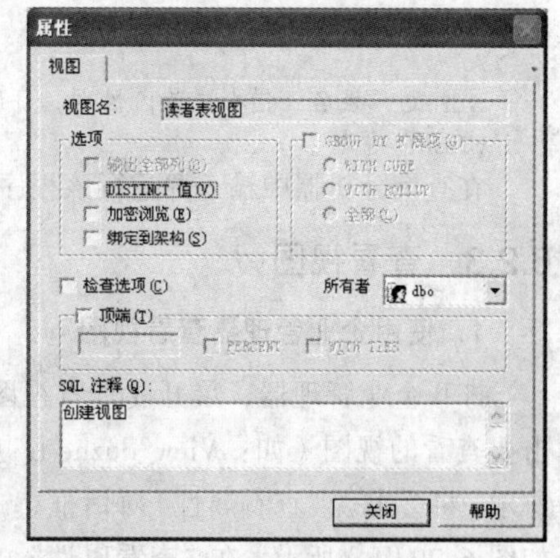

图 6-19 “属性”对话框

注意：并不是选择的所有字段一定要在视图中输出，如果只想把某个字段作为过滤条件，而不想把它输出到视图中去，可以选择该字段，然后在网状表格中清除“输入”复选框。例如，只想显示性别为男的读者信息，可以将性别字段选中到网状表格中，然后清除“输出”复选框，并在准则中输入“='男'”。

（4）单击工具栏上的“保存” 按钮，输入视图名，即可完成视图的创建。

2．使用 T-SQL 语言创建视图

使用 T-SQL 语言创建视图的命令是：CREATE VIEW。

其基本语法格式如下：

```
CREATE VIEW  view_name [ ( column [ ,...n ] ) ]
AS select_statement
```

主要参数说明如下：

① view_name：是视图的名称。视图名称必须符合标识符规则，可以选择是否指定视图所有者名称。

② column：是视图中的列名。只有在下列情况下，才必须命名 CREATE VIEW 中的列：当列是从算术表达式、函数或常量派生的，两个或更多的列可能会具有相同的名称（通常是因为连接），视图中的某列被赋予了不同于派生来源列的名称。还可以在 SELECT 语句中指派列名。如果未指定 column，则视图列将获得与 SELECT 语句中的列相同的名称。

③ n：是表示可以指定多列的占位符。

④ AS：是视图要执行的操作。

⑤ select_statement：是定义视图的 SELECT 语句。该语句可以使用多个表或其他视图。若要从创建视图的 SELECT 子句所引用的对象中选择，必须具有适当的权限。

【例 6.5】选择“读者”表中的部分字段来创建一个视图，限制年龄在 20 岁以上的记录集合，视图名称定义为 view_duzhe。

程序代码如下：

```
USE TSGL
GO
CREATE VIEW view_duzhe
AS
SELECT 姓名, 借书证号, 性别, 年龄 FROM 读者
WHERE 年龄 >= 20
```

在查询分析器中输入并运行该程序，便可创建视图 View_duzhe。

6.2.3 查看视图

1. 使用企业管理器查看视图

打开企业管理器，展开要查看视图的数据库，选择“视图”选项，在右面的显示窗口中右击要查看的视图（如：View_duzhe），从弹出的快捷菜单中选择“属性”命令，如图 6-20（a）所示，将会出现“查看属性”对话框，如图 6-20（b）所示。在“查看属性”对话框里显示了视图的名称、所有者、创建日期以及创建该视图的文本（程序）等基本属性。

查看视图还可以在视图显示窗口内，右击要查看的视图（如：View_duzhe），从弹出的快捷菜单中选择“打开视图”中的“返回所有行”命令，将可以看到这个视图中的数据，如图 6-20（c）所示。

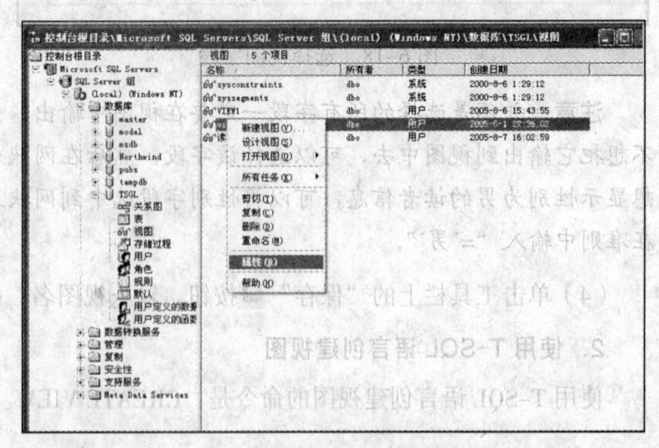

（a） 选择“属性”命令

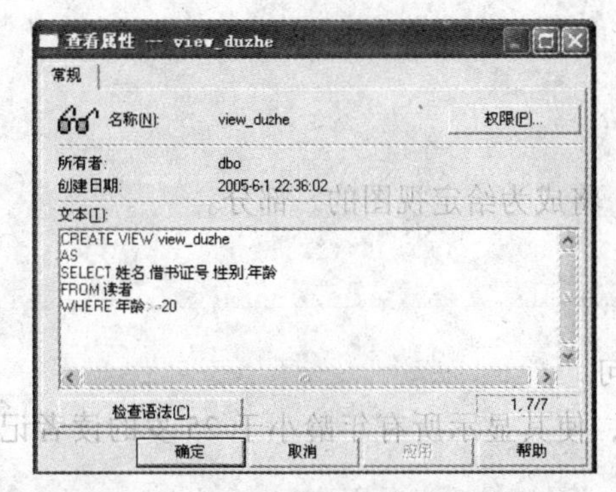

（b）“查看属性”对话框

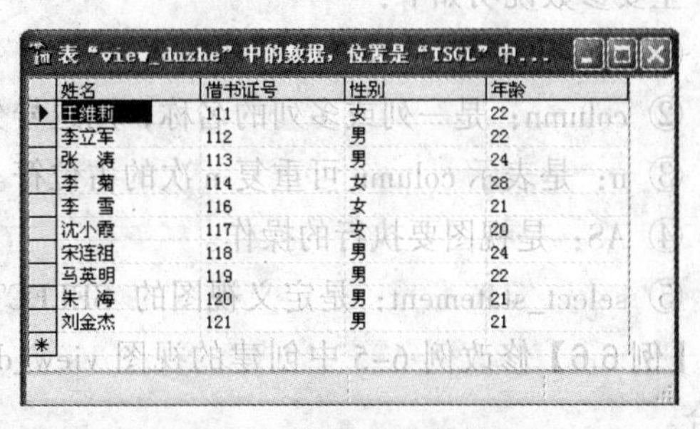

姓名	借书证号	性别	年龄
王维莉	111	女	22
李立军	112	男	22
张　涛	113	男	24
李　菊	114	女	28
李　雪	116	女	21
沈小霞	117	女	20
宋连祖	118	男	24
马英明	119	男	22
朱　海	120	男	21
刘金杰	121	男	21

（c）视图中的数据

图 6-20　使用企业管理器查看视图

2. 调用存储过程查看视图

在查询分析器中调用系统的存储过程可以方便地查看视图的相关信息。

调用存储过程 sp_helptext 可以显示视图（如：view_duzhe）的特征，如图 6-21（a）所示。

调用存储过程 sp_depedds 可以显示视图（如：view1）创建时引用的表，如图 6-21（b）所示。

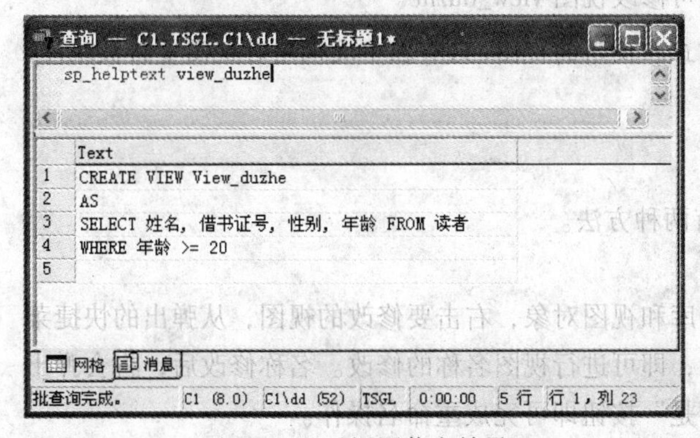

（a）显示视图信息结果

（b）显示视图引用相关表信息

图 6-21　显示视图信息

6.2.4　修改、删除及重命名视图

1. 修改视图

（1）使用企业管理器修改视图

在企业管理器中，展开指定的数据库和视图对象，在右面的显示窗口内右击要修改的视图，从弹出的快捷菜单中选择“设计视图”命令，出现“设计视图”对话框，在该对话框中可以按照创建视图的方法修改视图的属性，可以完成添加表、删除表、添加引用字段、调整字段顺序、删除引用字段和过滤条件等对视图的修改。

（2）使用 T-SQL 语言修改视图

使用 T-SQL 语言修改视图的命令是：ALTER VIEW。

其基本语法格式如下：

```
ALTER VIEW  view_name [ ( column [ ,...n ] ) ]
```

```
AS  select_statement
```

主要参数说明如下：

① view_name：是要修改的视图名。

② column：是一列或多列的名称，用逗号分开，将成为给定视图的一部分。

③ n：是表示 column 可重复 n 次的占位符。

④ AS：是视图要执行的操作。

⑤ select_statement：是定义视图的 SELECT 语句。

【例 6.6】修改例 6-5 中创建的视图 view_duzhe，使其显示所有年龄小于 25 岁的读者记录集合。

程序代码如下：

```
USE TSGL
GO
ALTER VIEW view_duzhe
AS
SELECT * FROM 读者
WHERE 年龄 <25
```

在查询分析器中输入并运行该程序，便可修改视图 view_duzhe。

注意：使用 ALTER VIEW 可以修改当前正在使用的视图，只有在下次调用时视图重新被编译，用户才能看到更新后的视图显示。

2. 重命名视图

在 SQL Server 2000 中重新命名视图名有两种方法。

（1）使用企业管理器对视图重命名

在企业管理器中，展开需要修改的数据库和视图对象，右击要修改的视图，从弹出的快捷菜单中选择“重命名”命令，如图 6-22 所示，即可进行视图名称的修改。名称修改后，将会弹出“重命名”对话框，如图 6-23 所示，单击“是”按钮即可完成重命名操作。

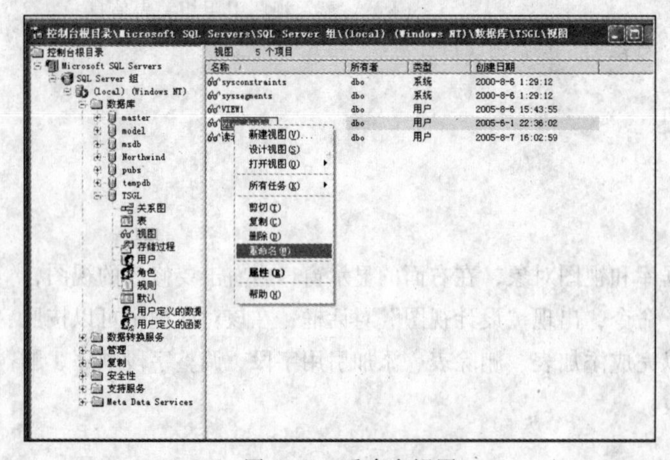

图 6-22　重命名视图

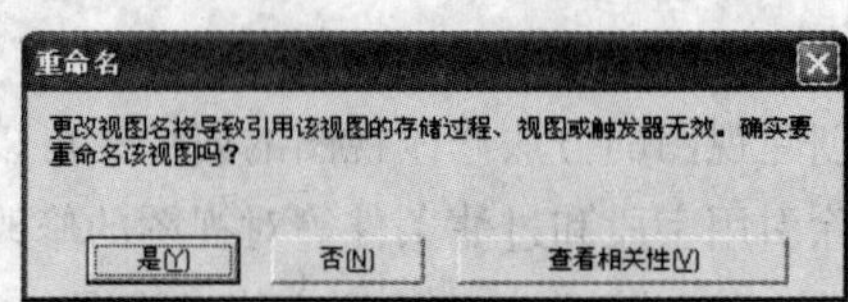

图 6-23　“重命名”对话框

（2）调用系统存储过程对视图重命名

可对视图重命名的系统存储过程是：sp_rename。

其基本语法格式如下：

```
EXEC sp_rename  'object_name' , 'new_name'
```

主要参数说明如下：

① object_name：视图的当前名称。

② new_name：是指定视图的新名称。new_name 必须是名称的一部分，并且要遵循标识符的规则。

（3）重命名视图时，应遵循以下原则：

① 要重命名的视图必须位于当前数据库中。

② 新名称必须遵守标识符规则。

③ 只能重命名自己拥有的视图。

④ 数据库所有者可以更改任何用户视图的名称。

【例 6.7】更改例 6-5 中创建的视图 view_duzhe 名称为 view_duzheshitu。

程序代码如下：

```
EXEC sp_rename 'view_duzhe', 'view_duzheshitu'
```

在查询分析器中输入并运行该程序，便可修改视图名为 view_ duzheshitu。

3. 删除视图

在 SQL Server 2000 中可以使用企业管理器或在查询分析器中使用 T-SQL 语言删除视图。

（1）使用企业管理器删除视图

打开企业管理器，展开指定的数据库和视图对象，在右边的显示窗口中选择要删除的视图，并右击，如图 6-24 所示，在弹出的快捷菜单中选择“删除”命令，则会出现“除去对象”对话框，如图 6-25 所示。在该对话框中单击“全部除去”按钮，即可删除视图。

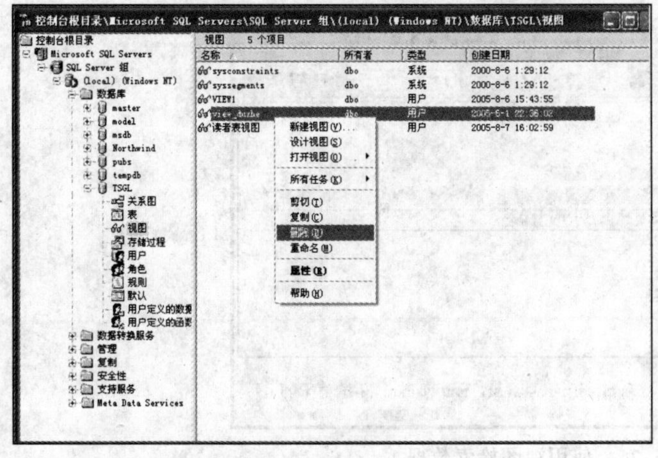

图 6-24　选择“删除”命令

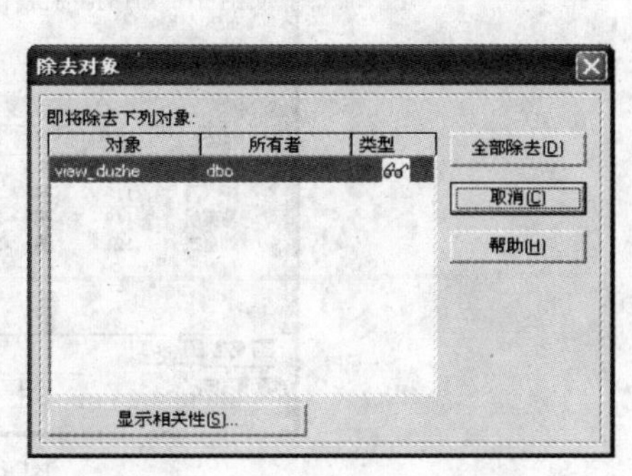

图 6-25　“除去对象”对话框

（2）使用 T-SQL 语言删除视图

使用 T-SQL 语言删除视图的命令是：DROP VIEW。

其基本语法格式如下：

```
DROP VIEW { view } [ ,...n ]
```

主要参数说明如下：

① view：是要删除的视图名称。视图名称必须符合标识符规则。

② n：是表示可以指定多个视图的占位符。

【例 6.8】删除例 6-7 中创建的视图 view_duzheshitu。

程序代码如下：

```
DROP VIEW view_duzheshitu
```

在查询分析器中输入并运行该程序，将删除视图 view_duzheshitu。

6.2.5 使用视图操作表数据

在 SQL Server 中，不但可以通过视图方便地检索数据，而且还可以通过视图对基表中的数据进行操作，包括添加、修改和删除数据等。使用企业管理器通过视图对表进行添加、修改和删除数据操作同对数据库中的基表操作一样。所以在此仅介绍使用 T-SQL 语言通过视图对表数据进行操作。

1. 使用视图检索数据

前面曾经提到，视图可以看作是一个虚拟的表，因此视图也可以像表一样用在查询语句的 FROM 子句中作为数据源。

【例 6.9】利用在例 6-6 中所创建的视图 view_duzhe，查询性别为男的所有记录。

程序代码如下：

```
USE TSGL
SELECT * FROM view_duzhe
WHERE 性别='男'
```

在查询分析器中输入并运行该程序，程序的运行结果如图 6-26 所示。

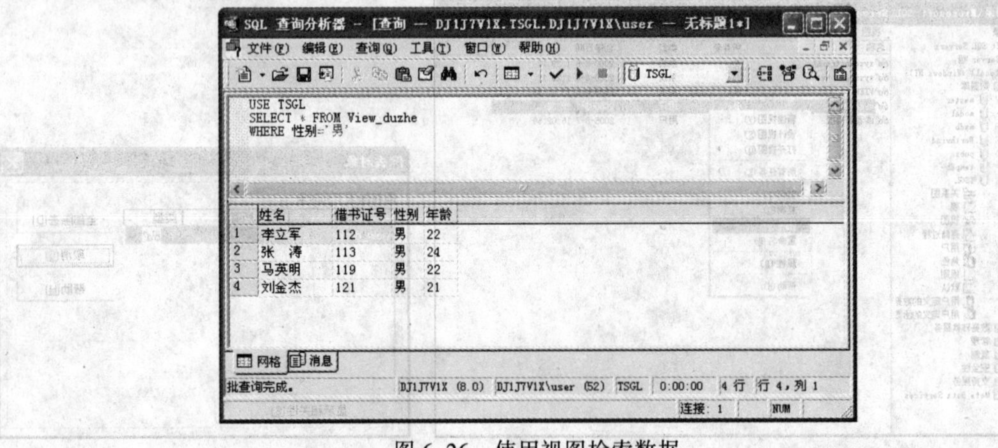

图 6-26 使用视图检索数据

注意：通过视图检索数据时，SQL Server 首先会检查该视图所参照的数据表和视图是否存在，若不存在，系统会返回错误信息。

2. 通过视图添加表数据

可以使用 T-SQL 语言的 INSERT 语句向视图中添加表数据，但是所添加数据实际上将存储在视图所参照的表中。由于视图的特性，通过视图向数据表中添加数据，应满足以下条件：

① 应具有向数据表插入数据的权限，否则不能插入数据。

② 由于一般情形下，视图只引用了表中的部分字段，所以通过视图插入数据时只能指定视图中引用的字段，而对于那些未引用的字段必须知道在没有指定取值的情况下如何填充数据，因此视图中未引用的字段要么允许空值，要么在该字段设有默认值，或者该字段是标识字段，或者该字段的数据类型为 timestamp 或 uniqueidentifier。

③ 视图中不能含多个字段的组合，或者包含了使用统计函数的结果。

④ 视图中不能包含 DISTINCT 子句或者 GROUP BY 子句。

【例 6.10】首先创建一个基于“读者”表的新视图“读者表视图”，然后向“读者表视图”中添加一条新的数据记录，然后用 SELECT 语句检索这条记录是否添加到读者表。

程序代码如下：

```
--创建视图
CREATE VIEW 读者表视图(借书证号,姓名,性别,年龄)
AS
SELECT 借书证号,姓名,性别,年龄 FROM 读者
GO
--插入数据
INSERT INTO 读者表视图(借书证号,姓名,性别,年龄)
VALUES('110', '张林', '男',20)
GO
--查询
SELECT * FROM 读者
WHERE 性别='男'
```

在查询分析器中输入并运行该程序，其输出结果如图 6-27 所示。

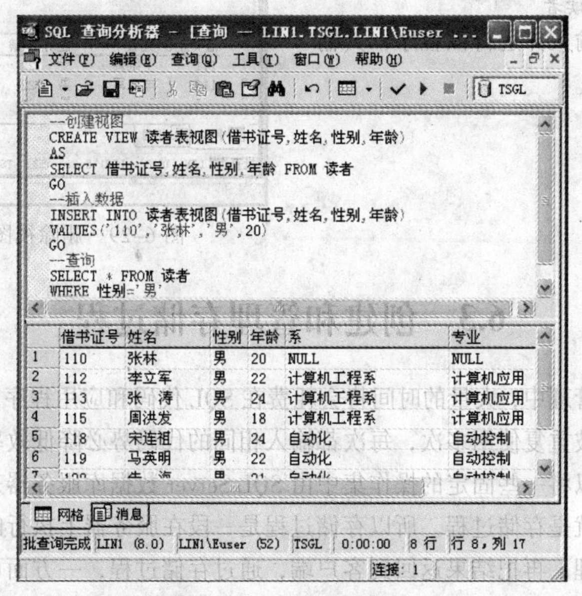

图 6-27　视图输出结果

3. 通过视图修改表数据

除了使用 INSERT 语句插入数据外，还可以使用 UPDATE 语句通过视图对表的数据进行更新，在此适用于 INSERT 操作的多个限制同样也适用于 UPDATE 操作。

【例 6.11】使用 UPDATE 修改上例中的记录，将张林的姓名修改为张天鸿，并查询修改结果。

程序代码如下：

```
UPDATE 读者表视图
SET 姓名='张天鸿'
WHERE 姓名='张林'
GO
SELECT * FROM 读者
```

在查询分析器中输入并运行该程序，其输出结果如图 6-28 所示。

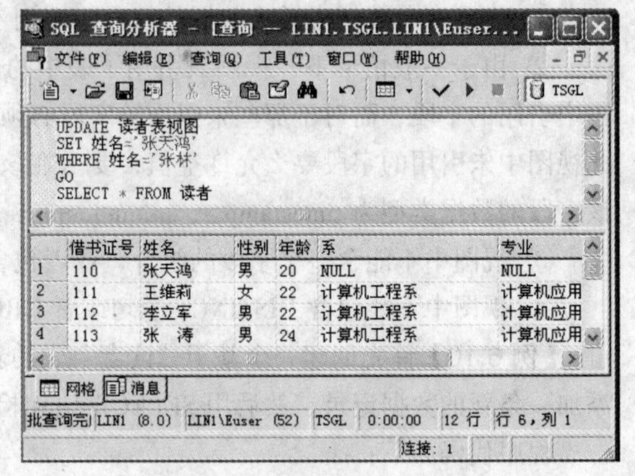

图 6-28 更新输出结果

4. 通过视图删除表数据

使用 DELETE 语句可以通过视图将数据表中的数据删除，但是，如果视图应用了两个或两个以上的数据表，则不允许删除视图中的数据。此外，使用视图删除记录也不能违背视图定义的 WHERE 子句的条件限制。

【例 6.12】使用 DELETE 删除例 6.11 中姓名为张天鸿的记录，并查询结果。

程序代码如下：

```
DELETE FROM 读者表视图
WHERE 姓名='张天鸿'
SELECT * FROM 读者
```

在查询分析器中输入并运行该程序，其输出结果如图 6-29 所示。

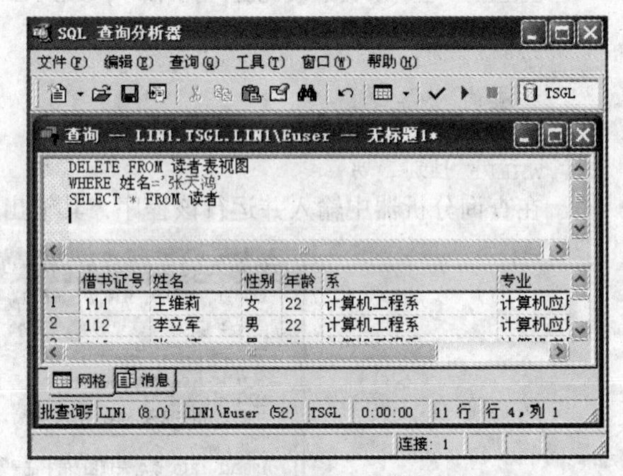

图 6-29 删除视图记录并输出结果

6.3 创建和管理存储过程

在大型数据库的管理中，大量的时间将会耗费在 SQL 代码和应用程序的代码上，并且在很多情况下，大量的代码被重复使用多次，每次都输入相同的代码势必降低效率，因此 SQL Server 提供了一种方法，它可以将一些固定的操作集中由 SQL Server 数据库服务器来完成，以实现某个特定的任务，这种方法就是存储过程。所以存储过程是一段在服务器上执行的程序，它在服务器端对数据库记录进行处理，再把结果返回到客户端，通过存储过程，一方面可以充分利用服务器端的速度和计算能力，另一方面避免把大量的数据从服务器端下载到客户端，从而减少网络的数据流量，服务器端只需返回计算结果给客户端即可。因此，对于客户端来说，可以不必关心后台数据结构的变化。

存储过程是 SQL 语句和可选控制流语句的预编译集合，以一个名称存储并作为一个单元处理。存储过程存储在数据库内，可由应用程序通过一个调用执行，而且允许用户声明变量、有条件执行以及其他强大的编程功能。存储过程可包含程序流、逻辑以及对数据库的查询。它们可以接受参数、输出参数、返回单个或多个结果集以及返回值。 可以出于任何使用 SQL 语句的目的来使用存储过程。使用存储过程有以下优点:

① 可以在单个存储过程中执行一系列 SQL 语句。

② 可以从自己的存储过程中引用其他存储过程，这可以简化一系列复杂语句。

③ 存储过程在创建时即在服务器上进行编译，所以执行起来比单个 SQL 语句快。

存储过程可以分为两类：即系统存储过程和用户自定义的存储过程。

SQL Server 提供了大量的系统存储过程，用于管理 SQL Server 并显示有关数据库和用户的信息。系统存储过程主要存储在 master 数据库中并以 sp_为前缀，它主要是从系统表中获得信息，尽管这些系统存储过程放在 master 库中，但是仍然可以在其他数据库中调用，调用前不必在存储过程名前加上数据库名，当一个数据库被建立后，一些系统存储过程会被自动建立。

用户自定义的存储过程则是由用户创建并能完成某一特定功能的存储过程。

6.3.1 创建存储过程

在 SQL Server 2000 中，可以用 3 种方法来创建存储过程：使用企业管理器、使用 T-SQL 语言和使用向导。在此仅介绍后两种创建存储过程的方法。

1. 使用 T-SQL 语言创建存储过程

存储过程定义包含 3 个主要组成部分：过程名称及其参数的说明，以及过程的主体（其中包含执行过程操作的 T-SQL 语句）。

使用 T-SQL 语言创建存储过程的命令是：CREATE PROCEDURE。

其基本语法格式如下：

```
CREATE  PROCEDURE  procedure_name
AS sql_statement [ ...n ]
```

主要参数说明如下：

① procedure_name：新存储过程的名称。过程名必须符合标识符规则，且对于数据库及其所有者必须唯一。

② AS：指定过程要执行的操作。

③ sql_statement：过程中要包含的任意数目和类型的 T-SQL 语句，但有一些限制。

④ n：是表示此过程可以包含多条 T-SQL 语句的占位符。

创建存储过程时应注意以下几点：

① 不能将 CREATE PROCEDURE 语句与其他 SQL 语句组合到单个批处理中。

② 创建存储过程的权限默认属于数据库所有者，该所有者可将此权限授予其他用户。

③ 存储过程是数据库对象，其名称必须遵守标识符规则。

④ 只能在当前数据库中创建存储过程。

【例 6.13】为“读者”表创建一个名为“读者存储过程”的存储过程，用于返回年龄不小于22岁的记录，并按年龄的大小进行降序排列。

程序代码如下：

```
CREATE PROCEDURE 读者存储过程
AS
    SELECT * FROM 读者
    WHERE 年龄>=22
    ORDER BY 年龄 DESC
GO
EXEC  读者存储过程
```

在查询分析器中输入并运行该程序，程序运行结果如图 6-30 所示。

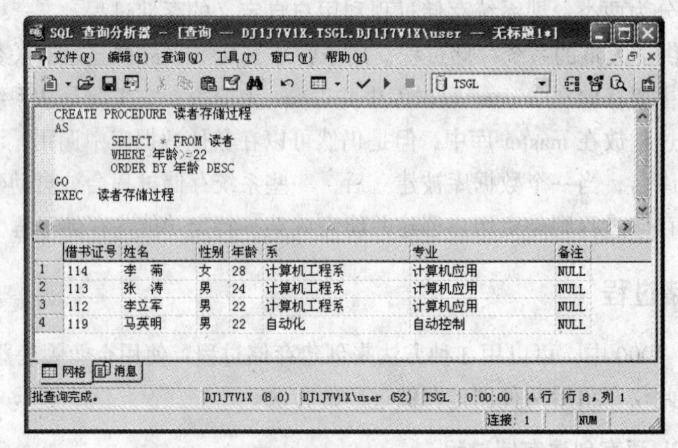

图 6-30 使用 SQL 语句创建存储过程

说明：程序中 EXEC 是调用存储过程的关键字。

存储过程也可以在 INSERT 语句中执行，即 SQL Server 将存储过程中 SELECT 语句的返回结果集加载到新表中。

【例 6.14】例 6.13 创建了一个存储过程“读者存储过程”，用于返回年龄不小于 22 岁的记录，并按降序排列。先新建一个表，表名为“读者新表”，把例 6.13 返回的结果集存入新表中。

程序代码如下：

```
--创建读者新表
CREATE TABLE 读者新表(
        借书证号 int NOT NULL ,
    姓名 char (10) NOT NULL ,
        性别 char (2) NULL ,
        年龄 int NULL ,
    系   char (20) NULL ,
    专业 char (20) NULL ,
    备注 varchar (100) NULL
        )
        --将读者存储过程记录插入读者新表中
INSERT INTO 读者新表
EXEC 读者存储过程
```

```
GO
--查看结果
SELECT * FROM 读者新表
```

在查询分析器中输入并运行该程序，程序运行结果如图 6-31 所示。

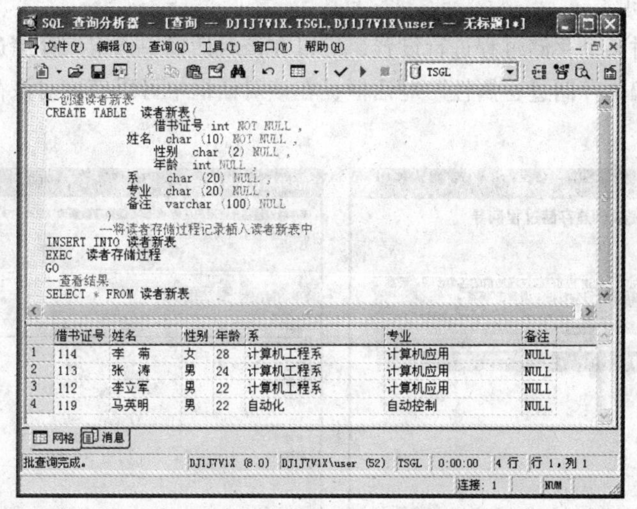

图 6-31　使用 INSERT 语句执行存储过程

2. 使用向导创建存储过程

使用向导创建存储过程的具体步骤如下：

（1）在企业管理器中，展开指定的数据库和表，在工具栏中打开“工具”菜单，选择“向导”中的“创建存储过程向导”命令，则会出现“欢迎使用创建存储过程向导”对话框，如图 6-32 所示。

（2）单击“下一步”按钮，将会出现“选择数据库”对话框，在该对话框中选择创建存储过程所使用的数据库。并单击“下一步”按钮，则会出现“选择存储过程”对话框，如图 6-33 所示，在该对话框中，列出了所有可以选择的表和对表的操作（删除、修改和更新），例如要对“读者”表进行插入操作，则选中“读者”表后面的“插入”复选框。

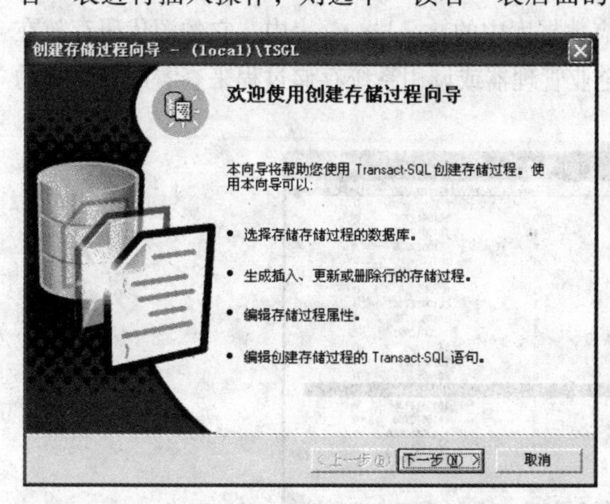

图 6-32　“欢迎使用创建存储过程向导”对话框

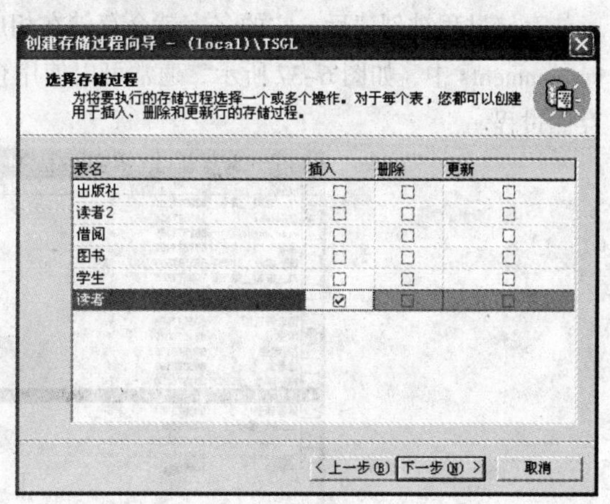

图 6-33　“选择存储过程”对话框

（3）单击“下一步”按钮，将会出现“正在完成创建存储过程向导”对话框，如图 6-34 所示，对话框中显示新创建的存储过程的名称和描述，单击“完成”按钮，即可完成存储过程的创建操作；单击“取消”按钮可以取消本次所创建的存储过程；单击“编辑”按钮，可以编辑创建存储过程的 SQL 语句。

（4）如果需要对某个存储过程进行设置，可以在该对话框中选定该存储过程，然后单击“编辑”按钮，打开“编辑存储过程属性”对话框，在该对话框中可以完成对该存储过程的设置，如图 6-35 所示。

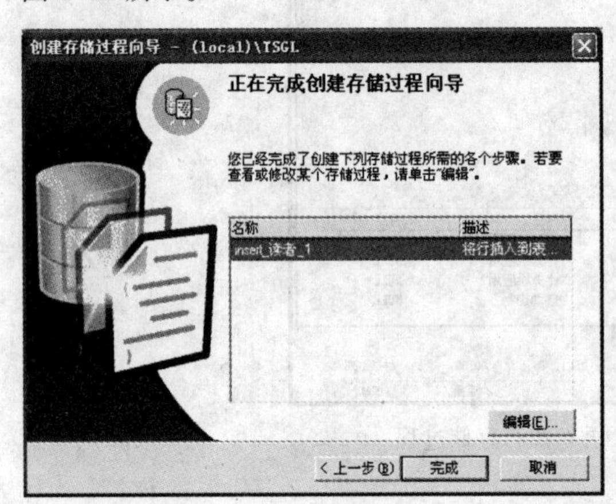

图 6-34 “正在完成创建存储过程向导”对话框

图 6-35 “编辑存储过程属性”对话框

（5）完成存储过程设置后，返回“正在完成创建存储过程向导”对话框，单击“完成”按钮，即可完成存储过程的创建，如图 6-36 所示，并且由数据库的存储过程中可以看到新创建的存储过程。

图 6-36 完成创建存储过程向导

6.3.2 查看、修改和删除存储过程

1. 查看存储过程

存储过程被创建后，它的名字就会存储在相应数据库中的 sysobjects 表中，它的源代码存放在 syscomments 中，如图 6-37 所示，通常可以使用企业管理器或调用系统存储过程来查看用户创建的存储过程。

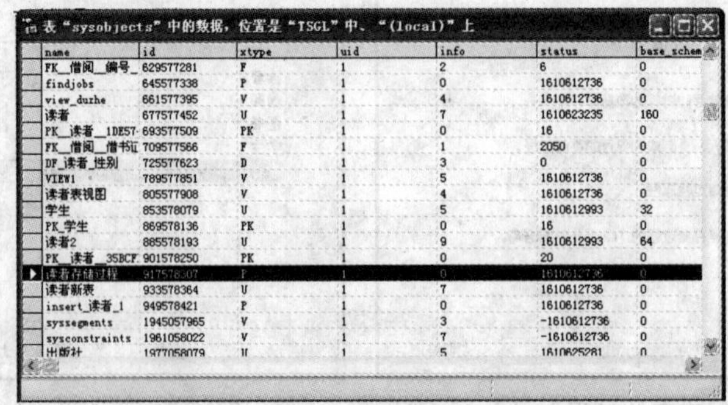

name	id	xtype	uid	info	status	base_schem
FK__借阅__编号_	629577281	F	1	2	6	0
findjobs	645577338	P	1	0	1610612736	0
view_durhe	661577395	V	1	4	1610612736	0
读者	677577452	U	1	7	1610623235	160
PK__读者__1DE57	693577509	PK	1	0	16	0
FK__借阅__借书证	709577566	F	1	1	2050	0
DF_读者_性别	725577623	D	1	3	0	0
VIEW1	789577851	V	1	5	1610612736	0
读者表视图	805577908	V	1	4	1610612736	0
学生	853578079	U	1	5	1610612993	32
PK_学生	869578136	PK	1	0	16	0
读者2	885578193	U	1	9	1610612993	64
PK__读者__35BCF	901578250	PK	1	0	20	0
读者存储过程	917578307	P	1	0	1610612736	0
读者新表	933578364	U	1	7	1610612736	0
insert_读者_1	949578421	P	1	0	1610612736	0
syssegments	1945057965	V	1	3	-1610612736	0
sysconstraints	1961058022	V	1	7	-1610612736	0
出版社	1977058079	U	1	5	1610625281	0

图 6-37 sysobjects 表中存放的存储过程

（1）使用企业管理器查看用户创建的存储过程

在企业管理器中，展开指定的服务器和数据库，选择要查看存储过程的数据库，打开存储过程对象，在右边的显示窗口中显示了该数据库所有的存储过程。右击要查看的存储过程，从弹出的快捷菜单中选择“属性”命令，如图 6-38 所示，将出现“存储过程属性”对话框，如图 6-39 所示，在该对话框中可以查看指定存储过程的属性及程序源代码。

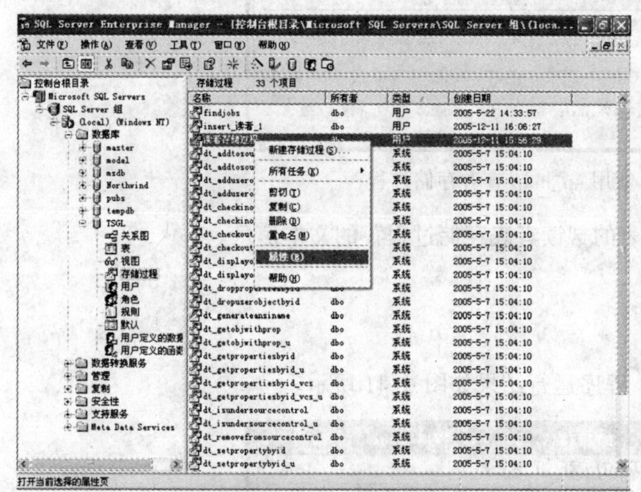

图 6-38　选择“属性”命令

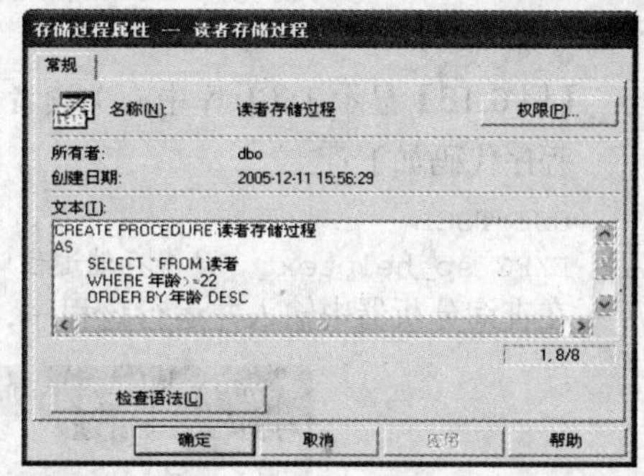

图 6-39　“存储过程属性”对话框

（2）调用系统存储过程来查看用户创建的存储过程

可以查看用户创建的存储过程和系统存储过程是：sp_help 和 sp_helptext。

其基本语法格式一：

```
sp_help [ [ @objname = ] name ]
```

主要参数说明如下：

[@objname =] name ：是 sysobjects 中的任意对象的名称，或者是在 systypes 表中任何用户定义数据类型的名称。name 的数据类型为 nvarchar(776)，默认值为 NULL，不能使用数据库名称。

调用系统存储过程 sp_help 可以查看指定存储过程的相关信息，如：存储过程名、存储过程的所有者、存储过程的类型、创建时间等。

其基本语法格式二：

```
sp_helptext 'name'
```

主要参数说明如下：

name：对象的名称，将显示该对象的定义信息。对象必须在当前数据库中。name 的数据类型为 nvarchar(776)，没有默认值。

调用系统存储过程 sp_helptext 可以查看存储过程的定义（用于创建存储过程的 SQL 语句）。

【例 6.15】显示有关读者表的“读者存储过程”信息。

程序代码如下：

```
USE TSGL
EXEC sp_help 读者存储过程
```

在查询分析器中输入并运行该程序，程序运行结果如图 6-40 所示。

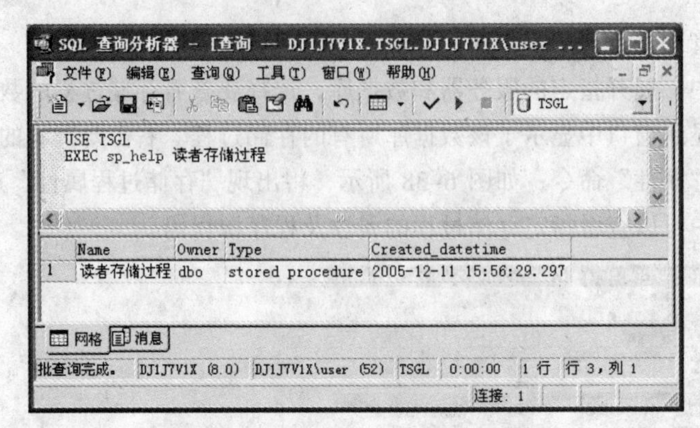

图 6-40 使用 sp_help 查看存储过程

【例 6.16】显示 TSGL 库中有关读者表的“读者表存储过程”的文本信息。

程序代码如下：

```
USE TSGL
EXEC sp_helptext '读者存储过程'
```

在查询分析器中输入并运行该程序，程序运行结果如图 6-41 所示。

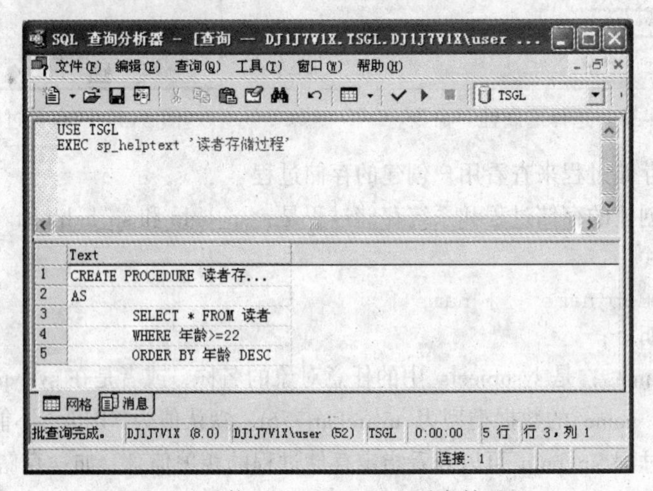

图 6-41 使用 sp_helptext 查看存储过程

2. 修改存储过程

可以使用企业管理器或在查询分析器中使用 T-SQL 语言修改存储过程。

（1）使用企业管理器修改存储过程

在企业管理器中，展开指定的数据库和存储过程对象，在右边的显示窗口中右击要修改的存储过程，从弹出的快捷菜单中选择“属性”命令，则会出现“存储过程属性”对话框，如图 6-39 所示，在该对话框中，可以直接修改定义该存储过程的 SQL 语句，单击“权限”按钮，可以修改用户执行该存储过程的权限。

（2）使用 T-SQL 语言修改存储过程

使用 T-SQL 语言修改存储过程的命令是：ALTER PROCEDURE。

其基本语法格式如下：

```
ALTER PROCEDURE procedure_name
```

```
AS sql_statement [ ...n ]
```

主要参数说明如下：

① procedure_name：是要修改的过程名称。

② AS：过程将要执行的操作。

③ sql_statement：过程中要包含的任意数目和类型的 T-SQL 语句。

④ n：是表示该过程中可以包含多条 T-SQL 语句的占位符。

ALTER PROCEDURE 命令可以修改由 CREATE PROCEDURE 语句所创建的存储过程。

3. 重命名和删除存储过程

（1）重命名存储过程

对存储过程的重新命名可以调用系统存储过程 sp_rename。

其基本语法格式如下：

```
sp_rename 'object_name' , 'new_name'
```

主要参数说明如下：

① 'object_name'：存储过程的当前名称。

② 'new_name'：是指定存储过程的新名称。new_name 必须是名称的一部分，并且要遵循标识符的规则。

【例 6.17】把读者表中的存储过程“读者存储过程”改为“读者存储过程重命名”

程序代码如下：

```
EXEC sp_rename '读者存储过程', '读者存储过程重命名'
```

对存储过程的重命名也可以使用企业管理器来完成，在企业管理器中，右击要更名的存储过程，从弹出的快捷菜单中选择“重命名”命令，就可以实现对存储过程的重新命名。

（2）删除存储过程

在企业管理器中删除存储过程很容易实现，右击要删除的存储过程，从弹出的快捷菜单中选择“删除”命令，将会弹出“除去对象”对话框，如图 6-42 所示。在该对话框中，单击“全部除去”按钮，即可完成删除存储过程的操作。

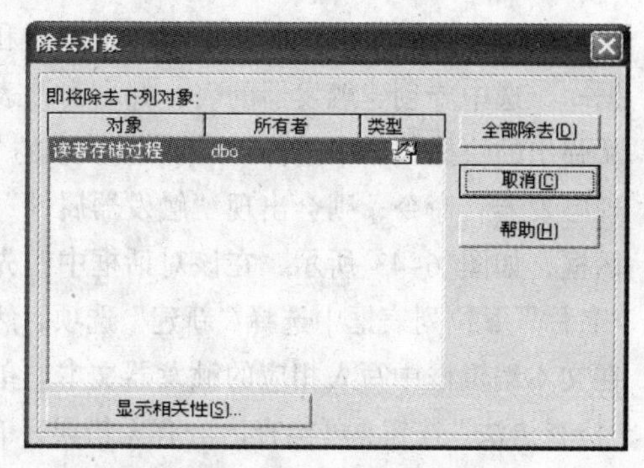

图 6-42 “除去对象”对话框

6.4 创建和管理触发器

触发器是一类特殊的存储过程，但它不等同于存储过程，主要区别在于触发器主要是通过事件进行触发而被执行的，而存储过程则是通过调用存储过程的名称而被执行的，因此当事件发生时触发器由 SQL Server 自动执行，而不能由应用程序调用。

触发器被定义为在对表或视图发出 UPDATE、INSERT 或 DELETE 语句时自动执行。

6.4.1 触发器的作用

触发器在以下作用：

① 触发器可通过数据库中的相关表实现级联更改；不过，通过级联引用完整性约束可以更有效地执行这些更改。

② 触发器可以强制比用 CHECK 约束定义的约束更为复杂的约束。与 CHECK 约束不同，触发器可以引用其他表中的列。

③ 一个表中的多个同类触发器（INSERT、UPDATE 或 DELETE）允许采取多个不同的对策以响应同一个修改语句。

④ 触发器是自动的：它们在对表的数据做任何修改（比如手工输入或者应用程序采取的操作）时将立即被激活。

⑤ 触发器可以通过数据库中的相关表进行层叠更改。这比直接把代码写在前台的做法更安全。例如，可以在 titles 表的 title_id 列上写入一个删除触发器，以使其他表中的各匹配行采取删除操作。该触发器用 title_id 列作为唯一键，在 titleauthor、sales 及 roysched 表中对各匹配行进行定位。

⑥ 触发器可以强制限制，这些限制比用 CHECK 约束所定义的更复杂。与 CHECK 约束不同的是，触发器可以引用其他表中的列。例如，触发器可以回滚试图对价格低于 10 美元的书（存储在 titles 表中）应用折扣（存储在 discounts 表中）的更新。

6.4.2 创建触发器

在 SQL Server 2000 中可以使用企业管理器或在查询分析器中使用 T-SQL 语言创建触发器。

1. 使用企业管理器创建触发器

在企业管理器中，展开指定的服务器和数据库，选中要创建触发器的表，并右击该表，从弹出的快捷菜单中选择“所有任务”中的“管理触发器”命令，则会出现“触发器属性”对话框，如图 6-43 所示，在该对话框中，先在“名称”下拉列表框中选择“新建”选项，然后在文本编辑框中写入相应的触发器文本。单击“检查语法”按钮，可检查语法有无错误；单击“应用”按钮，将创建相关的触发器。单击“确定”按钮，即可关闭“触发器属性”对话框，创建触发器成功。

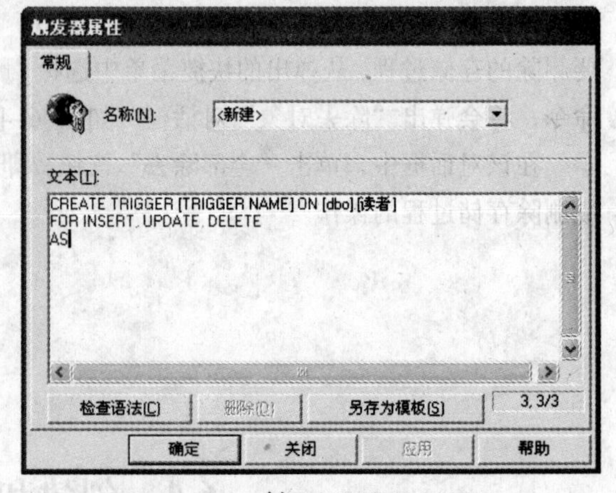

图 6-43 “触发器属性”对话框

2. 使用 T-SQL 语言创建触发器

使用 T-SQL 语言创建触发器的命令是：CREATE TRIGGER。

其基本语法格式如下：

```
CREATE TRIGGER trigger_name
ON { table | view } { FOR | AFTER | INSTEAD OF } { [ INSERT ] [ , ] [ UPDATE ] }
```

```
AS
sql_statement [ ...n ]
```

主要参数说明如下：

① trigger_name：是触发器的名称。触发器名称必须符合标识符规则，并且在数据库中唯一可以选择是否指定触发器所有者名称。

② Table | view：是在其上执行触发器的表或视图，有时称为触发器表或触发器视图。可以选择是否指定表或视图的所有者名称。

③ AFTER：指定触发器只有在触发 SQL 语句中指定的所有操作都已成功执行后才激发。所有的引用级联操作和约束检查也必须成功完成后，才能执行此触发器。如果仅指定 FOR 关键字，则 AFTER 是默认设置。不能在视图上定义 AFTER 触发器。

④ INSTEAD OF：指定执行触发器而不是执行触发 SQL 语句，从而替代触发语句的操作。在表或视图上，每个 INSERT、UPDATE 或 DELETE 语句最多可以定义一个 INSTEAD OF 触发器。然而，可以在每个具有 INSTEAD OF 触发器的视图上定义视图。

⑤ { [DELETE] [,] [INSERT] [,] [UPDATE] }：是指定在表或视图上执行哪些数据修改语句时将激活触发器的关键字，必须至少指定一个选项。在触发器定义中允许使用以任意顺序组合的这些关键字。如果指定的选项多于一个，需用逗号分隔这些选项。对于 INSTEAD OF 触发器，不允许在具有 ON DELETE 级联操作引用关系的表上使用 DELETE 选项。同样，也不允许在具有 ON UPDATE 级联操作引用关系的表上使用 UPDATE 选项。

⑥ AS：是触发器要执行的操作。

⑦ sql_statement：是触发器的条件和操作。触发器条件指定其他准则，以确定 DELETE、INSERT 或 UPDATE 语句是否导致执行触发器操作。当尝试 DELETE、INSERT 或 UPDATE 操作时，T-SQL 语句中指定的触发器操作将生效。

注意：

a. 创建触发器时，如果使用了相同名称的触发器，最后创建的触发器会覆盖前面创建的触发器。

b. 不能为系统表创建用户自定义的触发器。

【例 6.18】在 TSGL 数据库中为“读者”表创建两个触发器，用于通知新读者的加入和老读者的退出，即在插入新记录和删除记录后均发出提示。

程序代码如下：

```
USE TSGL
    GO
    --创建触发器“读者触发器_新读者加入”
CREATE TRIGGER 读者触发器_新读者加入
    ON 读者
AFTER INSERT
    AS
    PRINT '欢迎新读者的加入！'
    GO
--创建触发器“读者触发器_老读者退出”
    CREATE TRIGGER 读者触发器_老读者退出
```

```
    ON 读者
    AFTER DELETE
    AS
    PRINT '谢谢这些年您对我们的支持！'
GO
    SET NOCOUNT ON
  --插入一条新记录测试触发器是否动作
INSERT INTO 读者(借书证号,姓名,性别,备注,年龄)
    VALUES(210001, '陶星', '男', '',25)
--删除一条新记录测试触发器是否动作
    DELETE FROM 读者 WHERE 借书证号=210001
GO
```

在查询分析器中输入并运行该程序，运行结果如图 6-44 所示。

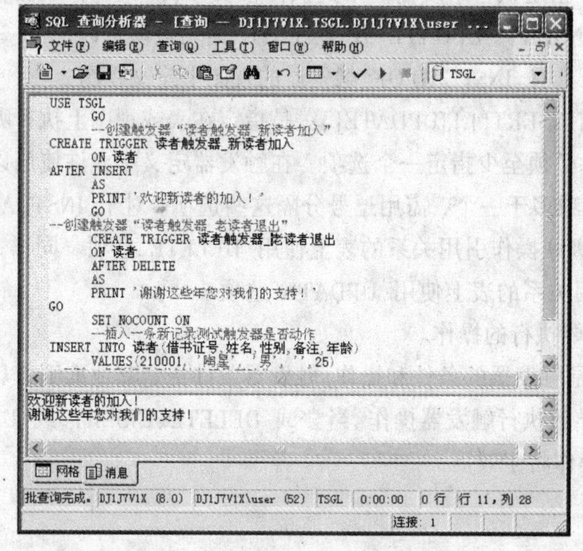

图 6-44　创建触发器运行结果

【例 6.19】为“读者”表创建一个插入、更新、删除类型的触发器，即当读者表发生变化时，发送一封邮件到用户 x.l.meng，发送邮件可调用系统存储过程 xp_sendmail。

程序代码如下：

```
USE TSGL
IF EXISTS (SELECT name FROM sysobjects where name='读者触发器' AND type='TR')
      DROP TRIGGER 读者触发器
GO
CREATE TRIGGER 读者触发器
ON 读者
FOR INSERT,UPDATE
AS
EXEC master..xp_sendmail 'x.l.meng', '数据库已经更改，请注意'
```

在查询分析器中输入并运行该程序，运行结果如图 6-45 所示。

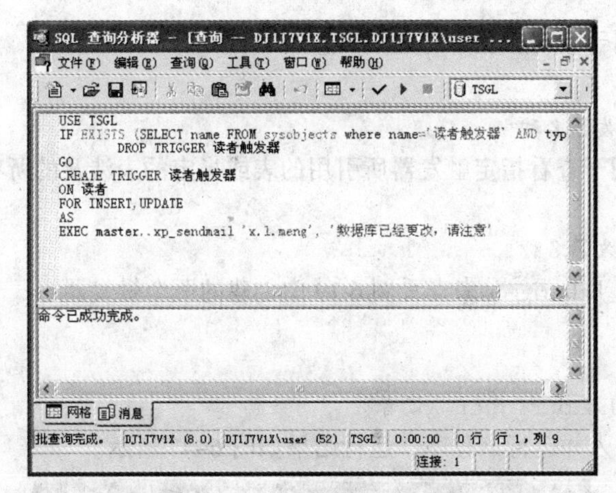

图 6-45　触发器的运行结果

6.4.3　查看、修改和删除触发器

1. 查看触发器

在 SQL Server 2000 中，有很多方法可以查看触发器，最常用的方法是使用企业管理器或调用系统存储过程。

（1）使用企业管理器查看触发器

在企业管理器中，展开指定的服务器和数据库，右击要查看的表，从弹出的快捷菜单中选择“所有任务”中的“管理触发器”命令，则会出现“触发器属性”对话框，如图 6-43 所示。在该对话框中，从名称下拉列表框中选择要查看的触发器名称，就会在文本编辑框中显示相应的 SQL 语句。如果要查看与触发器有依赖关系的其他数据库对象，可以从前边弹出的快捷菜单中选择“所有任务”中的“显示相关性”命令，就会弹出“相关性”对话框，如图 6-46 所示，在该对话框中可以选择要查看的数据库对象名称。左边的列表框中显示的是依附于该对象的其他对象。右边的列表框中显示的是该对象依赖的其他对象。

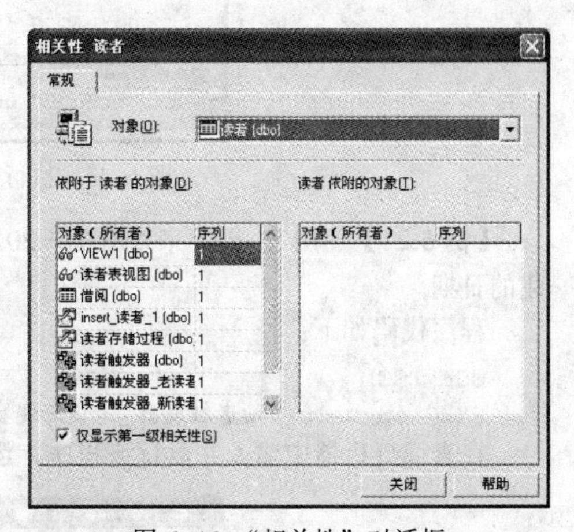

图 6-46　“相关性”对话框

（2）调用系统存储过程查看触发器

查看触发器的系统存储过程主要是：sp_helptrigger、sp_help、sp_helptext、sp_depends 等，它们可以显示指定触发器的不同信息。

① sp_helptrigger：用于查看指定表的触发器类型。

其基本语法格式：

```
sp_helptrigger '表名'
```

② sp_help：用于查看触发器的一般信息。

其基本语法格式：

```
sp_help '触发器名称'
```

③ sp_helptext：用于查看触发器的文本信息。

其基本语法格式：

```
sp_helptext '触发器名称'
```

④ sp_depends：用于查看指定触发器所引用的表或指定的表涉及的所有触发器。

其基本语法格式：

```
sp_helptext '触发器名称'
```

【例 6.20】使用 sp_helptrigger 来查看例 6.19 中创建的两个触发器。

程序代码如下：

```
USE TSGL
    EXEC sp_helptrigger '读者'
```

在查询分析器中输入并运行该程序，运行结果如图 6-47 所示。

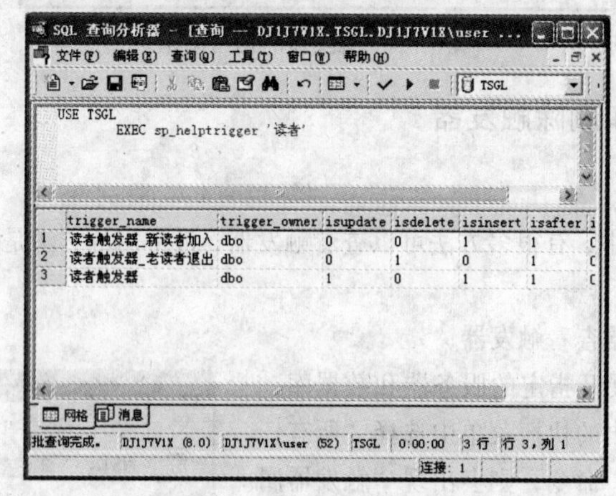

图 6-47　执行系统过程查看表中的触发器

【例 6.21】使用 sp_help 来查看例 6.20 中创建的“读者表触发器_老读者退出”的所有者和创建的日期。

程序代码如下：

```
USE TSGL
EXEC sp_help '读者触发器_老读者退出'
```

在查询分析器中输入并运行该程序，运行结果如图 6-48 所示。

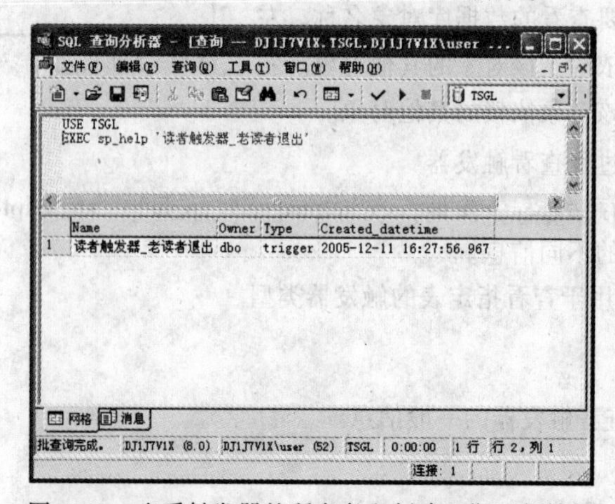

图 6-48　查看触发器的所有者和创建日期运行结果

2. 修改触发器

在 SQL Server 2000 中可以使用企业管理器或在查询分析器中使用 T-SQL 语言修改触发器。

（1）使用企业管理器修改触发器

在企业管理器中，展开指定的服务器和数据库，右击触发器所在的表，从弹出的快捷菜单中选择“所有任务”中的“管理触发器”命令，则会出现“触发器属性”对话框，如图 6-43 所示，在该对话框中，从名称下拉列表框中选择要修改的触发器名称，然后在文本框中修改相应的 SQL 语句，修改后可单击“检查语法”按钮来检查语法是否正确，检查无误后单击“确定”按钮，完成对触发器的修改。

（2）使用 T-SQL 语言修改触发器

使用 T-SQL 语言修改触发器的命令是：ALTER TRIGGER。

其基本语法格式如下：

```
ALTER TRIGGER trigger_name
ON ( table | view )
 ( FOR | AFTER | INSTEAD OF ) { [ DELETE ] [ , ] [ INSERT ] [ , ] [ UPDATE ] }
        [ NOT FOR REPLICATION ]
AS
sql_statement [ ...n ]
```

主要参数说明如下：

① trigger_name：是要更改的现有触发器。

② table|view：是触发器在其上执行的表或视图。

③ AFTER：同创建触发器语句的参数。

④ INSTEAD OF：同创建触发器语句的参数。

⑤ {[DELETE][,][INSERT][,][UPDATE]}|{[INSERT][,][UPDATE]}：同创建触发器语句参数。

⑥ AS：触发器要执行的操作。

⑦ sql_statement：是触发器的条件和操作。

【例 6.22】在 pubs 数据库中创建一个触发器，当用户在表 roysched 中添加或更改数据时，该触发器向客户端打印一条用户定义消息。然后，使用 ALTER TRIGGER 语句使该触发器仅对 INSERT 操作有效。

该触发器有助于提醒向表中插入行或更新行的用户及时通知书的作者和出版商。

程序代码如下：

```
USE pubs
GO
--创建触发器
CREATE TRIGGER royalty_reminder
ON roysched
WITH ENCRYPTION
FOR INSERT, UPDATE
AS RAISERROR (50009, 16, 10)
--更改触发器
GO
ALTER TRIGGER royalty_reminder
ON roysched
```

```
FOR INSERT
AS RAISERROR (50009, 16, 10)
```

消息 50009 是 sysmessages 中的用户定义消息。有关创建用户定义消息的更多信息，可参见系统存储过程 sp_addmessage。

（3）调用系统存储过程修改触发器的名称

修改触发器名称的系统存储过程是：sp_rename。

其基本语法格式如下：

```
sp_rename 'object_name' , 'new_name'
```

主要参数说明如下：

① object_name：是触发器的当前名称。

② new_name：是指定对象的新名称。

【例 6.23】对“读者”表上的触发器进行重命名，改为“读者触发器新名”。

程序代码如下：

```
USE TSGL
EXEC sp_rename '读者触发器', '读者表触发器新名'
```

在查询分析器中输入并运行该程序，将修改触发器名。

3. 删除触发器

只有触发器的所有者才有权删除触发器。删除已创建的触发器有以下 3 种方法：

（1）使用企业管理器删除触发器

在企业管理器中，展开指定的服务器、数据库和表对象，右击要删除触发器的表，从弹出的快捷菜单中选择“所有任务”中的“管理触发器”命令，将出现“触发器属性”对话框，如图 6-43 所示，在该对话框中，从名称下拉列表框中选择要删除的触发器，然后单击“删除”按钮即可删除该触发器。

（2）使用 T-SQL 语言删除触发器

使用 T-SQL 语言删除指定触发器的命令是：DROP TRIGGER。

其基本语法格式如下：

```
DROP TRIGGER { trigger } [ ,...n ]
```

主要参数说明如下：

① trigger：是要删除的触发器名称。触发器名称必须符合标识符规则。可以选择是否指定触发器所有者名称。

② n ：是表示可以指定多个触发器的占位符。

（3）删除触发器所在的表将删除触发器

删除触发器所在的表后与该表相关的触发器也将被删除。

6.5 创建和管理关系图

关系图是 SQL Server 2000 中一种特殊的数据库对象，关系图可以直观地反映数据库表之间的关联，使用关系图还可以直观地管理数据库表。

对于任何数据库都可以创建任意多个数据库关系图；每个数据库表可出现在任意多个关系图

上。因此，可以创建不同的关系图使数据库的不同部分可视化，或强调设计的不同方面。例如，可以创建显示所有表和列的大关系图，也可以创建显示所有表，但不显示列的小关系图。

创建的每个数据库关系图都存储在关联的数据库中。

1. 创建关系图

在 SQL Server 2000 中可以使用企业管理器创建关系图。

（1）在企业管理器中，展开指定的服务器和数据库，右击要创建关系图的数据库，从弹出的快捷菜单中选择“新建”中的“数据库关系图”命令，如图 6-49 所示，将出现“欢迎使用创建数据库关系图向导”对话框，如图 6-50 所示。也可以展开要创建关系图的数据库，右击关系图对象，从弹出的快捷菜单中选择“新建数据库关系图”命令，进入“欢迎使用创建数据库关系图向导”对话框。

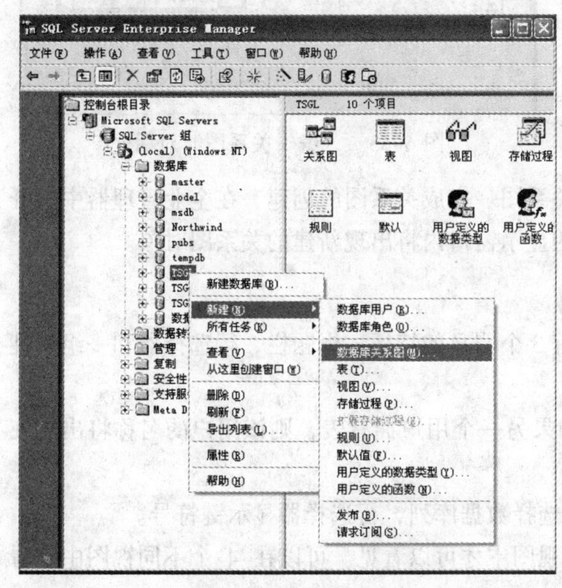

图 6-49　用企业管理器创建数据库关系图

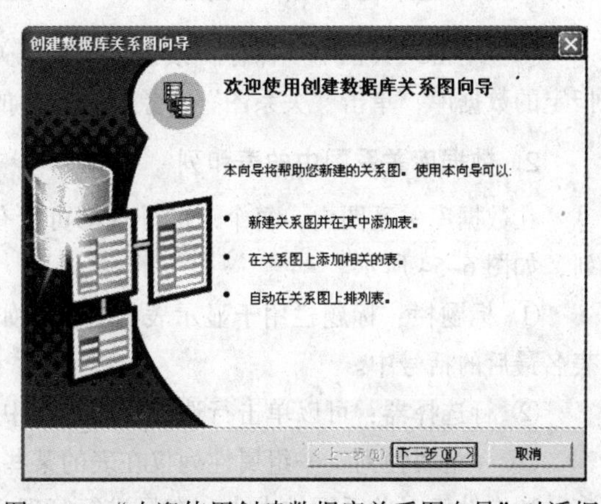

图 6-50　“欢迎使用创建数据库关系图向导”对话框

（2）在“欢迎使用创建数据库关系图向导”对话框中，单击“下一步”按钮将出现“选择要添加的表”对话框，如图 6-51 所示。在该对话框中，在左窗口选择相关的表，单击“添加”按钮将选择的表添加到右侧列表框中，如果选择“自动添加相关的表”复选框，当添加一个表到右侧列表框窗口时，系统会自动将与它有关联的表添加到右侧列表框里。

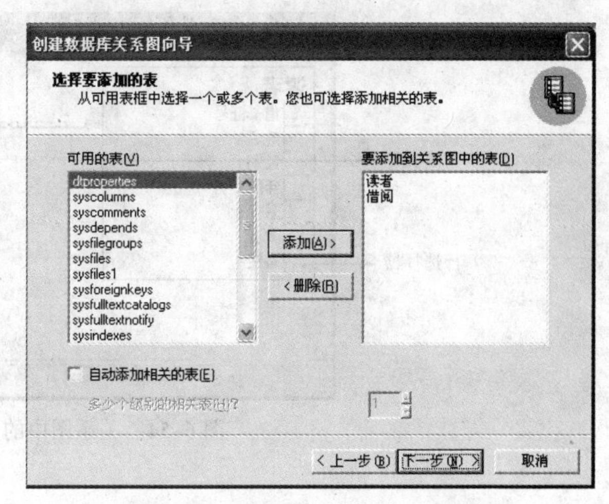

图 6-51　“选择要添加的表”对话框

（3）完成添加表的选择，单击“下一步”按钮将出现“正在完成数据库关系图向导”对话框，如图 6-52 所示，对话框中显示将用于创建关系图的相关表名，单击“完成”按钮，就会出现“编辑关系图”对话框。在“编辑关系图”对话框中，只需从主表中选择关键字段，然后在按住鼠标右键的同时拖动鼠标，将其移动到从表的相应字段，松开鼠标右键即建立了两个表的关联，如图 6-53 所示。

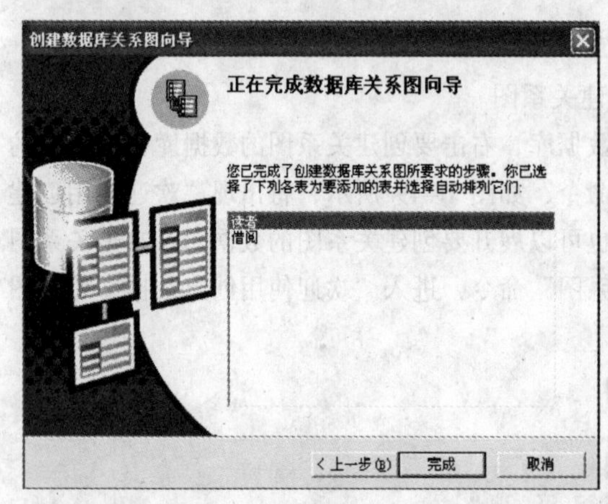

图 6-52 “正在完成数据库关系图向导”对话框

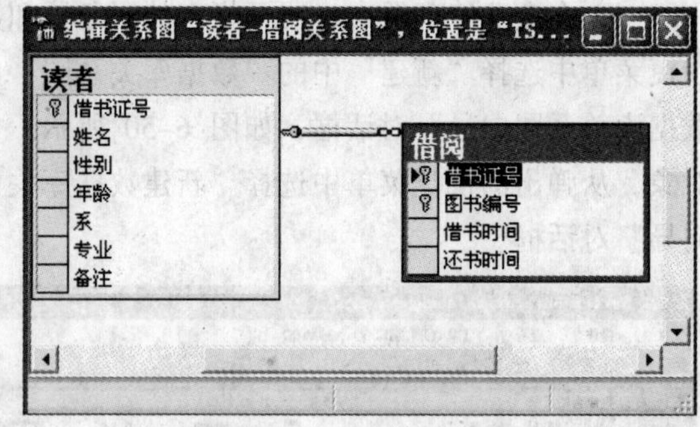

图 6-53 “编辑关系图”对话框

（4）单击工具栏中“保存”按钮，保存该关系图。完成关系图的创建。在企业管理器中展开指定的数据库，单击“关系图”对象，在右面的显示窗口内将出现新建的关系图对象。

2．数据库关系图中的表和列

在数据库关系图内，每个表的外观都可能有 3 个明显的特征：标题栏、行选择器和一组属性列，如图 6-54 所示。

① 标题栏：标题栏用于显示表的名称。如果另一个用户拥有表，则该用户的名称将出现在表名最后的括号中。

② 行选择器：可以单击行选择器以在表中选择数据库列，行选择器显示键符号。

③ 一组属性列：一组属性列仅在表的某些视图中才可以看见。可以在 4 个不同视图中查看表，这有助于对关系图的大小和布局进行管理。

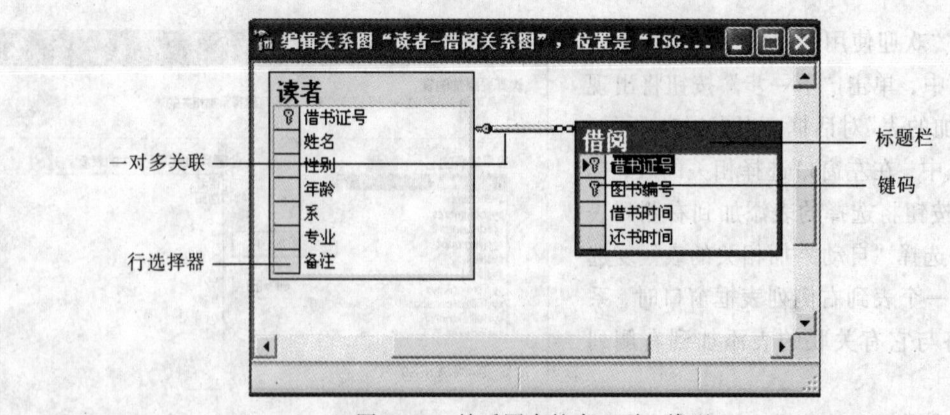

图 6-54 关系图中的表、列、线型

3．数据库关系图中的关系

在数据库关系图内，每个关系的外观可能有3个明显的特征：终结点、线型和相关表。

① 终结点：线的终结点表示关系是一对一还是一对多。如果关系在每个终结点都有一个键，则是一对一关系。如果关系在一个终结点有一个键，在另一个终结点有一个“8”字形，则是一对多关系。

② 线型：线本身(不是其终结点)表示在将新数据添加到外键表时数据库管理系统（DBMS）是否强制关系的引用完整性。如果为实线，则在外键表中添加行或修改行时DBMS 将强制关系的引用完整性。如果为虚线，则在外键表中添加行或修改行时DBMS不强制关系的引用完整性。

③ 相关表：关系线表示一个表和另一个表之间存在外键关系。对于一对多关系，外键表是线的“8”字形符号这一侧的表。如果线的两个终结点附加在同一表上，则关系为自反关系。

本 章 小 结

本章详细介绍了SQL Server的索引、视图、存储过程、触发器、关系图等数据库对象，这些对象都有各自的特点。首先，讲述了索引的基本概念和类型，介绍了创建索引的各种方法以及建立索引时应该考虑的因素。当使用多种检索方式搜索信息时，应当创建复合索引。在实际应用中，创建表和创建表上的索引的重要性是相同的。

本章还介绍了视图的概念以及如何创建视图。视图是从一个或多个基表导出的表，视图和表有许多相同的行为，但是它们又是数据库中的两个不同的对象，修改视图中数据时，间接地修改了表中的数据。视图是数据库应用中使用频繁的对象，特别是可以利用视图实现对基表数据的安全控制，应该十分重视视图的创建和使用。

存储过程是一段在服务器上执行的程序，它在服务器端对数据库记录进行处理，再把结果返回到客户端，通过存储过程可以充分地利用服务器端的速度和计算能力，可以减少网络的数据流量，同时存储过程封装了操作的复杂性，有效地提高程序开发人员的开发效率，提高应用程序的质量。因此，要很好地理解在应用程序中调用系统的存储过程或创建用户需要的存储过程的必要性，同时要熟练地掌握创建存储过程的方法。

本章还介绍了创建功能强大、使用方便的触发器技术。触发器也是应用程序开发过程中的一项关键技术。在实际应用系统开发过程中，使用触发器，可以完成许多自动化的智能操作，应熟练地掌握创建和管理触发器的技术。

关系图是SQL Server 2000中一种特殊的数据库对象，它可以形象、直观地反映数据库表与表之间的关联，使用关系图可以直观、有效地管理数据库中的表。

思考与练习

一、简答题

1. 什么是索引？索引的优、缺点是什么？
2. 索引是否越多越好？
3. 简述聚集索引和非聚集索引的特征。

4. 如何创建索引？
5. 视图的作用是什么？简述如何创建视图。
6. 能否通过视图修改表中的数据？
7. 什么是存储过程？为什么使用存储过程？
8. 简述使用“创建存储过程向导”的创建过程。
9. 什么是触发器？触发器有哪些作用？
10. 触发器与存储过程在功能和使用上有什么不同？
11. 简述如何创建触发器。
12. 关系图在数据库的管理和应用中有哪些作用？

二、上机操作

1. 创建一个名为 XSBandKCB 视图，显示 XSB 表（学生表）中的学号、姓名、所在系字段和 KCB 表（课程表）中的课程编号、课程名编号、课程名称以及 CJB 表（成绩表）中的成绩字段，并限制 CJB 表中的记录只能是成绩不小于 60 的记录。
2. 为 XSB 表创建一个复合索引，索引字段为姓名和系。
3. 为 XSB 表创建一个插入记录的存储过程。
4. 为 CJB 表创建一个插入触发器，将插入数据中学号在 XSB 表中不存在的记录从插入行中删除。
5. 为 XSB、KCB 和 CJB 表创建关系图。

第 7 章 数据库中表的高级查询操作

学习目标

☑ 掌握限定条件的查询方法。

☑ 掌握 GROUP BY 子句的使用方法。

☑ 掌握 ORDER BY 子句和聚合函数的使用方法。

☑ 掌握 UNION 运算符的使用方法。

在 T-SQL 语言中，SELECT 语句是一个功能非常强大的语句，理解并掌握它的功能需要进行认真地分析和运用，本章将重点介绍如何灵活运用 SELECT 语句实现数据库的复杂查询。

7.1 限定条件的查询

SELECT 语句中的 WHERE 子句是用来控制结果集的记录构成。可以在 WHERE 子句中指定一系列查询条件，而只有这些满足条件的记录集才可以用来构造结果集。

WHERE 子句中的查询或限定条件如下：

① 比较运算符（如=、< >、<或>）。

② 范围说明（BETWEEN 和 NOT BETWEEN）。

③ 可选值列表（IN、NOT IN）。

④ 模式匹配（LIKE 和 NOT LIKE）。

⑤ 上述条件的逻辑组合（AND 、OR 和 NOT）。

1. 比较查询条件

比较查询条件的表达式由比较的双方和比较运算符组成。系统将根据查询条件的真假来决定某一条记录是否满足该查询条件，最后满足该查询条件的记录才会出现在最终的结果集中。注意：text、ntext 和 image 数据类型不能同比较运算符组合成查询条件。

【例 7.1】在“读者”表中检索年龄不大于 20 岁的读者姓名。

程序代码如下：

```
USE TSGL
SELECT 姓名
```

```
FROM 读者
WHERE 年龄<=20
```

2．范围查询条件

如果需要返回某一字段的值介于两个指定值之间的所有记录，那么可以使用范围查询条件进行检索。通常使用 BETWEEN…AND…来指定所含的范围条件。

【例 7.2】在“读者”表中检索年龄在 20～25 岁之间的读者姓名。

程序代码如下：

```
USE TSGL
SELECT 姓名,年龄 FROM 读者
WHERE 年龄
BETWEEN 20 AND 25
```

注意：上述查询将同时返回年龄等于 20 或 25 的读者姓名。如果不希望返回年龄等于 20 或 25 的读者姓名。则可以使用下列语句。

```
USE TSGL
SELECT 姓名,年龄
FROM 读者
WHERE 年龄 >20 AND 年龄<25
```

【例 7.3】在“读者”表中检索年龄不在 20～25 岁之间的读者姓名。

程序代码如下：

```
USE TSGL
SELECT 姓名,年龄
FROM 读者
WHERE 年龄 NOT BETWEEN 20 AND 25
```

在查询分析器中输入并运行该程序，运行结果如图 7-1 所示。

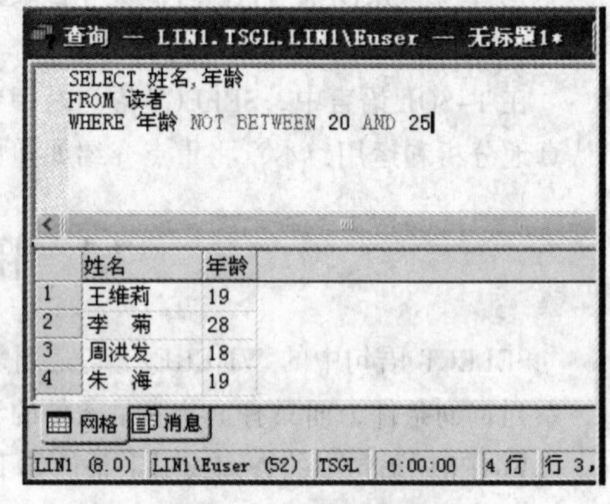

图 7-1 程序运行结果

当然上述查询将不会返回年龄等于 20 或 25 的读者姓名，也可以使用下列程序代码：

```
USE TSGL
SELECT 姓名,年龄
FROM 读者
WHERE 年龄 >25 OR 年龄<20
```

3．列表查询条件

包含列表查询条件的查询将返回所有与列表中任意一个值匹配的记录，通常使用 IN 关键字（包含）来指定列表查询条件。列表中的项目之间必须使用逗号分隔。

【例 7.4】在“读者”表检索专业是计算机应用或自动控制的读者姓名。

程序代码如下：

```
USE TSGL
SELECT 姓名,专业
FROM 读者
```

```
WHERE 专业 IN('计算机应用', '自动控制')
```

也可以不使用 IN 关键字进行查询，如：

```
USE TSGL
SELECT 姓名,专业
FROM 读者
WHERE 专业 = '计算机应用' OR 专业 = '自动控制'
```

4. 模式查询条件

模式查询条件通常用来返回符合某种格式的所有记录，可以使用 LIKE 或 NOT LIKE 关键字来指定模式查询条件。LIKE 关键字使用通配符来表示字符串需要的匹配模式，如表 7-1 所示。

表 7-1　通配符及其含义

通　配　符	含　　义
%	由零个或者更多字符组成的任意字符串
_	任意单个字符
[]	用于指定范围，例如[a-h]，表示 a～h 范围内的任何单个字符
[^]	用于指定范围，例如[^a-h]，表示 a～h 范围以外的任何单个字符

LIKE 关键字的使用格式举例如表 7-2 所示。

表 7-2 LIKE 关键字的使用格式举例

LIKE 格式	检　索　范　围
LIKE 'Me%'	查询以字母 Me 开头的所有字符串（如 Mengyue）
LIKEe '%ing'	查询以字母 ing 结尾的所有字符串（如 ming、string）
LIKE '%en%'	将查询在任何位置包含字母 en 的所有字符串（如 meng、green）
LIKE '_engyue'	将查询以字母 engyue 结尾的所有 7 个字母的名称（如 mengyue）
LIKE ' [B-K]ing'	将查询以字符串 ing 结尾，以从 B～K 任何字母开头的所有名称
LIKE 'M[^d]% '	将查询以字母 M 开头，并且第 2 个字母不是 d 的所有名称

【例 7.5】在“读者”表中检索专业以“计算机”开头的读者姓名。

程序代码如下:

```
USE TSGL
SELECT 姓名,专业
FROM 读者
WHERE 专业 LIKE '计算机%'
```

5. 逻辑运算符

除了前面已经提到的查询条件外，还需要使用逻辑运算符才能组成完整的查询条件。逻辑运算符有 AND、OR、NOT。其中，AND、OR 用于连接 WHERE 语句中的查询条件，NOT 用于反转查询条件的结果。

【例 7.6】在“读者”表中检索专业以“计算机”开头并且性别为男的读者姓名。

程序代码如下:

```
USE TSGL
SELECT 姓名,专业
```

```
FROM 读者
WHERE 专业 Like '计算机%'  AND  性别='男'
```

7.2 使用 GROUP BY 子句的查询

GROUP BY 子句的主要作用是可以将数据记录设置的条件分成多个组，而且只有使用了 GROUP BY 子句，SELECT 子句中所使用的聚合函数才会起作用。GROUP BY 子句关键字后面将跟着用于分组的字段名称列表，这个列表将决定查询结果集分组的依据和顺序。在最终的结果集中，分组列表包含字段的每个非重复值只存在一条记录。

【例 7.7】在“读者”表中检索每个专业的平均年龄。

程序代码如下:

```
USE TSGL
SELECT 专业, AVG(年龄) AS  平均年龄
FROM 读者
GROUP BY 专业
```

在查询分析器中输入并运行该程序，运行结果如图 7-2 所示。

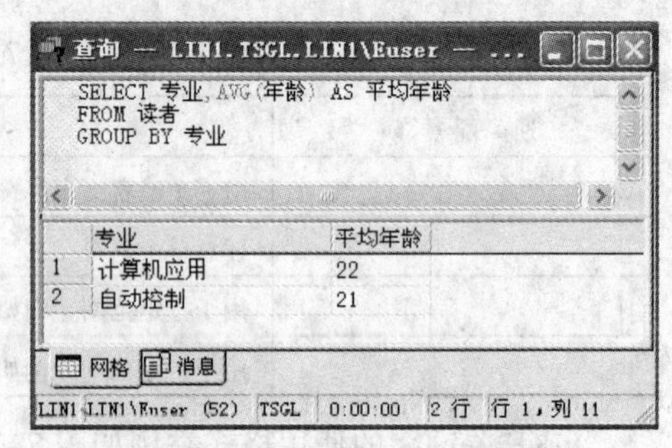

图 7–2 程序运行结果

也可以在 GROUP BY 关键字后使用多个字段名称作为分组字段，这样系统将根据这些字段的先后顺序，对结果集进行更加详细的分组。

【例 7.8】在“读者”表中检索每个专业的男生和女生的平均年龄。

程序代码如下:

```
USE TSGL
SELECT 专业,性别,AVG(年龄)AS 平均年龄
FROM 读者
GROUP BY 专业,性别
```

在查询分析器中输入并运行该程序，运行结果如图 7-3 所示。

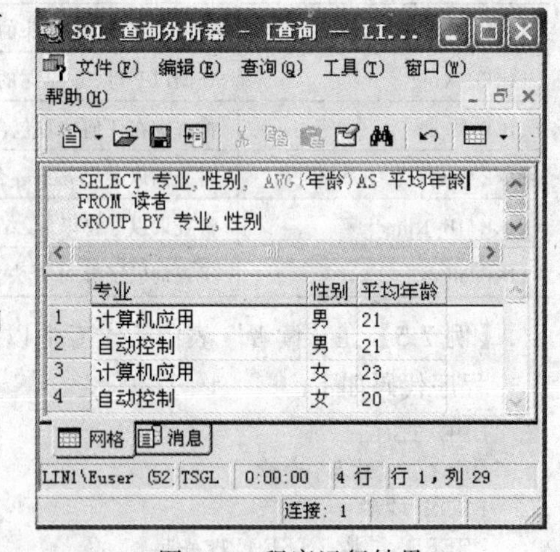

图 7–3 程序运行结果

7.3 使用聚合函数的查询

聚合函数包括 SUM、AVG、COUNT、COUNT(*)、MAX、MIN。它们的作用是在查询结果集中生成汇总值。除了 COUNT(*)外，其他汇总函数都处理单个字段中全部符合条件的值以生成一个结果集。这些汇总函数都可以应用于数据表中的所有记录，汇总函数的语法及其功能如表 7-3 所示。

表 7-3

函数语法说明	功　　能
SUM(表达式)	返回数值表达式中所有值的和
AVG(表达式)	返回数值表达式中所有值的平均值
COUNT(表达式)	返回数值表达式中值的个数
COUNT(*)	返回选定的行数
MAX(表达式)	返回表达式中的最大值
MIN(表达式)	返回表达式中的最小值

7.3.1　SUM 函数

聚合函数 SUM 的功能是返回数值表达式中所有值的和。用来求和的表达式通常是字段名称或包含字段名称的表达式。

使用 SUM 函数时，应注意以下几点：

① 运算时，SUM 将忽略求和对象中的空值。

② 可以同时使用 DISTINCT 关键字，以便在求和之前去掉重复值。

③ SUM 函数只能对数值类型的字段使用。

【例 7.9】在“图书”表中，以分类号检索各类书籍的单价总和。

程序代码如下：

```
USE TSGL
SELECT 分类号,SUM(单价) AS 单价总和
FROM 图书
GROUP BY 分类号
```

在查询分析器中输入并运行该程序，运行结果如图 7-4 所示。

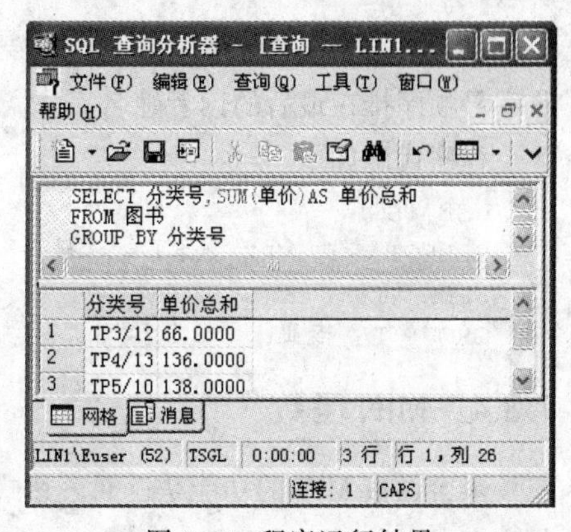

图 7-4　程序运行结果

7.3.2　AVG 函数

聚合函数 AVG 的功能是返回组中值的平均值。用来求平均值的表达式，通常是字段名称或包含字段名称的表达式。

使用 AVG 函数时，应注意以下几点：

① 运算时，AVG 将忽略运算对象中的空值。

② 可以同时使用 DISTINCT 关键字，以便在运算之前去掉重复值。

③ AVG 函数只能对数值类型的字段使用。

【例 7.10】在“图书”表中，按分类号检索各类图书的单价平均值。

程序代码如下：

```
USE TSGL
SELECT 分类号,AVG(单价) AS 平均单价
FROM 图书
GROUP BY 分类号
```

7.3.3 MAX 函数

聚合函数 MAX 的功能是返回表达式中最高值。用来选取最高值的表达式通常是字段名称或包含字段名称的表达式。

除了可以从数值类型的字段中选取最大值外，MAX 函数另外一个常用的功能是从字符类型的字段中选取最大值。

使用 MAX 函数时，应注意以下两点：

① 运算时，MAX 将忽略运算对象中的空值。

② 不能使用 MAX 函数从 bit、text、image 数据类型的字段中选取最大值。

【例 7.11】在“读者”表中，按性别查找年龄最大的值。

程序代码如下：

```
USE TSGL
SELECT 性别,MAX(年龄) AS 最大年龄
FROM 读者
GROUP BY 性别
```

在查询分析器中输入并运行该程序，运行结果如图 7-5 所示。

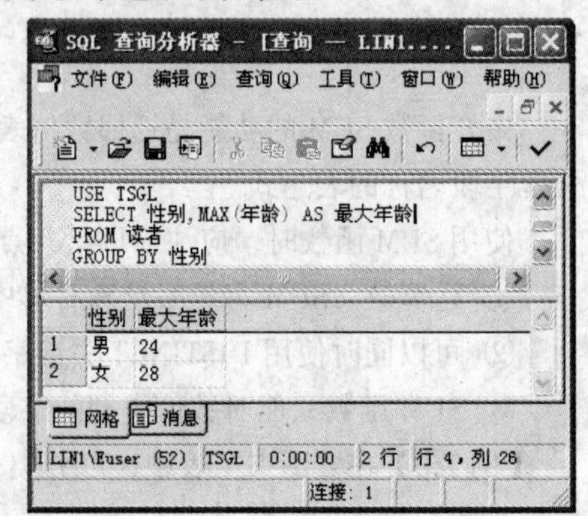

图 7-5 程序运行结果

【例 7.12】在“读者”表中，按专业检索出姓名按照字母顺序排在最后的读者姓名。

程序代码如下。

```
USE TSGL
SELECT 专业,MAX(姓名) as 姓名
FROM 读者
GROUP BY 专业
```

7.3.4 MIN 函数

聚合函数 MIN 的功能是返回表达式中的最小值。用来选取最小值的表达式通常是字段名称或包含字段名称的表达式。

除了可以从数值类型的字段中选取最小值外，MIN 函数另外一个常用的功能是从字符类型的字段中选取最小值。

使用 MIN 函数时，应注意以下两点：

① 运算时，MIN 将忽略运算对象中的空值。

② 不能使用 MIN 函数从 bit、text、image 数据类型的字段中选取最小值。

【例 7.13】在“图书”表中，按书名检索图书中单价最小的记录。

程序代码如下：

```
USE TSGL
SELECT 书名,MIN(单价) as 最小单价
FROM 图书
GROUP BY 书名
```

【例 7.14】在“读者”表中，按专业检索姓名按照字母顺序排在最前边的读者姓名。

程序代码如下:

```
USE TSGL
SELECT 专业,MIN(姓名) as 姓名
FROM 读者
GROUP BY 专业
```

7.3.5　COUNT 函数和 COUNT(*)函数

聚合函数 COUNT 的功能是返回表达式中值的个数，其表达式通常是字段名称。

聚合函数 COUNT(*)的功能是返回符合条件的记录条数。

这两个函数的主要区别如下：

① COUNT 函数将忽略对象中的空值，而 COUNT(*)函数则将所有符合条件的记录都计算在内。

② 使用 COUNT 函数可以同时使用可选关键字 DISTINCT 去掉重复值，而使用 COUNT(*)函数时则不可以。

③ 不能使用 COUNT 函数来计算定义为 text 和 image 数据类型的字段个数，但是可以使用 COUNT(*)函数。

【例 7.15】在“借阅”表中，检索出借书时间在 2003 年 12 月 1 日之前的所有记录。

程序代码如下:

```
USE TSGL
SELECT COUNT(*) AS 记录数
FROM 借阅
WHERE  借书时间 <= '12/1/2003'
```

【例 7.16】在“借阅”表中，检索出借阅时间在 2003 年 12 月 1 日之前的读者人数。

具体代码如下:

```
USE TSGL
SELECT  COUNT(DISTINCT 借书证号) AS 读者数
FROM 借阅
WHERE  借书时间<='12/1/2003'
```

在查询分析器中输入并运行该程序，运行结果如图 7-6 所示。

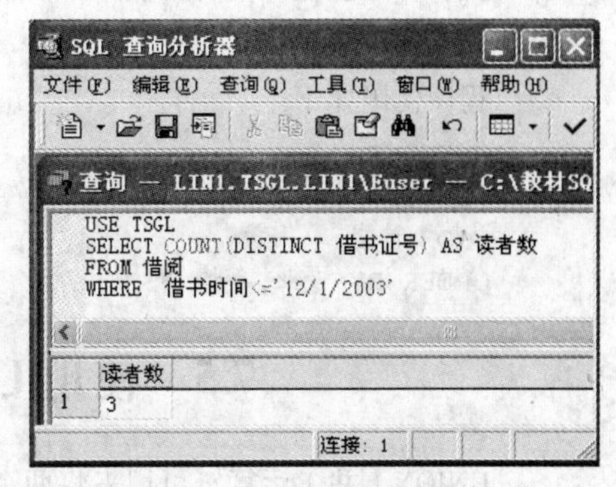

图 7-6　程序运行结果

从上面两个例子可以看出：COUNT 函数所获得的数据精确而有针对性，而 COUNT(*)函数在使用时相对简单。

7.4　使用 ORDER BY 子句的查询

ORDER BY 子句将根据查询结果中的一个字段或多个字段对查询结果进行排序，这种排序的顺序可以是升序的（使用 ASC 关键字），也可以是降序的（使用 DESC 关键字）。如果没有指定排序的顺序是升序还是降序，系统将默认为升序。当然，在 ORDER BY 子句中可以指定不止一个字段，在这种情况下，系统将根据 ORDER BY 子句中指定的排序字段的顺序对查询结果进行排序。

【例 7.17】在“读者”表中检索每个专业的学生信息，并按年龄由小到大进行输出。

程序代码如下：

```
USE TSGL
SELECT 姓名,专业,年龄
FROM 读者
ORDER BY 专业,年龄
```

在查询分析器中输入并运行该程序，运行结果如图 7-7 所示。

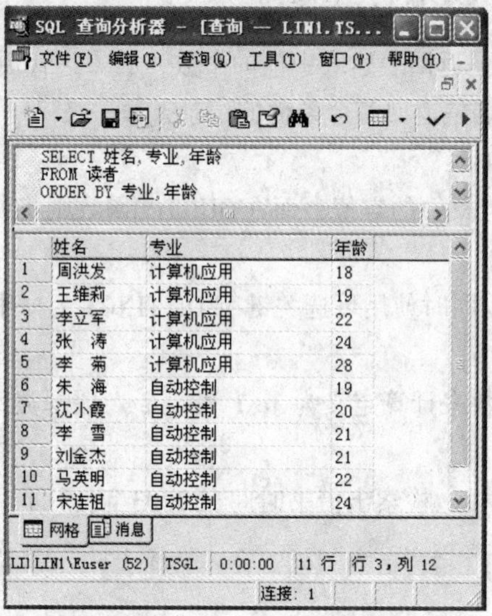
SQL 查询分析器 - [查询 — LIN1.TS...
文件(F) 编辑(E) 查询(Q) 工具(T) 窗口(W) 帮助(H)
SELECT 姓名,专业,年龄
FROM 读者
ORDER BY 专业,年龄
姓名 专业 年龄
1 周洪发 计算机应用 18
2 王维莉 计算机应用 19
3 李立军 计算机应用 22
4 张 涛 计算机应用 24
5 李 菊 计算机应用 28
6 朱 海 自动控制 19
7 沈小霞 自动控制 20
8 李 雪 自动控制 21
9 刘金杰 自动控制 21
10 马英明 自动控制 22
11 宋连祖 自动控制 24
网格 消息
LIN1\Euser (52) TSGL 0:00:00 11 行 行 3，列 12
连接：1

图 7-7 程序运行结果

【例 7.18】在“读者”表中，首先将中间结果集按照所属专业名称升序排列，然后按照年龄大小进行降序输出。

程序代码如下：

```
USE TSGL
SELECT *
FROM 读者
ORDER BY 专业,年龄 DESC
```

7.5 使用 UNION 组合多个运算结果

UNION（并）运算符可用来将两个或多个 SELECT 语句的查询结果组合成一个结果集。

使用 UNION 运算符组合两个查询结果集的基本规则如下：

① 所有查询中的列数和列的顺序必须相同。

② 数据类型必须兼容。

UNION 运算符的基本语法格式：

```
select_statement UNION [ALL] select_statement
```

其中：select_statement 是 SELECT 查询语句。

【例 7.19】使用 UNION 将“读者”表和“学生”表中的人员组合输出。

程序代码如下：

```
USE TSGL
SELECT 姓名,性别 FROM 读者
UNION
SELECT 姓名,性别 FROM 学生
```

在查询分析器中输入并运行该程序，运行结果如图 7-8～图 7-10 所示。

表“读者”中的数据，位置是“TSGL”...

借书证号	姓名	性别	年龄
111	王维莉	女	19
112	李立军	男	22
113	张　涛	男	24
114	李　菊	女	28
115	周洪发	男	18
116	李　雪	女	21
117	沈小霞	女	20
118	宋连祖	男	24
119	马英明	男	22
120	朱　海	男	19

图 7-8　读者表中的记录

表“学生”中的数据，位置是“TSGL...

学号	姓名	性别	年龄
5001	张小星	男	19
5002	刘晓	男	20
5003	赵捷	女	19
5004	宋涛	男	22

图 7-9　学生表中的记录

查询 — LIN1.TSGL.LI...

```
USE TSGL
SELECT 姓名,性别 FROM 读者
UNION
SELECT 姓名,性别 FROM 学生
```

	姓名	性别
1	李　菊	女
2	李　雪	女
3	李立军	男
4	刘金杰	男
5	刘晓	男
6	马英明	男
7	沈小霞	女
8	宋连祖	男
9	王维莉	女
10	张　涛	男
11	张小星	男
12	赵捷	女
13	周洪发	男
14	朱　海	男

图 7-10　读者表和学生表的合并

【例 7.20】在 XJGL（学籍管理）数据库中使用 UNION 运算符查询 XSB 表（学生表）中“计算机”系或“自动化”系学生的学号、姓名和所在系。

程序代码如下：

```
USE XJGL
(SELECT XH,XM,XI
FROM XSB
WHERE XI='计算机';)
    UNION
(SELECT XH,XM,XI
FROM XSB
WHERE XI='自动化';)
```

在查询分析器中输入并运行该程序，运行结果如图 7-11 和图 7-12 所示。

表“XSB”中的数据，位置是“...

XH	XM	XB	NL	XI
201001	朱东冬	男	19	自动化
201002	李小明	男	20	自动化
201003	赵志	男	19	电气工程
201004	赵鸿图	男	22	电气工程
201005	李光豪	男	21	电气工程
991001	张红	女	18	计算机
991002	孙杰	男	19	计算机
991003	宋洪涛	男	20	计算机
991004	张菊	女	20	自动化
991005	刘红梅	女	21	自动化
991006	董晓兰	女	20	电气工程
991007	李星	男	20	电气工程

图 7-11　XSB 表中的记录

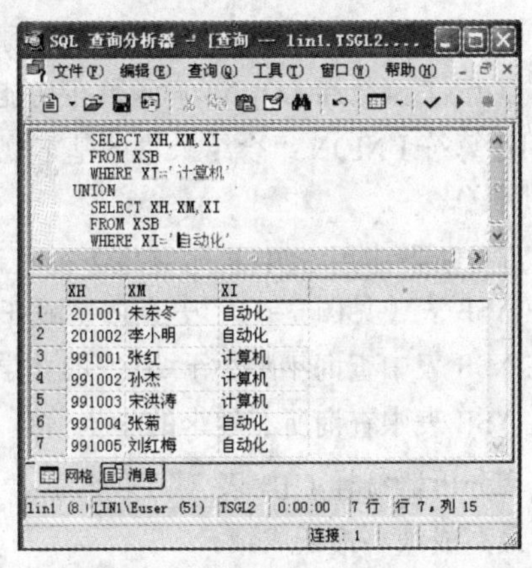

```
SELECT XH,XM,XI
FROM XSB
WHERE XI='计算机'
UNION
SELECT XH,XM,XI
FROM XSB
WHERE XI='自动化'
```

	XH	XM	XI
1	201001	朱东冬	自动化
2	201002	李小明	自动化
3	991001	张红	计算机
4	991002	孙杰	计算机
5	991003	宋洪涛	计算机
6	991004	张菊	自动化
7	991005	刘红梅	自动化

图 7-12　程序的运行结果

本 章 小 结

本章深入介绍了应用 T-SQL 语言的 SELECT 语句进行高级查询的应用方法，包括在 SELECT 语句的 WHERE 条件子句中如何使用限定条件进行指定范围的查询；在 SELECT 语句中如何使用 GROUP BY 语句和聚合函数，按指定字段进行分组、汇总、统计查询，以及如何应用 ORDER BY 子句对查询结果进行排序，应用 UNION 运算符进行多个表的集合运算；这样，联系第 3 章所介绍的应用 SELECT 语句进行简单查询、连接查询和相关子查询的举例，可以更进一步地理解和掌握 SELECT 语句的强大功能。

SELECT 语句最基本的语句格式是：SELECT-FROM-WHERE，其中 SELECT 子句给出查询结果中所应包含的属性（投影）；FROM 子句给出查询所涉及到的表；WHERE 子句则给出查询所应满足的条件（筛选）；由于查询条件是复杂的、千差万别的，因此掌握和运用好 WHERE 子句是使用好 SELECT 语句的关键。当然真正的理解和掌握 SELECT 语句的功能还需要通过实际应用。

在此还应该指出的是 SELECT 查询语句是对数据库中的表进行查询，查询可能涉及多个表并且查询条件也可能相当复杂，但是查询的结果一定是一个表，即便结果是一行一列的值，它也是一个最简单的表。

思考与练习

一、简答题

1. 在 SELECT 语句的 WHERE 子句中查询限定条件可以有哪几种情况？如何使用这些限定条件？
2. 举例说明如何使用范围查询条件。
3. 举例说明如何使用列表查询条件。
4. 举例说明如何使用模式匹配查询条件。
5. GROUP BY 子句在查询语句中的作用是什么？举例说明如何使用这个子句。
6. ORDER BY 子句在查询语句中的作用是什么？举例说明如何使用这个子句。
7. 简述各个聚合函数的功能。
8. 聚合函数如何同 GROUP BY 子句配合用于数据表中记录值的统计分析？
9. 简述 COUNT 函数和 COUNT(*)函数在功能和使用中的区别。
10. 使用运算符 UNION 组合结果集的基本规则是什么？

二、上机操作

1. 在查询分析器中用 SQL 语句完成下列查询，并写出查询表达式。
   ① 在 XSB 表（见图 7-11）中查询年龄在 18 ~ 20 岁之间的学生姓名、性别和所在系。
   ② 在 XSB 表中查询年龄小于 20 岁的女学生的学号、姓名和所在系。
   ③ 在 XSB 表中查询所有姓李的学生信息。
2. 用查询分析器统计 CJB 表（见第 5 章“上机操作”题）中学生的记录总数、总成绩、平均成绩、最高成绩、最低成绩。

3．用查询分析器统计 CJB 表（见第 5 章“上机操作”题）中每人各科成绩的平均值（提示：用 GROUP BY 子句）。

4．为 CJB 表增加一个计算字段，用于把成绩换算成 150 分制。

实训五 学习并使用 SQL Server 2000 创建视图、存储过程和触发器

一、实训目的

（1）学会使用 SQL Server 2000 的查询分析器创建视图的方法；

（2）学会使用 SQL Server 2000 的查询分析器创建存储过程的方法；

（3）学会使用 SQL Server 2000 的查询分析器创建触发器的方法；

（4）学会使用 SQL Server 2000 的查询分析器进行高级查询。

二、实训内容

（1）使用查询分析器创建“学生成绩显示”视图：在“学生成绩管理数据库”中使用企业管理器创建一个名为“学生成绩显示_06100”的视图（注意：仍以 06 级学号尾号是 100 的学生为例），该视图包括：“学生_06100”表中的学号、姓名、性别、院系和“课程_06100”表中的课程名以及“成绩_06100”表中的成绩字段，并且显示的成绩应该是成绩表中成绩大于 70 分的记录。

注意：

① 创建的视图名为“学生成绩显示视图_06100”。

② 创建视图的程序名为“实训五程序 0_06100”。

（2）使用查询分析器创建存储过程：

① 使用查询分析器在“学生成绩管理_06100”数据库中创建“存储 1_06100”的存储过程，用于显示你本人和刘丽华所选修课程的课程名、开课学期和成绩；该程序文件定义为“实训五程序 1_06100”。

注意：“学生_06100”表的第 1 条记录“王小燕”的名字应修改为学生本人。

② 使用查询分析器在“学生成绩管理_06100”数据库中创建“存储 2_06100”的存储过程，用于显示男学生的学号、姓名、院系、课程名、开课学期和成绩；该程序文件定义为“实训五程序 2_06100”。

③ 使用查询分析器在“学生成绩管理_06100”数据库中创建“存储 3_06100”的存储过程，用于显示 1978 年（含 1978 年）以后出生的学生的学号，姓名，性别，院系，班级；该程序文件定义为 “实训五程序 3_06100”。

④ 使用查询分析器在“学生成绩管理_06100”数据库中创建一个“学生新表_06100”，并将“存储 3_06100”的结果存入“学生新表_06100”；该程序文件定义为“实训五程序 4_06100”。

（3）使用查询分析器创建触发器：在“学生成绩管理_06100”数据库中使用查询分析器为“学生_06100”表创建两个触发器，当插入新生时显示：“欢迎新同学！”；当删除一位学生时显示：“很遗憾！”；两个触发器分别命名为“学生表触发器 1_06100”和“学生表触发器 2_06100”；该程序文件定义为“实训五程序 5_06100”，并在学生表中增加 4 位学生，如表 7-3 所示。

表 7-3 学生表

学　号	姓　名	性别	出生日期	院　系	班 级	备注
S0000009	苏振强	男	1980-10-3	软件学院	动漫 1 班	
S00000010	胡春燕	女	1982-01-3	软件学院	动漫 1 班	
S00000011	宋　敏	女	1982-10-13	软件学院	动漫 2 班	
S00000012	吕　涛	男	1980-4-20	软件学院	动漫 2 班	

（4）使用查询分析器按下列要求进行程序查询：

① 使用查询分析器在“学生成绩管理_06100”数据库的“学生_06100”表中查找并显示管理学院和软件学院的女学生的学号、姓名、性别、出生日期和所在班级；查询文件定义为“实训五程序 6_06100”。

② 使用查询分析器在“学生成绩管理_06100”数据库的“成绩_06100”表中统计学生的记录数、总成绩、平均成绩、最高成绩和最低成绩，查询文件定义为“实训五程序 7_06100”。

③ 使用查询分析器在“学生成绩管理_06100”数据库“学生_06100”表中用 UNION 运算符查找并显示“电子商务 1 班”和“动漫 1 班”学生的学号、姓名、性别、院系和班级；查询文件定义为“实训五程序 8_06100”。

④ 使用查询分析器在“学生成绩管理_06100”数据库中查找并显示选修罗建军老师所教授的课程的学生的学号、姓名、院系、课程名、开设学期和成绩；查询文件定义为：“实训五程序 9_06100”。

三、实训要求

（1）将所创建视图、存储器、触发器后的“学生成绩管理_06100”数据库的备份数据库和 9 个查询程序存入一个文件夹内，文件夹的名称定义为“实训五实验数据_06100_姓名”。

（2）将“实训五实验数据_06100_姓名”文件压缩后提交到老师指定的邮箱。

第 8 章 SQL Server 安全管理

学习目标

☑ 理解数据库安全性和数据库安全性管理的概念。

☑ 掌握创建登录账号和账号的管理。

☑ 掌握权限管理。

数据库一旦建立，数据的安全就显得非常重要，安全是管理数据库的一个必要的组成部分，安全其实是指保护数据库数据不被破坏、丢失、窃取和非法使用。因此，一个设计好的安全计划能使用户对数据库的合法使用得到保证，而使非法使用或者破坏、窃取很困难甚至不可能。

8.1 数据库的安全性

数据库的安全性由数据库角色来控制。当用户成功地连接到服务器之后，会在此服务器上的数据库角色中查找相应用户的用户名。如果在数据库角色中找到了用户名，则该用户可以查看该数据库的名称和其中的数据集列表（包括虚拟的和链接的数据表）。但是，该用户只能访问那些已经指派了数据库角色的数据表。如果在数据库角色中没有找到用户名，则该用户不能查看或访问服务器上的任何对象。

当然，在授予用户对数据库中数据表的访问权限之前，必须授予他们对数据库的访问权限，以保护数据不受内部和外部侵害。

8.2 数据库的安全性管理

SQL Server 的安全模式分为 3 层结构，分别是服务器管理、数据库安全管理和数据库访问对象的访问权限管理。因此，用户具体访问数据时，要经过以下 3 个阶段的处理过程。

① 用户必须登录到 SQL Server 的实例，进行身份鉴别，被确认合法后才能登录到 SQL Server 实例。

② 用户在每个要访问的数据库里必须有一个账号，SQL Server 实例将 SQL Server 登录映射到数据库用户账号上，在这个数据库的账号上定义数据库的管理和数据对象访问的安全策略。

③ 检查用户是否具有访问数据对象、执行操作的权限，经过语句许可权限的验证，才能实现对数据的操作。

8.2.1 SQL Server 身份验证模式

身份验证用来识别用户的登录账号和验证用户与 SQL Server 相连接的能力。如果验证成功，用户就能连接到 SQL Server 上。

SQL Server 使用两种身份验证模式：Windows 身份验证模式和混合模式验证方式。

1. Windows 身份验证

Windows 身份验证的特点是与 Windows NT 4.0 和 Windows 2000 安全系统的集成。Windows 身份验证结合了 Windows NT 4.0 和 Windows 2000 安全系统提供更多的功能，如：安全验证和密码加密、审核、密码过期、最短密码长度，以及在多次登录请求无效后锁定用户等。当一个用户请求一个信任连接时，该用户只有是 Windows NT 4.0 或 Windows 2000 已经确认用户是合法的时候，才会允许用户登录 SQL Server。

2. 混合模式身份验证

混合模式包含了 Windows 身份验证和 SQL Server 身份验证两个子模式。用户可以使用 Windows 身份验证或者 SQL Server 身份验证与 SQL Server 实例连接。在使用 Windows 身份验证时，通过 Windows NT 4.0 或 Windows 2000 用户账户使用信任连接登录 SQL Server。在 SQL Server 身份验证时，用户必须提供登录名和口令，SQL Server 通过检查是否已注册了该 SQL Server 登录账号，以及指定的密码是否与以前记录的密码匹配，自己进行身份验证。如果 SQL Server 未设置登录账号，则身份验证将失败，如图 8-1 所示。

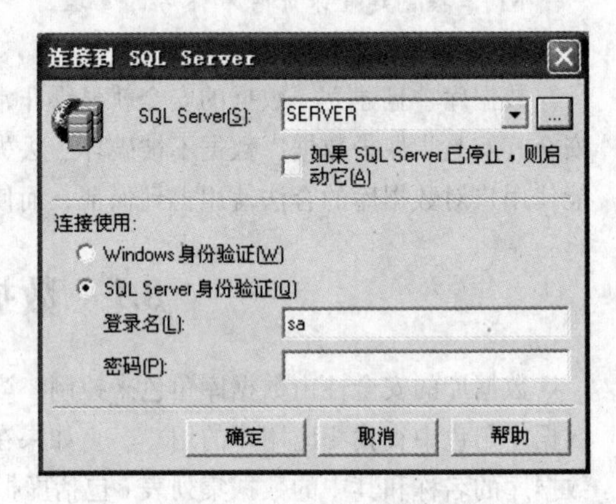

图 8-1 SQL Server 的身份验证

8.2.2 创建登录账号和用户账号管理

1. 创建登录账号

不管使用哪种验证模式，用户都必须具有有效的登录账号。

在 SQL Server 中有 3 个默认的用户登录账号，即 sa、administrator\builtin 和 guest。

sa 是系统管理员，它是一个特殊的用户，在 SQL Server 系统和所有数据库中拥有所有的权限。

administrator\builtin 是 SQL Server 为每一个 Windows NT 系统管理员提供的一个默认的用户账号。这个账号在 SQL Server 系统和所有数据库也拥有所有的权限。

guest 账号为默认访问系统用户账号。通常可以使用企业管理器和使用向导创建登录账号。

（1）使用企业管理器创建登录账号

① 打开企业管理器，展开服务器组，然后展开“安全性”文件夹。

② 右击登录图标，从弹出的快捷菜单中选择“新建登录”命令，弹出 “新建登录”对话框，如图 8-2 所示。

③ 在“名称”文本框中输入登录名，在“身份验证”选项中选择相应的验证模式，如果选择“SQL Server 身份验证”单选按钮后还必须输入密码。

④ 选择“服务器角色”选项卡，可以在服务器角色列表框中选择相应的服务器角色成员，如图 8-3 所示。

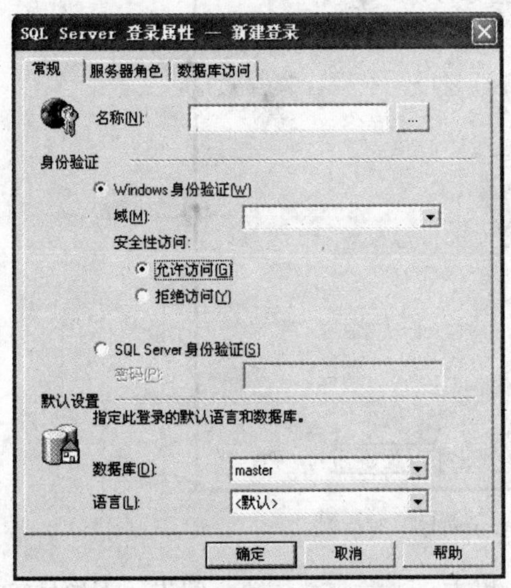

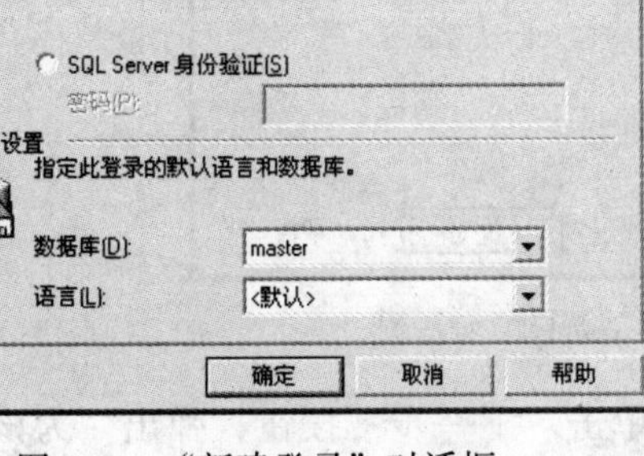

图 8-2　“新建登录”对话框

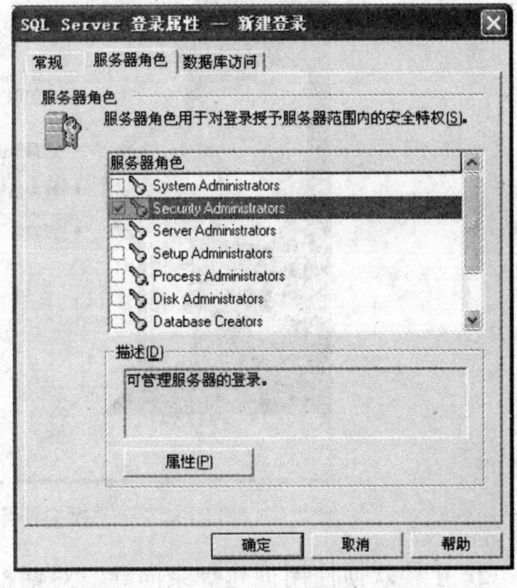

图 8-3　“服务器角色”选项卡

⑤ 选择“数据库访问”选项卡，如图 8-4 所示，在列表框中列出了该账号可以访问的数据库，如果选中数据库左边的复选框，表示该用户可以访问相应的数据库。最后单击“确定”按钮，完成登录账号的创建。

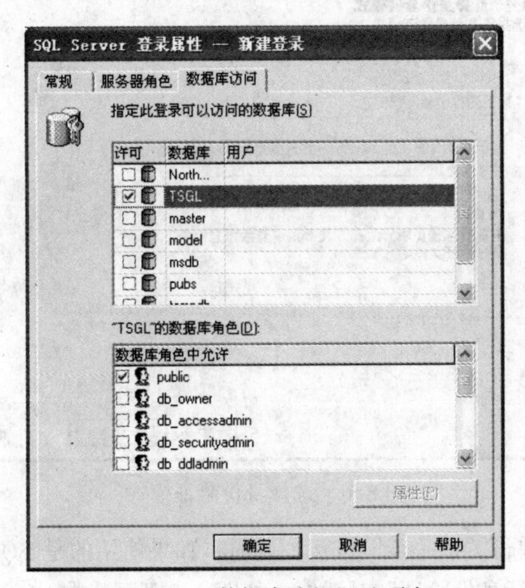

图 8-4　“数据库访问”选项卡

（2）使用 SQL Server 的“创建登录向导”工具创建登录账号

① 打开企业管理器，选择“工具”菜单中的“向导”命令，从弹出的“选择向导”对话框

中选择“数据库”子项中的“创建登录向导”选项，弹出“欢迎使用创建登录向导”对话框，如图 8-5 所示。

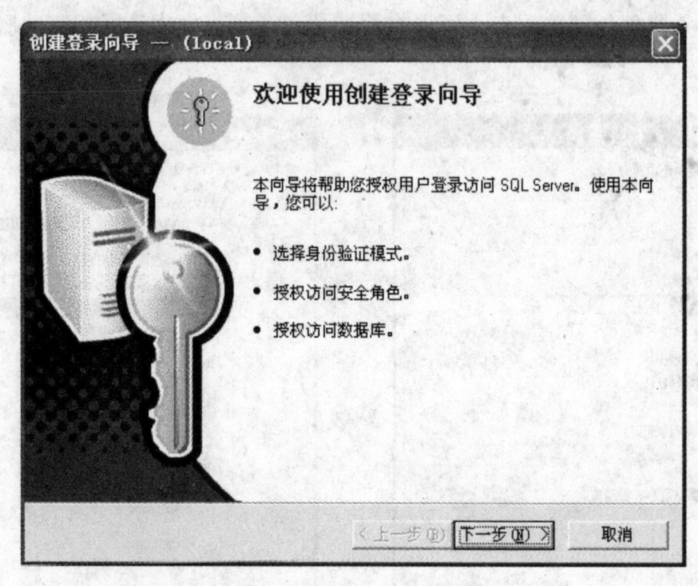

图 8-5 “欢迎使用创建登录向导”对话框

② 在“欢迎使用创建登录向导”对话框中，单击“下一步”按钮，弹出“为该登录选择身份验证模式”对话框，如图 8-6 所示。在此可以选择 Windows 身份验证或 SQL Server 身份验证模式。

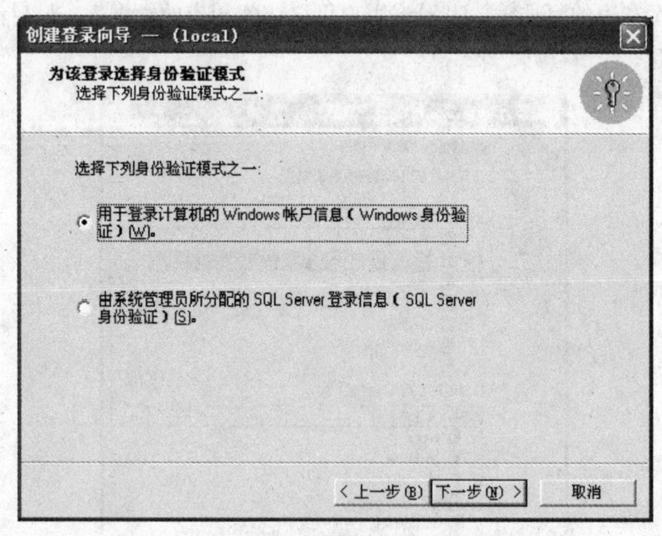

图 8-6 选择身份验证模式

③ 确定验证模式后单击“下一步”按钮，此时，如果使用的是 SQL Server 验证模式，则会出现“使用 SQL Server 进行身份验证”对话框，如图 8-7 所示，在这个对话框中输入该账号的名称和密码。

创建登录向导 — (local)
使用 SQL Server 进行身份验证
输入用于访问 SQL Server 的 SQL Server 的登录 ID 和密码。
登录 ID(L):
sa
密码(P):
确认密码(C):
< 上一步(B)
下一步(N) >
取消

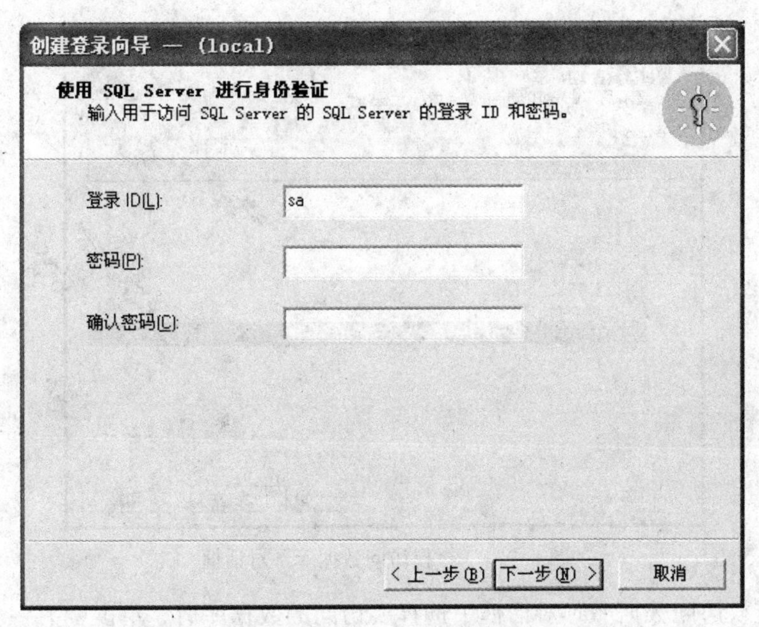

图 8-7 “使用 SQL Server 进行身份验证”对话框

④ 在“使用 SQL Server 进行身份验证”对话框中，单击“下一步”按钮，则会出现选择“授权访问安全角色”对话框，如图 8-8 所示，从中可以选择该账号访问数据库的安全性角色。

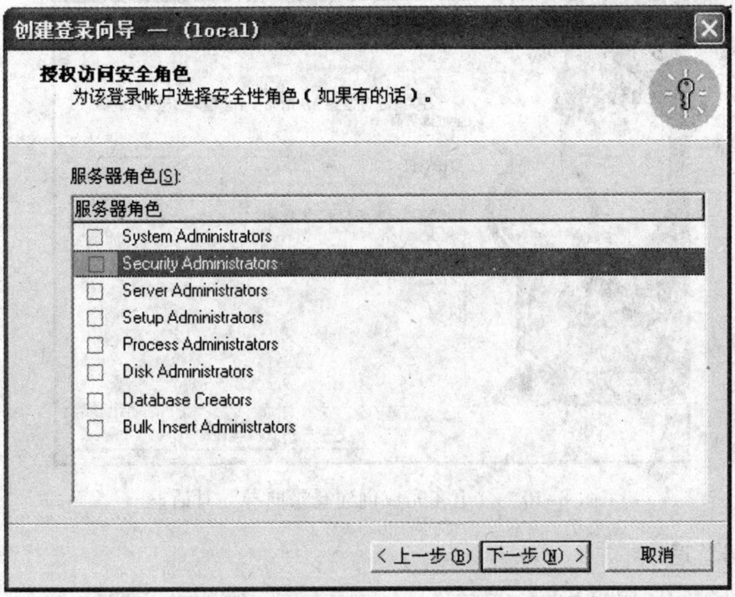

创建登录向导 — (local)
授权访问安全角色
为该登录帐户选择安全性角色(如果有的话)。
服务器角色(S):
服务器角色
System Administrators
Security Administrators
Server Administrators
Setup Administrators
Process Administrators
Disk Administrators
Database Creators
Bulk Insert Administrators
< 上一步(B)
下一步(N) >
取消

图 8-8 “授权访问安全角色”对话框

⑤ 在“授权访问安全角色”对话框中，单击“下一步”按钮，将出现“授权访问数据库”对话框，在此对话框中可以选择授权该账户访问的数据库，如图 8-9 所示。

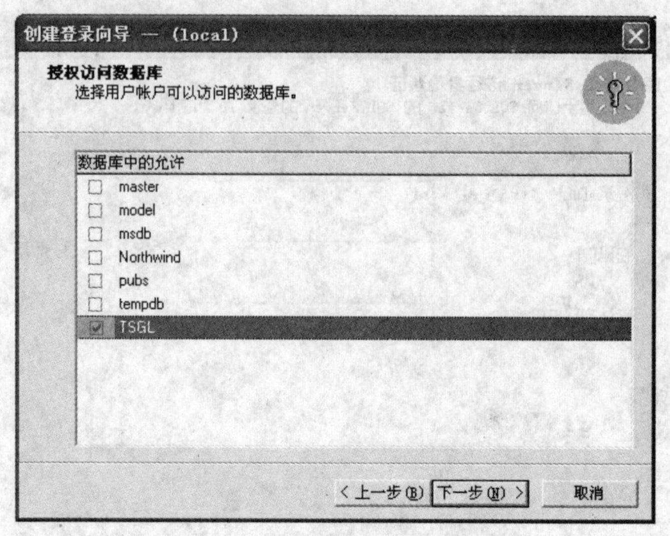

图 8-9 “授权访问数据库”对话框

⑥ 在“授权访问数据库”对话框中选择要访问的数据库后，单击“下一步”按钮，则会出现“正在完成创建登录向导”对话框，如图 8-10 所示，单击“完成”按钮，完成登录账号的创建。

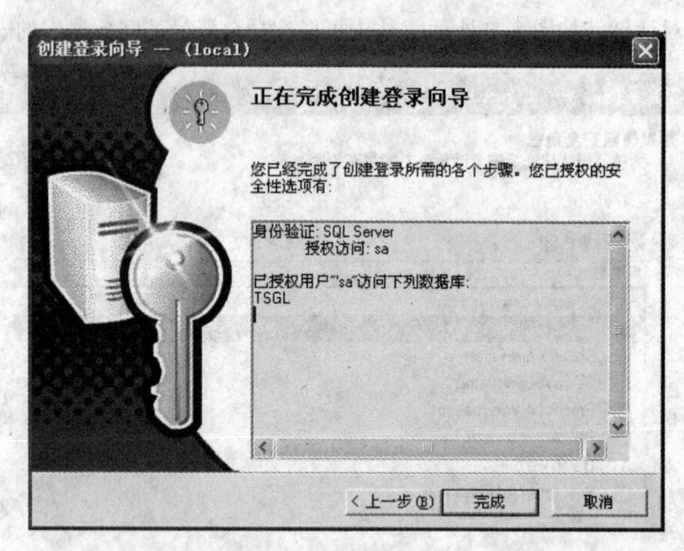

图 8-10 “正在完成创建登录向导”对话框

2. 用户账号管理

在数据库中，一个用户或工作组取得合法的登录账号，只表明该账号通过了 Windows 验证或者 SQL Server 验证，不能表明它可以对数据库的对象进行某些操作，只有当它同时拥有了用户账号后，才可以访问数据库。

使用企业管理器可以授予 SQL Server 登录访问数据库的许可权限。创建数据库新账号的具体步骤如下：

（1）打开企业管理器，展开要登录的服务器和要创建用户的数据库，右击用户图标，从弹出的快捷菜单中选择“新建数据库用户”命令，则会出现“新建用户”对话框，如图 8-11 所示。

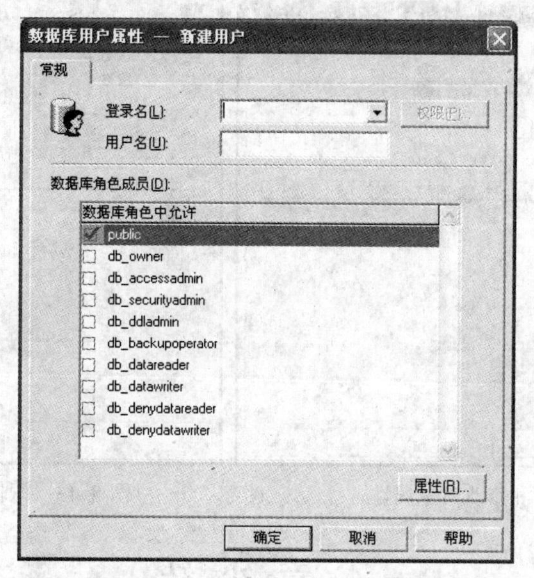

图 8-11　“新建用户”对话框

（2）在“登录名”下拉列表框中选择已经创建好的登录账号，在“用户名”文本框内输入数据库用户的名称，然后选择相应的数据库角色，单击“确定”按钮，即可完成数据库用户的创建。

8.2.3　权限管理

数据库中的每一个对象都为一个数据库的用户所有，数据库对象在刚刚创建以后，只有该对象的用户才能访问。如果其他用户要访问该对象，则需要获得相应的权限。

1. 权限的分类

SQL Server 2000 中权限可以分为对象权限、语句权限和暗示性权限（见第 3 章）。

2. 管理对象权限

管理对象权限有两种方法：一种是使用企业管理器，另一种是使用 T-SQL 语言。

企业管理器中提供了一个查看和管理对象权限的简单图形界面。如果想查看或更改一个数据库对象的对象权限，可以按下列操作步骤进行操作（此处以表为例）：

（1）打开企业管理器，展开指定的数据库。

（2）选中要查看或修改权限的数据表右击，从弹出的快捷菜单中选择“属性”命令，进入“表属性”对话框，然后单击“权限”按钮，则会打开“对象属性”对话框，如图 8-12 所示。如果希望修改某个数据库对象的访问权限，可以选中相应的复选框，赋予相应的权限。

（3）还可以单击一个特定的用户和角色，然后单击“列”按钮，打开“列权限”对话框，将权限控制到字段的级别，如图 8-13 所示。

当然，也可以使用 Transact-SQL 语言的 GRANT、DENY、REVOKE 语句来完成权限的授予、禁止和收回。这些语句的语法格式、操作功能在本书 3.4 节数据控制语言（DCL）中已介绍，本章不再赘述。

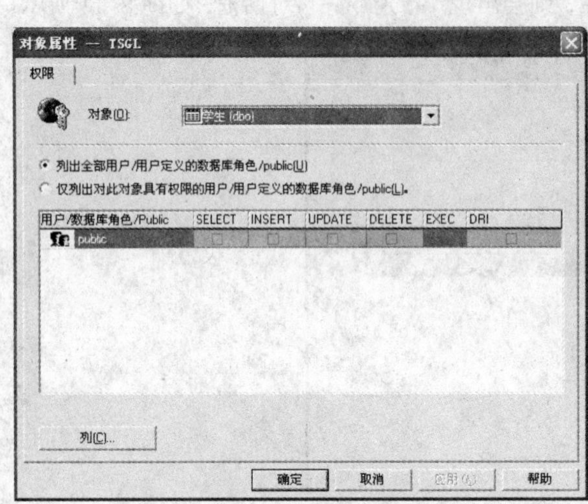

图 8-12　查看和修改对象属性

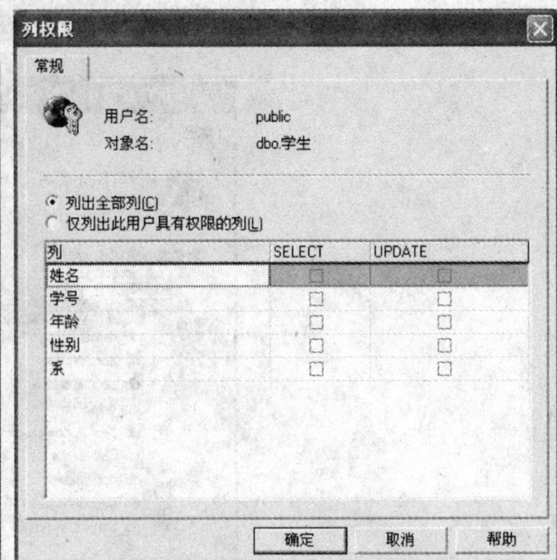

图 8-13　限制特定字段的权限

本 章 小 结

数据库系统的安全性是数据库管理员必须认真考虑的问题。SQL Server 为维护数据库系统的安全性提供了完善的管理机制和简单的操作手段。

本章介绍了数据库安全性和数据库安全性管理的概念，安全性是确保数据库数据不被非法用户使用的重要措施，本章重点介绍了 SQL Server 的身份验证模式和系统的账号管理内容，包括创建登录账号和用户账号管理的方法。这部分内容还有待于在实际应用中加深理解和掌握。

思考与练习

一、简答题

1. SQL Server 系统中，安全性管理是否重要？
2. 什么是数据库的安全性？
3. SQL Server 安全模式分为哪 3 层结构？
4. 简述用户具体访问数据时，要经过哪 3 个阶段的处理过程。
5. SQL Server 2000 中提供了哪两种确认用户的认证模式？
6. SQL Server 中有哪几个默认的用户登录账号？
7. 如何创建登录账号？
8. 简述如何使用企业管理器授予 SQL Server 登录访问数据库的许可权限。
9. 简述如何使用企业管理器给用户授予管理对象的权限。

二、上机操作

1. 创建一个登录账号，并允许该账号访问 XJGL 数据库。
2. 为 XJGL 数据库创建一个用户账号。

第 9 章 SQL Server 的数据转换

学习目标

☑ 了解 SQL Server 系统中提供的数据互换操作工具。
☑ 理解 DTS 工具的特点。
☑ 掌握使用 DTS 引入数据向导。
☑ 掌握使用 DTS 引出数据向导。

在 SQL Server 的实际应用中，经常会遇到不同数据库中的数据转换问题，例如，需要将 FoxPro 数据库或文本文件导入 SQL Server 数据库中，或者是把数据从 SQL Server 中导出到 Access 数据库中。为此，SQL Server 提供了一个好的工具，即数据转换服务（Data Transformation Services，DTS）。数据转换服务是一组图形工具和可编程对象，使用户得以将取自完全不同源的数据析取、转移并合并单个或多个目的。

SQL Server 2000 数据转换服务的功能是非常强大的，它包含 3 个工具：DTS 导入和导出向导、DTS Package Designer（数据库转移包设计器）以及 DTS Transfer Manager（数据库转移包管理器）。

DTS 导入和导出向导提供了把数据从一个数据源切换到另一个数据目的地的简单方法。该工具可以将取自完全不同的数据源的数据进行复制、复制整个表或者查询结果。

SQL Server 2000 提供的 DTS 支持的数据源包括：大多数的 OLE DB 和 ODBC 数据源以及用户指定的 OLE DB 数据源、文本文件、Oracle 和 informix 数据库、Microsoft Excel 电子表格、Microsoft Access 和 Microsoft FoxPro 数据库、dBase 或 Paradox 等。

DTS Package Designer 可以在异构数据环境中转换数据和定义负责的工作流程。

DTS Transfer Manger 是将数据库从一个服务器迁移到另外一个 SQL Server 服务器最简单的方法，该工具可以在不同平台上的 SQL Server 服务器之间移动结构、对象和数据。

在此重点介绍如何使用 DTS 来完成数据的导入和导出。

9.1 SQL Server 和 FoxPro 数据库之间数据的导入和导出

DTS 导入、导出向导帮助用户交互地建立包，从而在具有 OLE DB 和 ODBC 驱动程序的源和目标数据源间进行数据的导入、导出和转换，利用 DTS 导入和导出向导可以实现 SQL Server 和 FoxPro 数据库之间数据的导入和导出。

9.1.1 导入 FoxPro 数据库

（1）打开企业管理器，展开指定的服务器，右击选定的服务器，从弹出的快捷菜单中选择“所有任务”中的“导入数据”命令，就会出现“数据转换服务导入/导出向导”对话框，如图 9-1 所示。在该对话框中列出了导入/导出能够完成的操作。

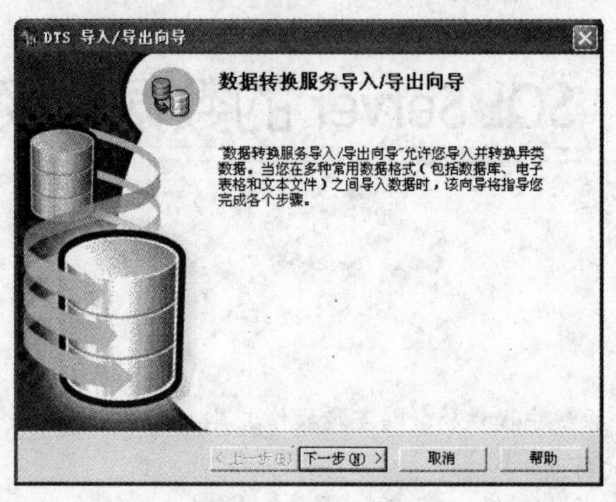

图 9-1 “数据转换服务导入/导出向导”对话框

由 SQL Server 2000 提供的管理工具“导入和导出数据”也可以进入“数据转换服务导入/导出向导”对话框。

（2）在“数据转换服务导入/导出向导”对话框中，单击“下一步”按钮，将出现选择导入数据的“选择数据源”对话框，如图 9-2 所示。在该对话框中可以选择数据源的类型、服务器、身份验证方式等。当然，选择何种验证方式要看源数据库是如何定义的。

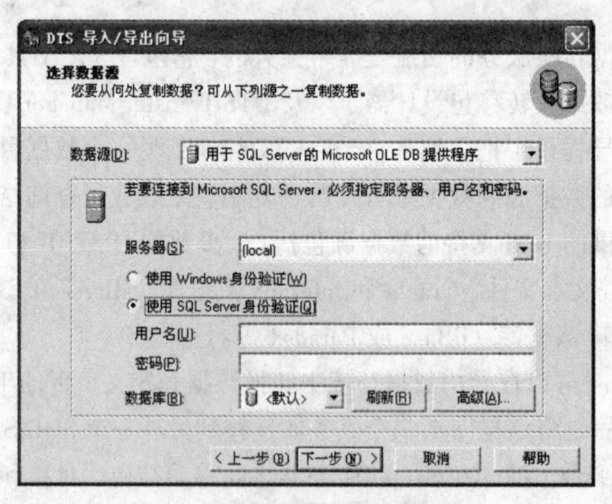

图 9-2 “选择数据源”对话框

在“数据源”下拉列表框中选择 Microsoft Visual FoxPro Driver，则会出现“选择数据源”对话框，如图 9-3 所示。如果将一个 FoxPro 数据库：图书管理.dbc，导入到 SQL Server 中，那么就以 FoxPro 的“图书管理.dbc”作为数据源，为此，在图 9-3 中，单击“新建”按钮，将出现“选择数据源类型”对话框，如图 9-4 所示。

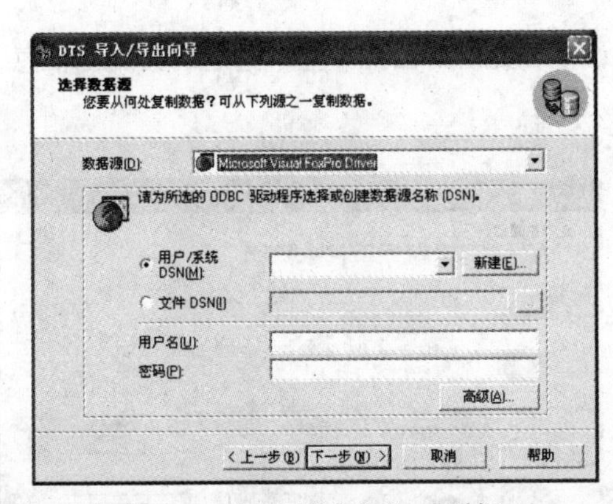

图 9-3　“选择数据源”对话框

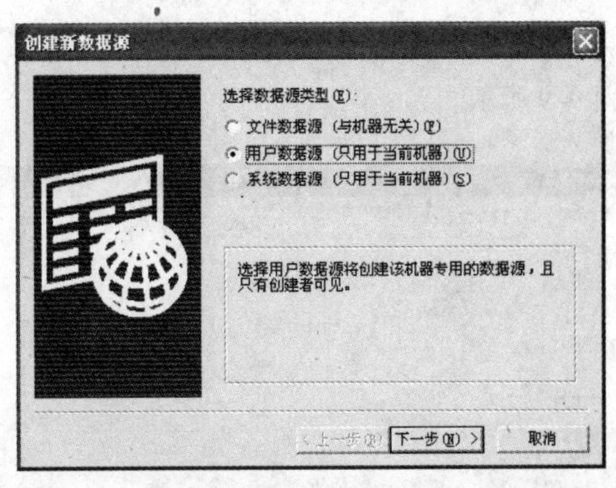

图 9-4　“选择数据源类型”对话框

在“选择数据源类型”对话框中选择“用户数据源”单选按钮，并单击“下一步”按钮，则会出现“选择您想为其安装数据源的驱动程序”对话框，如图 9-5 所示，在此选择 Microsoft FoxPro VFP Driver 后，单击“下一步”按钮，出现确认创建新数据源对话框，如图 9-6 所示，确认无误后单击“完成”按钮，则会出现输入数据源路径对话框,如图 9-7 所示。

图 9-5　选择驱动程序

图 9-6　确认创建新数据源

ODBC Visual FoxPro Setup
Data Source Name:
Description:
Database type
Visual FoxPro database (.DBC)
Free Table directory
Path:
Browse...
OK
Cancel
Help
Options>>

图 9-7　输入数据源路径

输入数据源路径对话框用于具体设置数据源的数据库文件的路径。在该对话框中单击 Browse 按钮，会出现如图 9-8 所示的输入数据库路径对话框，在该对话框中选择 FoxPro 数据库文件“图书管理”并单击“打开”按钮，然后返回输入数据源路径对话框，如图 9-7 所示，在该对话框内，要在 Data Source Name 文本框内输入要导入的 FoxPro 数据库名，再单击对话框中的 OK 按钮，即可完成数据源的设置，同时返回“选择数据源”对话框，此时对话框中显示选定的数据源信息，如图 9-9 所示。

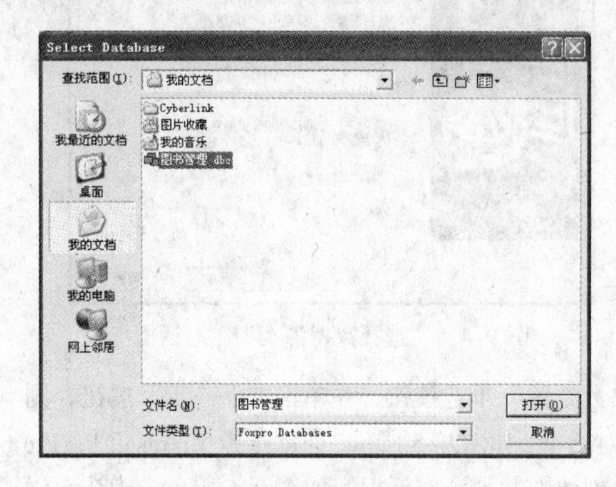

图 9-8 设置数据库路径对话框

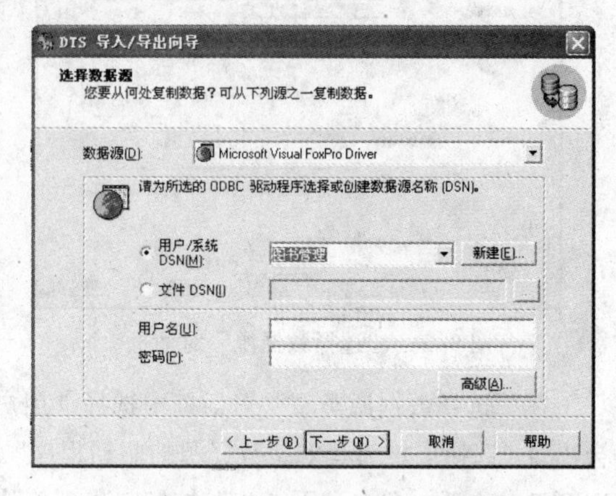

图 9-9 “选择数据源”对话框

（3）在“选择数据源”对话框中单击“下一步”按钮，则出现“选择目的”对话框，如图 9-10 所示。在这里，直接选择“用于 SQL Server 的 Microsoft OLE DB 提供程序”选项，然后选择需要连接的服务器以及目标数据库的名称。

（4）在“选择目的”对话框中，相关选择确定后，单击“下一步”按钮，则会出现“指定表复制或查询”对话框，如图 9-11 所示。在该对话框中选择“从源数据库复制表和视图”或者“用一条查询指定要传输的数据”单选按钮。在此选择“从源数据库复制表和视图”单选按钮。

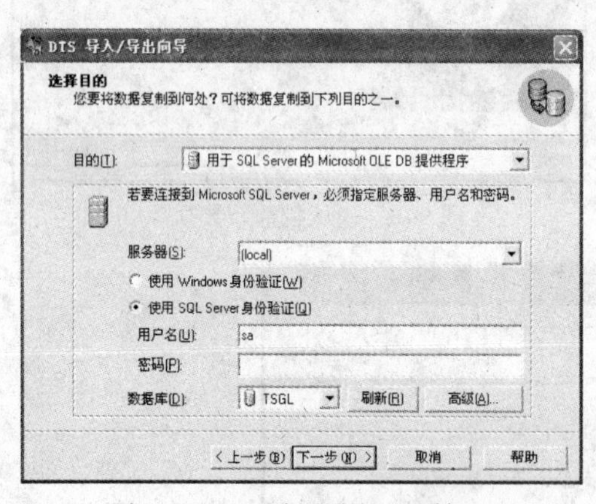

图 9-10 “选择目的”对话框

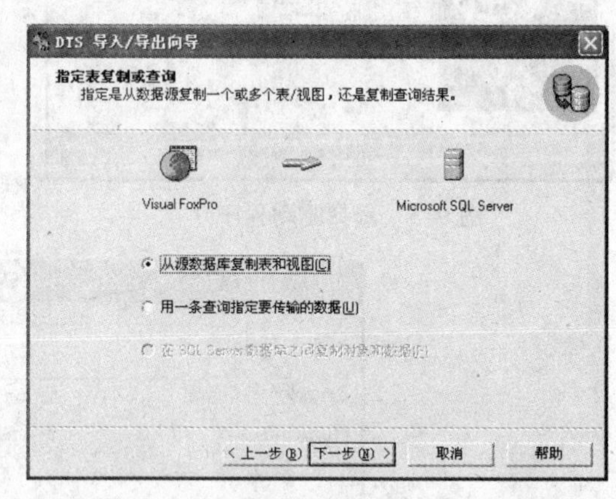

图 9-11 “指定表复制或查询”对话框

（5）在“指定表复制或查询”对话框中，单击“下一步”按钮，则会出现“选择源表和视图”对话框，如图 9-12 所示。在该对话框中，可以设置需要将数据源中的哪些表传送到目的数据库中去，选择表格左边的复选框，可以决定是对该表实现复制还是取消复制。如果想定义数据转换时源表和目的表之间的对应关系，可以单击表名称右边的“...”按钮，则会出现“列映射和转换”对话框，如图 9-13 所示。

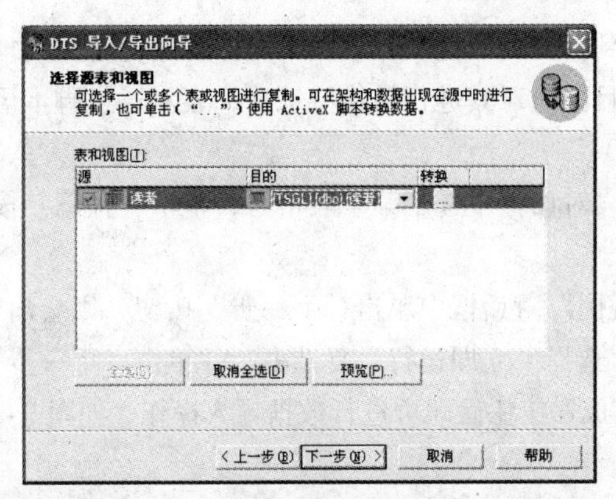

图 9-12　“选择源表和视图”对话框

在“列映射”选项卡中，如图 9-13（a）所示，各选项的意义如下：

①“创建目的表”选项，表示在从源数据表中复制数据前先创建目的表，在默认情况下总是假设目的表不存在，如果存在则发生错误，除非选中了“除去并重新创建目的表”复选框。

②“删除目的表中的行”选项，表示在从源表复制数据前将目的表中的所有行删除，仍保留目的表上的约束和索引。

③“在目的表中追加行”选项，表示把所有源表添加到目的表中，目的表中的数据、索引、约束仍保留，但是数据不一定追加到目的表的表尾。

④“除去并重新创建目的表”选项，表示如果目的表存在，则在从源表传递来数据前将目的表、表中的数据、索引等删除后重新创建新目的表。

⑤“启用标识插入”选项，表示允许向表的标识列中插入新值。在进行数据转换时，可以通过脚本语言（如 Java Script、VB Script 等）对源表中的某一列施加某种运算，然后再将结果复制到目的表。

在“转换”选项卡中，如图 9-13（b）下所示，各选项的意义如下：

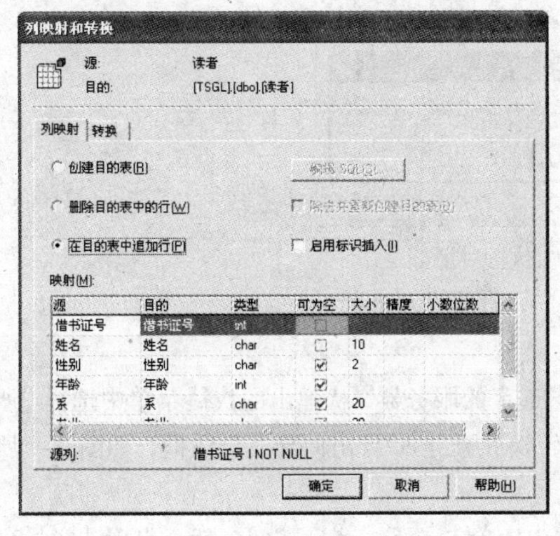

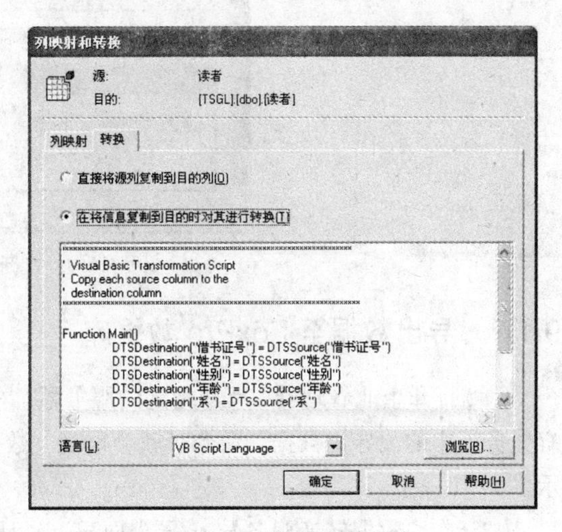

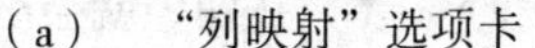

（a）　“列映射”选项卡　　　　（b）　“转换”选项卡

图 9-13“列映射和转换”对话框

①“直接将源列复制到目的列”选项，表示不对源表进行任何处理。

②“在将信息复制到目的时对其进行转换”选项，表示通过脚本语言编写如何改变原始列的程序。

在“选择源表和视图”对话框中选定某个表格后，单击“预览”按钮，可以预览该表格内的数据，如图 9-12 所示。

③ 在“选择源表和视图”对话框中单击“下一步”按钮，则会出现“保存、调度和复制包”对话框，如图 9-14 所示，选择“立即运行”复选框，并单击“下一步”按钮，出现确认对话框，如图 9-15 所示，单击“完成”按钮后即可进行数据导入操作，如图 9-16 所示，完成 FoxPro 数据库导入 SQL Server 的操作。

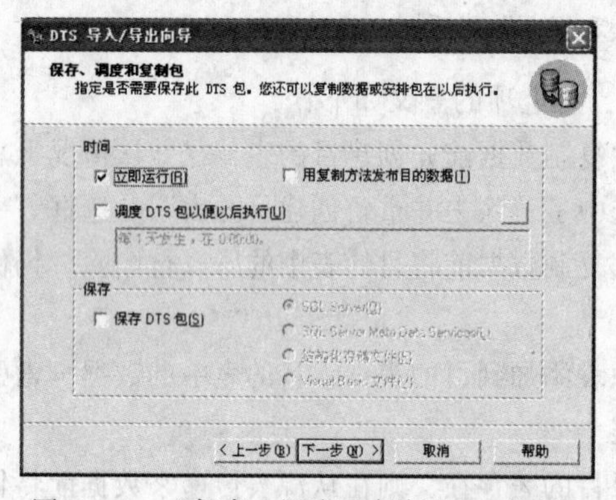

图 9-14 “保存、调度和复制包”对话框

图 9-15 确认对话框

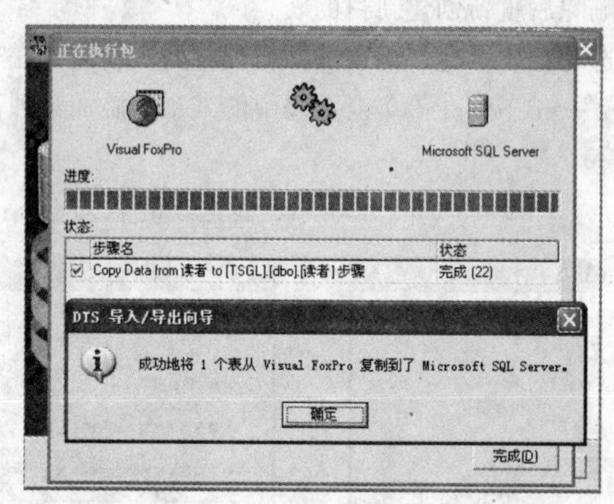

图 9-16 数据导入执行对话框

9.1.2 导出数据至 FoxPro 数据库

（1）打开企业管理器，展开指定的服务器，右击选定的服务器，从弹出的快捷菜单中选择“所有任务”中的“导出数据”命令，就会出现“数据转换服务导入/导出向导”对话框，如图 9-1 所示。

（2）在“数据转换服务导入/导出向导”对话框中，单击“下一步”按钮，就会出现选择导出数据的“选择数据源”对话框，如图 9-2 所示。在对话框的“数据源”栏中选择“用于 SQL Server 的 Microsoft OLE DB 提供程序”选项，在“数据库”列表框中选择导出数据库的名称，单击“下一步”按钮，将出现“选择目的”对话框，如图 9-17 所示。

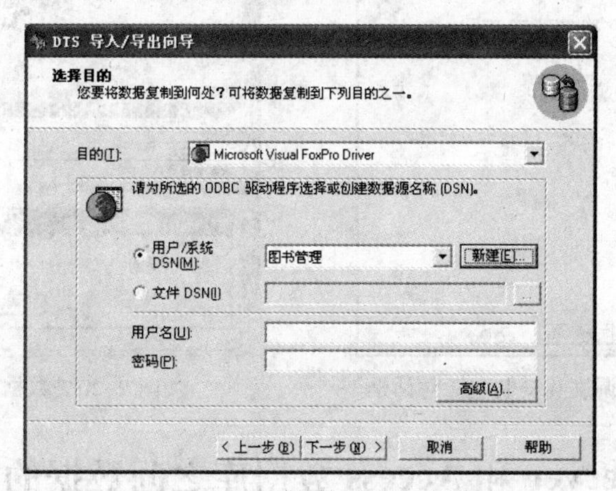

图 9-17　“选择目的”对话框

（3）“选择目的”对话框用于设置目的数据库的名称以及目的数据库。在“目的”下拉列表框中设置目的数据库的类型，在此选择 Microsoft Visual FoxPro Driver 选项，在“用户/系统 DSN”下拉列表框中需要指定数据源，如果没有指定数据源，则单击“新建”按钮，按照图 9-4～图 9-7 所示的步骤设置数据源。

（4）在“选择目的”对话框中，如图 9-17 所示，选择新建数据源“图书管理”，单击“下一步”按钮，则会出现“指定表复制或查询”对话框，在该对话框中可以将源数据库中的表或视图复制到目的数据库中，或者使用查询语句，将符合查询语句条件的记录复制到目的数据库中，在此选择“从数据源复制表和视图”选项并单击“下一步”按钮，将出现“选择源表和视图”对话框，如图 9-18 所示。在“选择源表和视图”对话框中，可以设置需要将数据源中的哪些表传送到目的数据库中去。

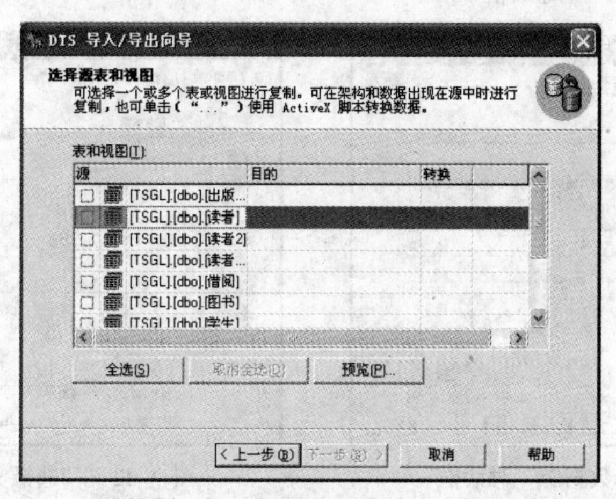

图 9-18　“选择源表和视图”对话框

（5）单击“下一步”按钮，则会出现“保存、调度和复制包”对话框，如图 9-19 所示，在该对话框中，选择“立即运行”复选框，不选择“保存 DTS 包”复选框，并单击“下一步”按钮，将出现确认对话框，单击“完成”按钮后即可进行数据导出操作，如图 9-20 所示，完成 SQL Server 数据导出至 FoxPro 数据库的操作。

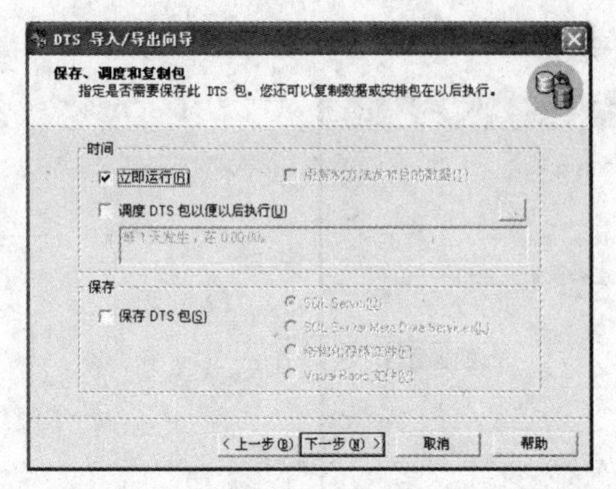

图 9-19 “保存、调度和复制包”对话框

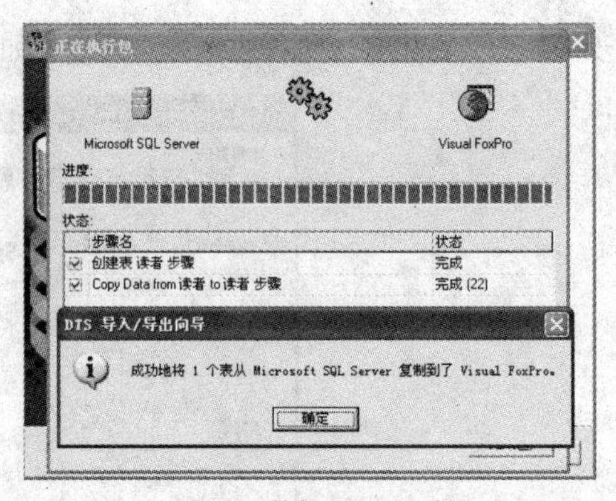

图 9-20 数据导出对话框

9.2 SQL Server 和 Access 数据库之间数据的导入和导出

同样,利用DTS导入和导出向导可以实现SQL Server和Access数据库之间数据的导入和导出。

9.2.1 导入 Access 数据库

（1）打开企业管理器，展开指定的服务器，右击选定的服务器，从弹出的快捷菜单中选择“所有任务”中的“导入数据”命令，就会出现“数据转换服务导入/导出向导”对话框，如图 9-1 所示。

（2）在“数据转换服务导入/导出向导”对话框中，单击“下一步”按钮，将出现选择导入数据的“选择数据源”对话框，如图 9-21 所示，在“数据源”下拉列表框中选择 Microsoft Access 选项。单击文件名右边的“...”按钮，就会出现“选择文件”对话框，如图 9-22 所示，在其中选定作为数据源导入的 Access 文件名（如：选择 Access 数据库中的图书管理文件），单击“打开”按钮，返回“选择数据源”对话框。

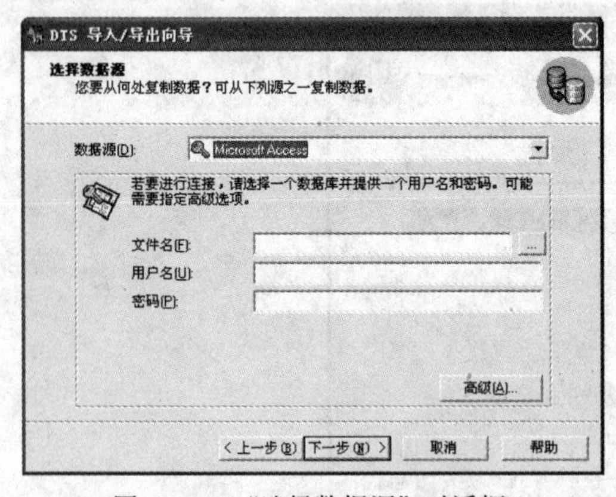

图 9-21 “选择数据源”对话框

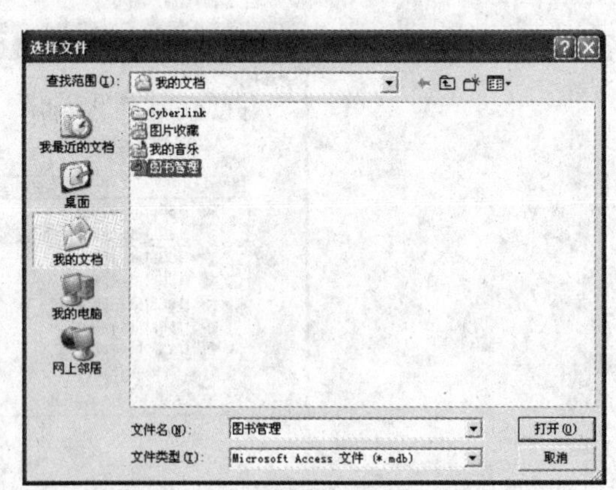

图 9-22 “选择文件”对话框

（3）在“选择数据源”对话框中，单击“下一步”按钮，则会出现“选择目的”对话框，在“目的”下拉列表框中选择“用于 SQL Server 的 Microsoft OLE DB 提供程序”选项，然后选择需要连接的服务器和目标数据库的名称，如图 9-23 所示。单击“下一步”按钮，则会出现“指定表复制或查询”对话框，如图 9-24 所示。选择“从源数据库复制表和视图”单选按钮，并单击“下

一步”按钮，则会出现如图 9-12 ~ 图 9-16 所示的对话框，即可完成 Access 数据库导入 SQL Server 的操作。

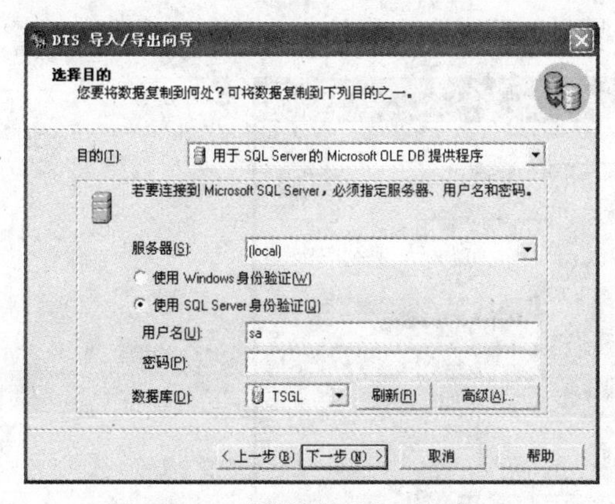

图 9-23　“选择目的”对话框

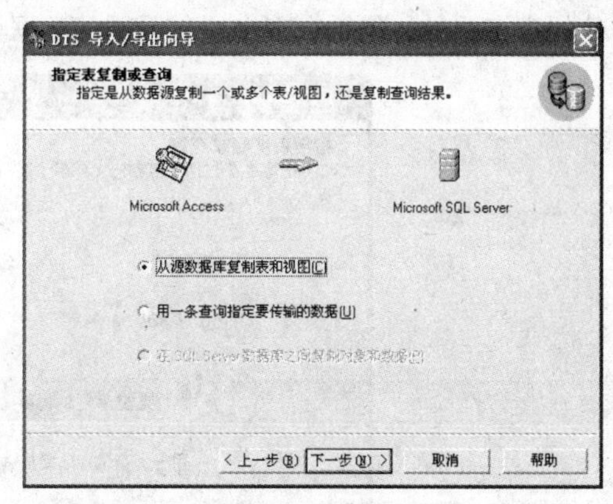

图 9-24　“指定表复制或查询”对话框

9.2.2　导出数据至 Access 数据库

（1）打开企业管理器，展开指定的服务器，右击选定的服务器，从弹出的快捷菜单中选择“所有任务”中的“导出数据”命令，就会出现“数据转换服务导入/导出向导”对话框，如图 9-1 所示，该对话框中列出了导出能够完成的操作。

（2）在“数据转换服务导入/导出向导”对话框中，单击“下一步”按钮，就会出现选择导出数据的“选择数据源”对话框，如图 9-2 所示。在此对话框的“数据源”下拉列表框中选择“用于 SQL Server 的 Microsoft OLE DB 提供程序”选项，然后在“数据库”列表框中选择数据库的名称。

（3）单击“下一步”按钮，则会出现“选择目的”对话框，如图 9-25 所示。该对话框用于设置目的数据库的名称以及目的数据库。在“目的”下拉列表框中设置目的数据库的类型，在此选择 Microsoft Access 选项，其中需要指定目的数据库的文件名，单击文件名文本框右边的“...”按钮则会出现“选择文件”对话框，如图 9-26 所示，选择目的数据库。

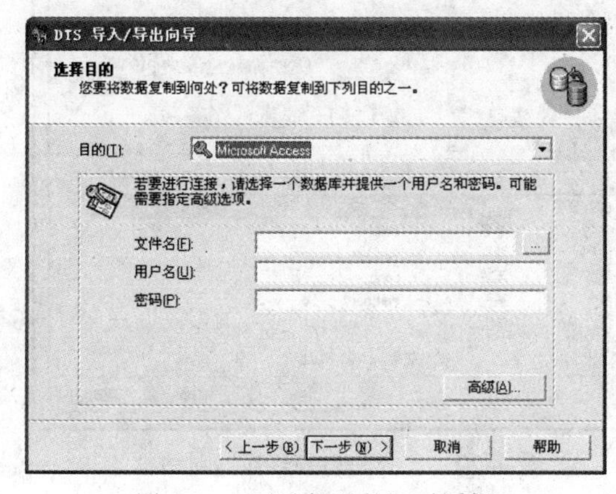

图 9-25　“选择目的”对话框

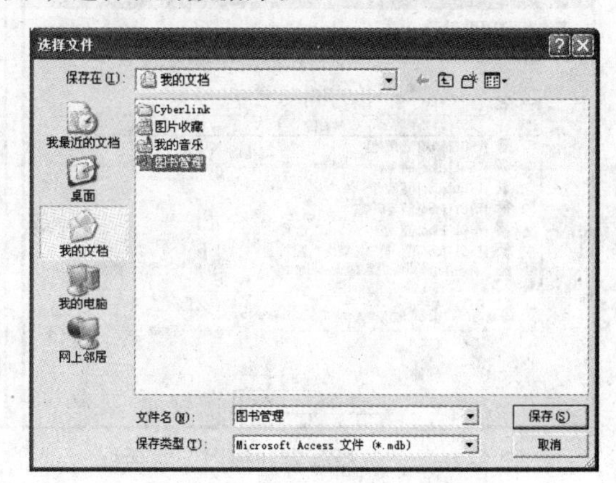

图 9-26　“选择文件”对话框

（4）选择好目的数据库后，单击“下一步”按钮，则会出现“指定表复制或查询”对话框，如图 9-27 所示。在该对话框中可以选定将源数据库中的表格或者视图复制到目的数据库中，或者使用查询语句，将符合查询语句限制的数据记录复制到目的数据库中。

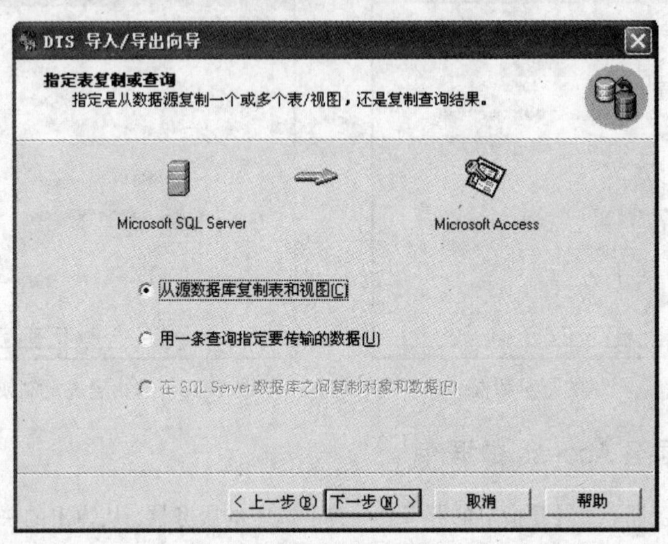

图 9-27 “指定表复制或查询”对话框

（5）选择“从源数据库复制表和视图”单选按钮，并单击“下一步”按钮，则会出现“选择源表和视图”对话框，如图 9-28 所示。单击“...”按钮，就会出现“列映射和转换”对话框，如图 9-29 所示，在该对话框中，可以设置是否在数据复制过程中对数据进行转换。在图 9-28 中，单击“预览”按钮，就会出现“查看数据”对话框，如图 9-30 所示，在该对话框中可以预览表内的数据。

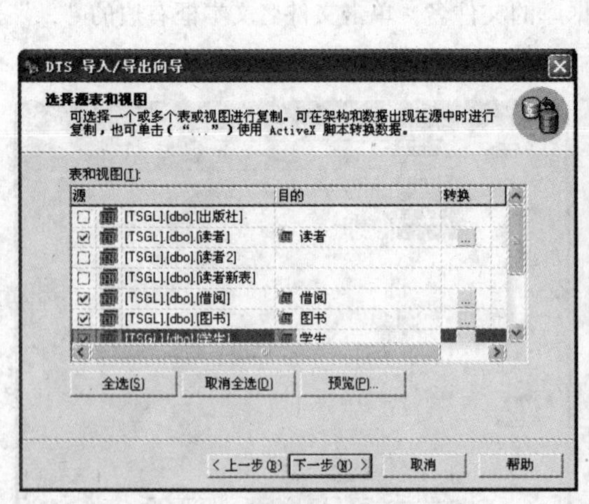

图 9-28 “选择源表和视图”对话框

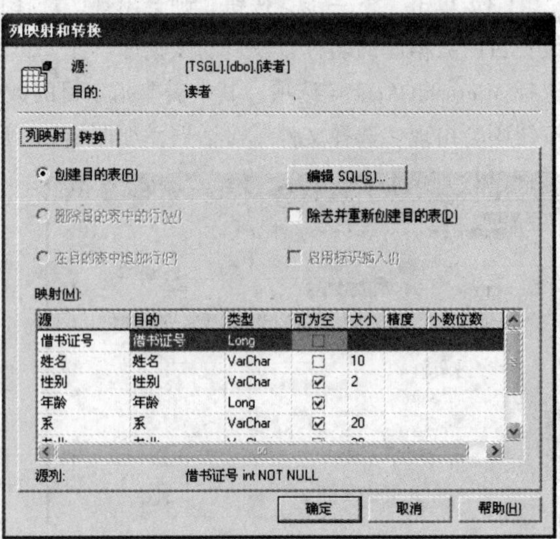

图 9-29 “列映射和转换”对话框

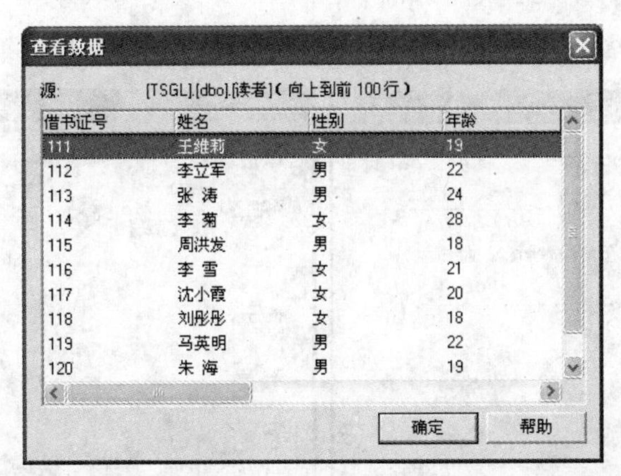

图 9-30　“查看数据”对话框

（6）在“选择源表和视图”对话框中，如图 9-28 所示，单击“下一步”按钮，则会出现“保存、调度和复制包”对话框，选择“立即运行”复选框，如图 9-31 所示。

（7）单击“下一步”按钮，就会出现确认对话框，如图 9-32 所示，单击“完成”按钮，即可完成 SQL Server 数据导出至 Access 数据库的操作。

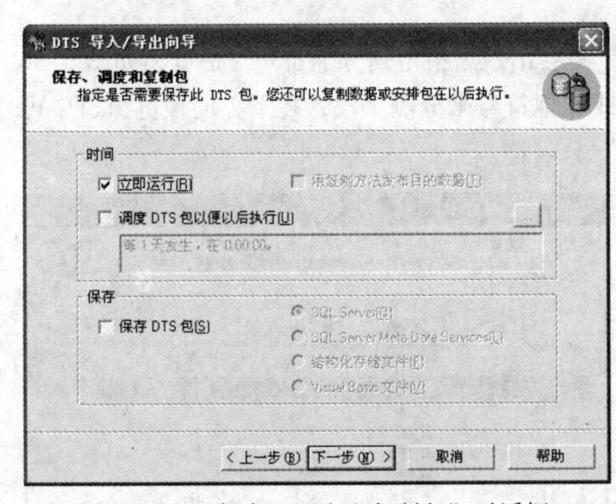

图 9-31　“保存、调度和复制包”对话框　　　图 9-32　确认导出数据对话框

9.3　SQL Server 和文本文件数据库之间数据的导入和导出

在使用 SQL Server 过程中，经常需要将文本文件导入到 SQL Server 数据库中。利用 DTS 导入和导出向导可以实现 SQL Server 和文本文件之间数据的导入和导出。

9.3.1　导入文本文件数据库

（1）打开企业管理器，展开选定的服务器，右击该服务器图标，从弹出的快捷菜单中选择“所有任务”中的“导入数据”命令，就会出现“数据转换服务导入/导出向导”对话框，如图 9-1 所示。

（2）在“数据转换服务导入/导出向导”对话框中，单击“下一步”按钮，将出现选择导入数据的“选择数据源”对话框，如图 9-33 所示。在“数据源”下拉列表框中选择文本文件。单击文件名右边的“...”按钮，就会出现“选择文件”对话框，如图 9-34 所示，在其中选定作为数据源的导入文本文件的名称，并单击“打开”按钮，返回“选择数据源”对话框。

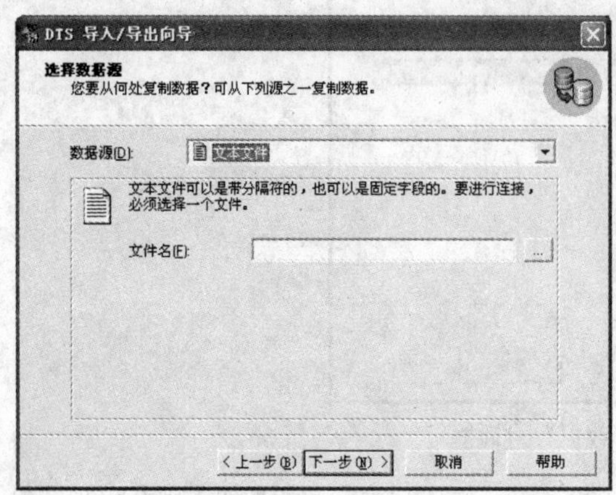

图 9-33 “选择数据源”对话框

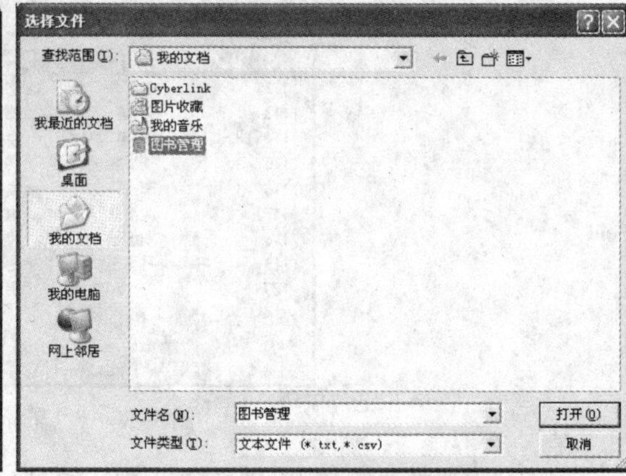

图 9-34 “选择文件”对话框

（3）在“选择数据源”对话框，如图 9-33 所示中，单击“下一步”按钮，则会出现“选择文件格式”对话框，如图 9-35 所示。该对话框提供了两种选择源文本文件的格式，带分隔符或固定字段格式，在此选择带分隔符格式。

（4）确定文件格式后，单击“下一步”按钮，则会出现“指定列分隔符”对话框，如图 9-36 所示。在该对话框中选择用逗号、制表符、分号或其他符号来分隔字段，在下方的预览窗口中可以预览按照该字符分隔的表格，在此选择“逗号”分隔符。

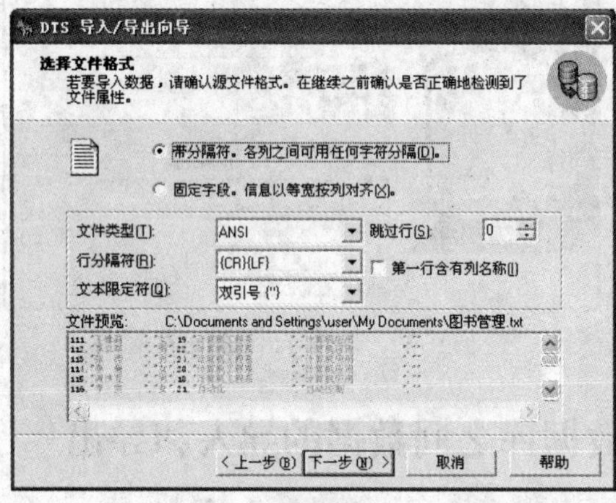

图 9-35 “选择文件格式”对话框

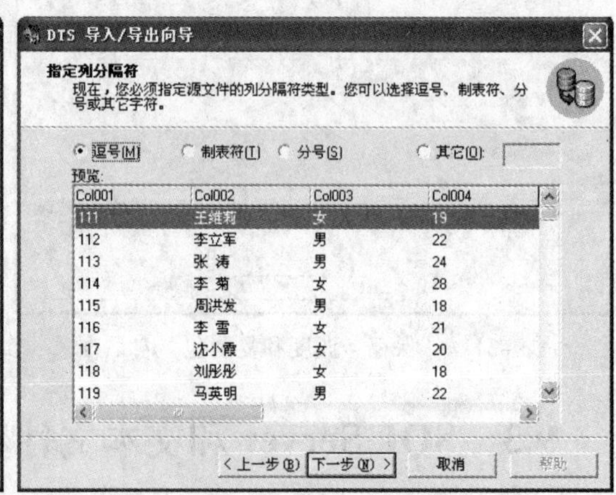

图 9-36 “指定列分隔符”对话框

（5）单击“下一步”按钮，就会出现“选择目的”对话框，如图 9-37 所示。这里选择 “用于 SQL Server 的 Microsoft OLE DB 提供程序”选项，选定服务器名称和数据库名称后，单击“下一步”按钮，则会出现“选择源表和视图”对话框，如图 9-38 所示。在该对话框中可以选定需要复制的表或者视图的名称，只需选择表格前的复选框即可选择或者取消该表格或者视图的复制。单击“...”按钮，则会出现“列映射和转换”对话框，如图 9-39 所示。其中可以设置对源数据进行转换后再进行复制到目的数据库。

（6）单击“确定”按钮，则会出现“保存、调度和复制包”对话框，如图 9-40 所示。在该对话框中，可以设置复制任务的自动执行、创建 DTS 包、定义 DTS 包的调度执行时刻，也可以设置 DTS 类型，在此选择“立即运行”复选框，并单击“下一步”按钮，进入确认导入数据对话框，如图 9-41 所示。

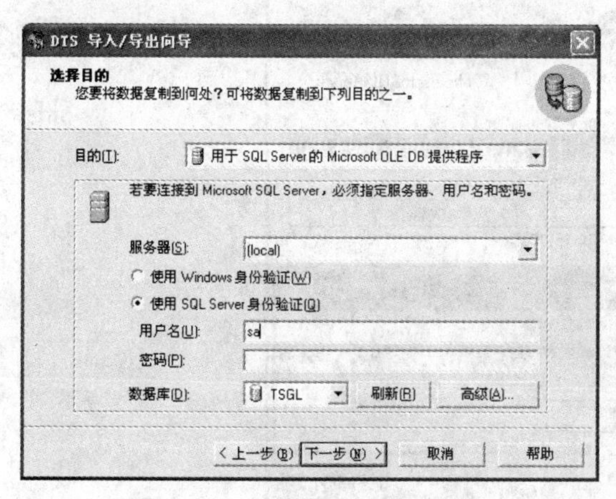

图 9-37　“选择目的”对话框

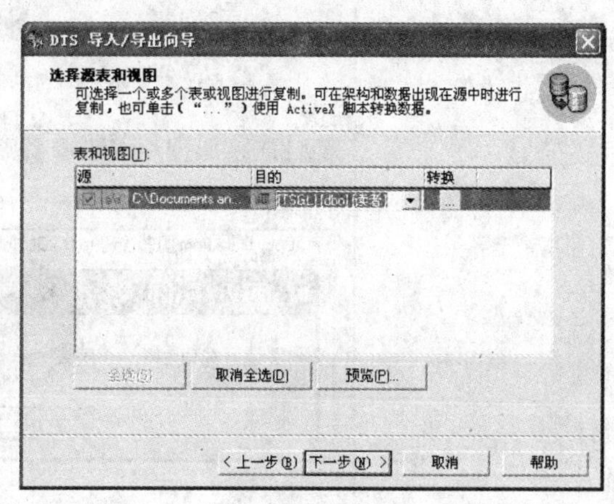

图 9-38　“选择源表和视图”对话框

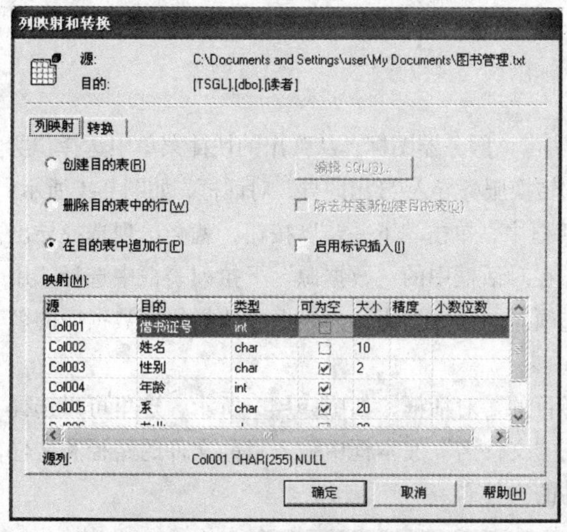

图 9-39　“列映射和转换”对话框

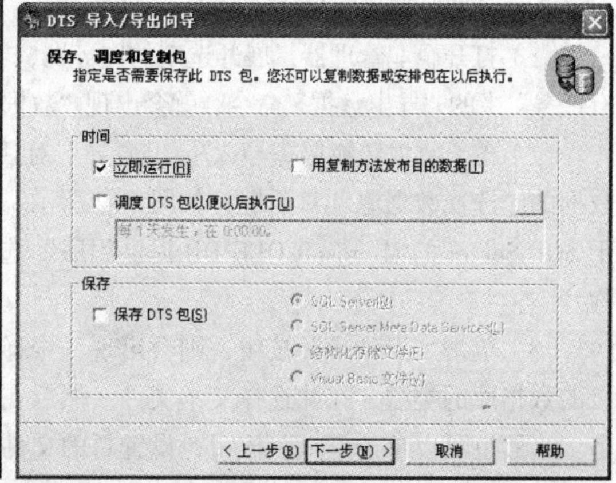

图 9-40　“保存、调度和复制包”对话框

（7）在确认导入数据对话框中，显示通过该向导已经进行的设置，确定无误后单击“完成”按钮即可完成设置，如果有误，可单击“上一步”按钮返回修改。

（8）如果在向导中设置了立即运行，在向导结束后，则会出现数据导入对话框，如图 9-42 所示，执行向导中定义的复制操作，完成文本文件数据库导入 SQL Server 的操作。

图 9-41　确认导入数据对话框

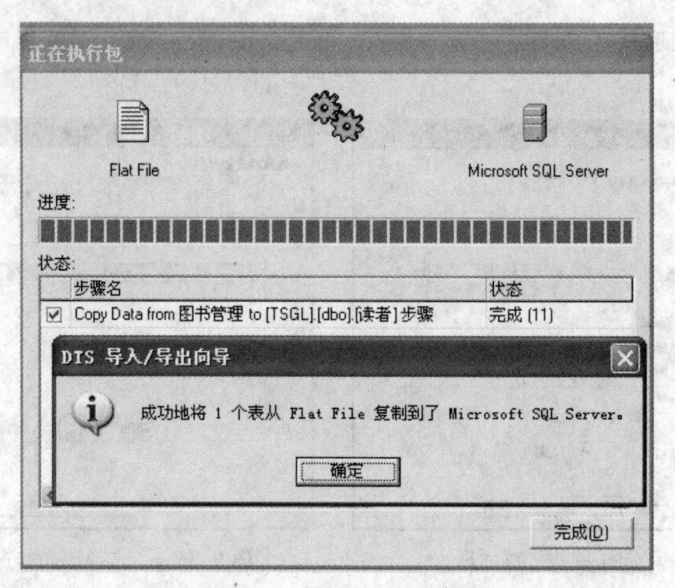

图 9-42 数据导入对话框

9.3.2 导出数据至文本文件

（1）打开企业管理器，展开选定的服务器，右击该服务器图标，从弹出的快捷菜单中选择“所有任务”中的“导出数据”命令，就会出现“数据转换服务导入/导出向导”对话框，如图 9-1 所示。

（2）在“数据转换服务导入/导出向导”对话框中，单击“下一步”按钮，就会出现选择导出数据的“选择数据源”对话框，如图 9-2 所示。在对话框中的“数据源”下拉列表框中选择“用于 SQL Server 的 Microsoft OLE DB 提供程序”选项。在“数据库”列表框中选择导出数据库的名称。

（3）单击“下一步”按钮，则会出现“选择目的”对话框，如图 9-43 所示，这里可以选择目的数据库的类型，在此选择文本文件。然后在“文件名”文本框中输入目的文件的路径和文件名。当然也可以单击“...”按钮，设置目的文件的文件名。

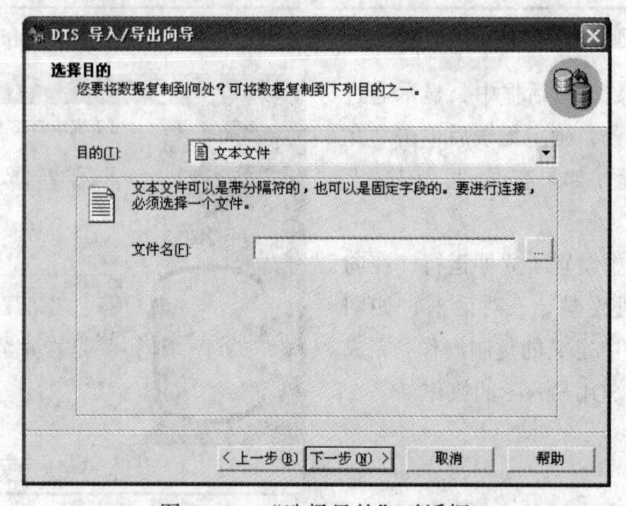

图 9-43 “选择目的”对话框

（4）单击“下一步”按钮，则会出现“指定表复制或查询”对话框，如图 9-44 所示。

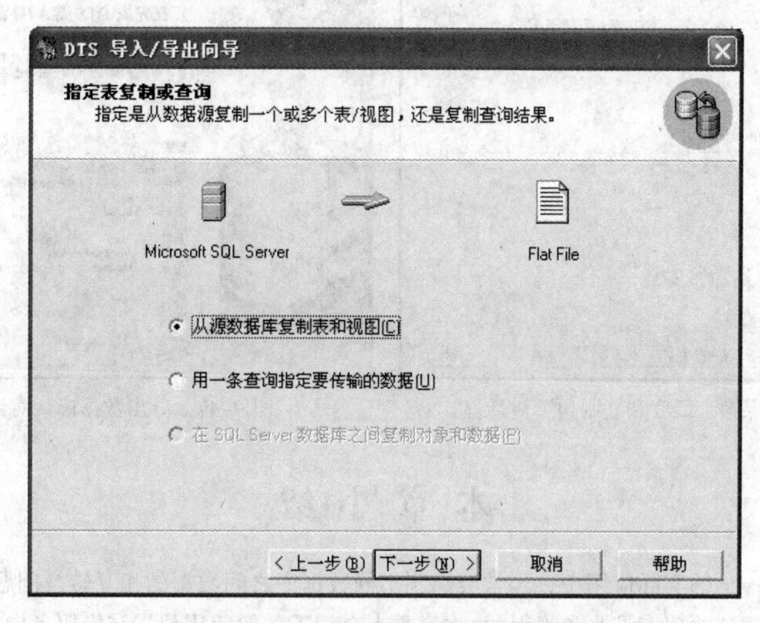

图 9-44 “指定表复制或查询”对话框

（5）单击“下一步”按钮，则会出现“选择目的文件格式”对话框，如图 9-45 所示。在此对话框中可以在“源”下拉列表框中选择将数据库中的哪一个表复制到文本文件中。

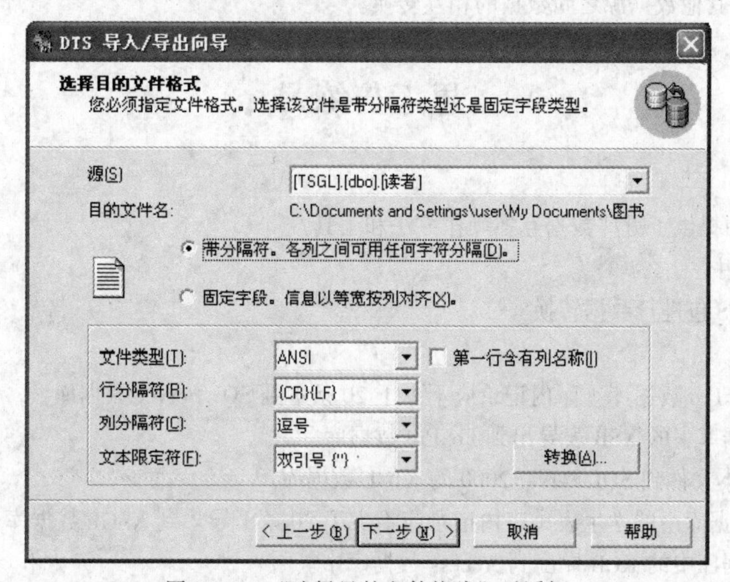

图 9-45 “选择目的文件格式”对话框

（6）单击“下一步”按钮，就会出现“保存、调度和复制包”对话框，如图 9-46 所示。继续单击“下一步”按钮，将出现导出数据确认对话框，如图 9-47 所示。确认无误后，单击“完成”按钮，完成 SQL Server 数据导出至文本文件的操作。

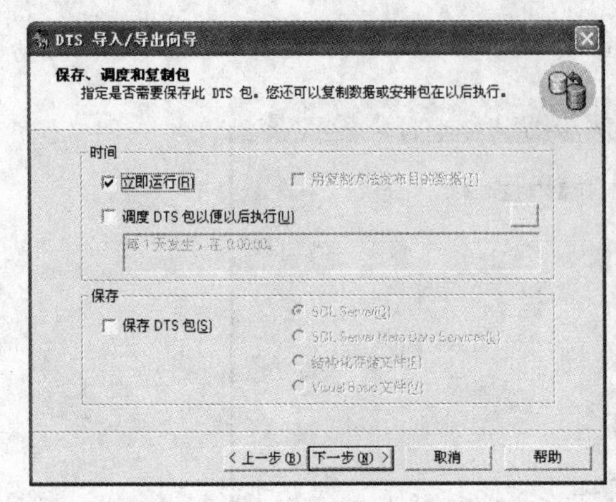

图 9-46 “保存、调度和复制包”对话框

图 9-47 导出数据确认对话框

本 章 小 结

在 SQL Server 的实际应用中，经常会遇到不同数据库之间数据的相互转换问题，SQL Server 2000 数据转换服务的功能是非常强大的，本章重点介绍了如何使用数据转换服务向导 DTS 来完成 SQL Server 和 FoxPro 数据库之间、SQL Server 和 Access 数据库之间以及 SQL Server 和文本文件之间数据的导入和导出，只要按照 DTS 提供的操作流程选择必要的选项和参数，就能够很顺利地完成 SQL Server 和其他数据源之间数据的相互转换。

思考与练习

一、简答题

1. SQL Server 中提供了哪些数据互换操作方法和工具？
2. DTS 包的作用是什么？
3. 如何使用 DTS 包进行数据转换？

二、上机操作

1. 导入一个 FoxPro 数据库（库内记录应不少于 20 条）到 SQL Server 数据库。
2. 将 XJGL 数据库中的 XSB 表导出到 FoxPro 数据库。
3. 导入一个文本文件到 SQL Server 2000 的 XJGL 数据库。
4. 将 Access 数据库中的学生表（表内记录应不少于 20 条）导入到 XSGL 数据库。
5. 将 XJGL 数据库中的 KCB 导出到 Access 数据库中。
6. 将 XJGL 数据库导出到一个文本文件中。
7. 利用 DTS 设计器将系统数据库 Pubs 中的 authors 表导出到新建的数据库表 temp 中。

实训六　学习并使用 SQL Server 2000 的数据转换工具

一、实训目的

（1）学习使用 SQL Server 2000 的数据转换服务——DTS 工具。

（2）学会使用 SQL Server 2000 的 DTS 导入和导出向导实现 SQL Server 和 FoxPro 数据库之间数据的导入和导出。

（3）学会使用 SQL Server 2000 的 DTS 导入和导出向导实现 SQL Server 和 Access 数据库之间数据的导入和导出。

（4）学会使用 SQL Server 2000 的 DTS 导入和导出向导实现 SQL Server 和文本文件之间数据的导入和导出。

二、实训内容

（1）使用 SQL Server 2000 的 DTS 导入和导出向导将 FoxPro 数据库导入 SQL Server。

① 使用企业管理器创建“数据转换_06100”数据库（注意：仍以 06 级学号尾号是 100 的学生为例）。

② 使用 SQL Server 2000 的 DTS 导入和导出向导将实训一所创建的 FoxPro“图书借阅关系数据库_06100”数据库导入到“数据转换_06100”数据库，具体操作步骤可以参考教材“9.1.1 导入 FoxPro 数据库”；

注意：

① 导入数据库过程中，在“输入数据库路径”对话框中的 Data Source Name 文本框内应输入要导入的 FoxPro 数据库名：“图书借阅关系数据库_06100”。

② 导入数据库过程中，在“选择目的”对话框中目标数据库要选择“数据转换_06100”数据库。

③ 要检查导入到“数据转换_06100”数据库内的数据（表和记录）是否正确。

（2）使用 SQL Server 2000 的 DTS 导入和导出向导将 SQL Server 数据库导出到 FoxPro 数据库。

① 使用企业管理器还原实训四所创建的“学生成绩管理_06100”的数据库（注意：仍以 06 级学号尾号是 100 的学生为例），还原数据库的方法可以参考教材“4.3.4 还原数据库”。

② 使用 DTS 导入和导出向导，将“学生成绩管理_06100”数据库导出到实训一所创建的 FoxPro“图书借阅关系数据库_06100”数据库内，具体操作步骤可以参考教材“9.1.2 导出数据至 FoxPro 数据库”。

注意：

① 导出数据过程中，在选择导出数据的“选择数据源”对话框中的“数据库”列表框中应该选择将要导出的数据库：“学生成绩管理_06100”。

② 在确定目的数据库的过程中，确定目的数据库的路径时，在 Data Source Name 文本框内应输入要导出的目的数据库名：“图书借阅关系数据库_06100”。

③ 要检查导出到 FoxPro“图书借阅关系数据库_06100”数据库内的数据（表和记录）是否正确。

（3）使用 SQL Server 2000 的 DTS 导入和导出向导将 SQL Server 数据库导出到 Access 数据库：使用 DTS 导入和导出向导，将 SQL Server“学生成绩管理_06100”数据库导出到实训一所创建的 Access“图书借阅关系数据库_06100”数据库内，具体操作步骤可以参考教材“9.2.2 导出数据至 Access 数据库”；

注意：

① 导出数据过程中，在选择导出数据的“选择数据源”对话框中的“数据库”列表框内应该选择将要导出的数据库：“学生成绩管理_06100”。

② 在确定目的数据库的过程中，确定目的数据库的路径时，在“选择文件”对话框内应选择要导出的目的数据库名：“图书借阅关系数据库_06100”。

③ 要检查导出到 Access“图书借阅关系数据库_06100”数据库内的数据（表和记录）是否正确。

（4）使用 SQL Server 2000 的 DTS 导入和导出向导将 SQL Server 数据库导出到文本文件：

① 用记事本建立一个名为“导出数据_06100”的文本文档。

② 使用 DTS 导入和导出向导，将“学生成绩管理_06100”数据库的“学生_06100”表导出 到“导出数据_06100”的文本文档内，具体操作步骤可以参考教材“9.3.2 导出数据至文本文件”。

注意：

① 导出数据过程中，在“选择目的文件格式”对话框中的“源”列表框内应选择将要导出的“学生成绩管理_06100”数据库的“学生_06100”表。

② 要检查导出到文本文件内的数据（“学生_06100”表）是否正确。

三、实训要求

（1）将导入数据后的“数据转换_06100”数据库的备份数据库、导出 SQL Server“学生成绩管理_06100”数据的 FoxPro“图书借阅关系数据库_06100”数据库和 Access“图书借阅关系数据库_06100”数据库以及“导出数据_06100”的文本文档存入一个文件夹内，文件夹的名称定义为“实训六实验数据_06100_姓名”。

（2）将“实训六实验数据_06100_姓名”文件压缩后提交到老师指定的邮箱。

第 10 章 SQL Server 2000 应用实例

学习目标

☑ 掌握如何使用 ADO 和 ODBC 访问数据库的方法。

☑ 熟练掌握在 Visual Basic 中使用 ADO 和 ODBC 访问数据库的两种方式。

☑ 通过图书管理系统案例的设计了解和掌握应用 Delphi 进行前台界面设计和后台数据库访问的方法。

当开发一个管理信息系统时，往往前台界面设计的开发工具选用 Visual Basic 或 Delphi 等，后台数据库设计的开发工具选用 SQL Server 或 Access 等，那么前台的界面如何同后台的数据库连接呢？在 SQL Server 2000 中，应用程序可以通过两种方式访问数据库。

① 应用程序接口（API）：如开放式数据库连接（ODBC），数据访问对象（DAO），ActiveX 数据对象（ADO）等。

② 统一资源定位器（URL）。

本章主要介绍在 Visual Basic 和 Delphi 中如何使用 ADO 和 ODBC 访问数据库；同时介绍一个功能简单的图书管理系统开发案例，以易于理解和掌握前台的界面如何同后台的数据库进行连接。

10.1 在 Visual Basic 中访问 SQL Server 2000

Visual Basic 是一种简单易学且功能强大的可视化编程语言，和 Windows 操作系统完全兼容，可以实现同 SQL Server 的“无缝”连接。本节中涉及 Visual Basic 的知识可以参看有关参考书，这里不再赘述。

按照前几章所讲述的方法，在企业管理器中创建数据库 TSGL；登录数据库用户名和密码，分别为 sa 和空密码；创建“图书管理系统”所需要的数据表：读者表、图书表和借阅表。表的具体结构如表 10-1 ~ 表 10-3 所示。

表 10-1　读者表

字　段	数据类型	长　度	是否允许空值	备　注
借书证号	Int	4	否	主键
姓名	Char	10	否	
性别	Char	2	是	
年龄	Int	4	是	
系	Char	20	是	
专业	Char	20	是	
备注	Text	100	是	

表 10-2　图书表

字　段	数据类型	长　度	是否允许空值	备　注
图书编号	Int	4	否	主键
分类号	Varchar	8	否	
书名	Varchar	30	是	
作者	Char	10	是	
出版单位	Varchar	30	是	
单价	money	8	是	
备注	ntext	16	是	

表 10-3　借阅表

字　段	数据类型	长　度	是否允许空值	备　注
借书证号	Int	4	否	主键（外键）
图书编号	Int	4	否	主键（外键）
借书时间	smalldatetime	4	是	
还书时间	smalldatetime	4	是	

10.1.1　使用 ADO 控件访问 SQL Server 数据库

使用 ADO 控件和 ADO 对象均可访问 SQL Server 数据库，在此使用 ADO 控件，主要设置 ConnectionString 属性，在连接资源中选择“使用 ODBC”数据源名称，然后选择相应数据源名称，即可访问 SQL Server 数据库。

具体操作步骤如下：

（1）启动 Visual Basic 6.0 程序，新建一个标准工程，默认名称为“工程 1”。在该工程中会自动创建一个窗体，默认名称为 Form1。

（2）选择“工程”菜单下的“部件”命令，在弹出的对话框中选择 Microsoft ADO Data Control 6.0（OLEDB）选项和 Microsoft DataGrid Control 6.0（OLEDB）选项，然后单击“确定”按钮，Adodc 控件和 DataGrid 控件将被添加到工具箱中。

（3）在 Form1 窗体上放置一个 Adodc 控件、一个 DataGrid 控件、一个 CommandButton 控件，

设计的窗体如图 10-1 所示。主要控件对象的属性如表 10-4 所示。

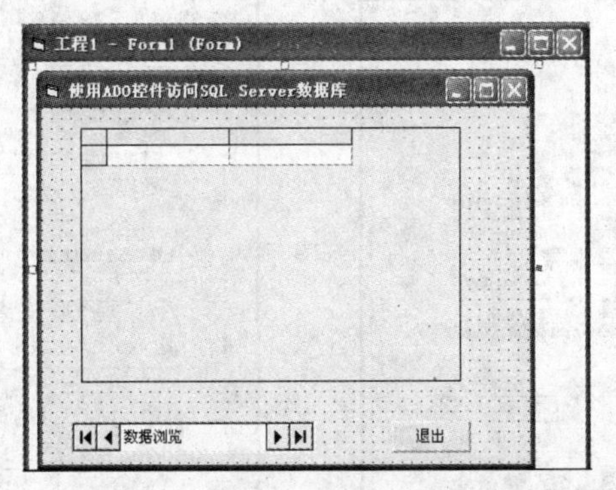

图 10-1　使用 ADO 控件设计界面

表 10-4　主要控件对象的属性列表

控件名	属性设置	功能
Adodc1	设置 ConnectionString 为 Provider=SQLOLEDB.1;Persist Security Info=False;User ID=sa;Initial Catalog=TSGL;Data Source=(local); 设置 RecordSource 为"读者"表 设置 Caption 为"数据浏览"	提供数据绑定
DataGrid1	设置 DataSource 为 Adodc1	数据浏览
Form1	设置 Caption 为"使用 ADO 控件访问 SQL Server 数据库"	窗体
Command1	设置 Caption 为"退出"	

（4）设置 Adodc1 的 ConnectionString 属性：单击属性窗口中 ConnectionString 属性框右边的省略号按钮，将弹出如图 10-2 所示的"属性页"对话框，选中"使用连接字符串"单选按钮。单击"生成"按钮，弹出如图 10-3 所示的"数据链接属性"对话框。在此对话框中，在"提供程序"选项卡中（如图 10-3（a）所示）选择 Microsoft OLE DB Provider for SQL Server 选项；在"连接"选项卡中（如图 10-3（b）所示）的"选择或输入服务器名称"下拉列表框中输入"(local)"，在"用户名称"文本框中输入 sa，并选择空白密码；在"在服务器上选择数据库"下拉列表框中选择 TSGL 数据库。单击"测试连接"按钮，如果正确，则连接成功；如果不正确，系统会指出具体的错误，应该重新检查配置的内容是否正确。

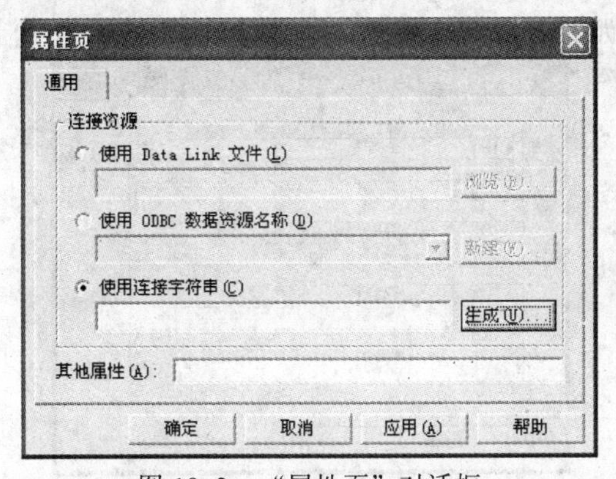

图 10-2　"属性页"对话框

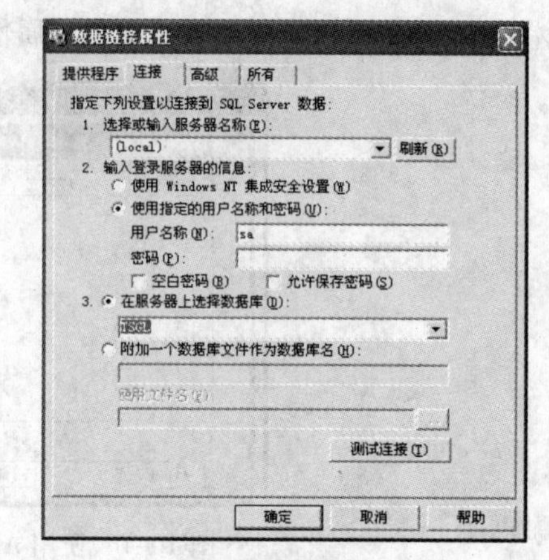

（a）“提供程序”选项卡　　　　（b）“连接”选项卡

图 10-3 “数据库链接属性”对话框

（5）设置 RecordSource 的属性：单击 Adodc1 属性窗口中的 RecordSource 属性框右边的省略号按钮，将出现如图 10-4（a）所示的“属性页”对话框。在“命令类型”下拉列表框中可以选择“命令文本”方式、“表”方式或“存储过程”方式；如果只是浏览数据表中的数据，可以设置 RecordSource 为读者表(如图 10-4(a)所示)；如果程序中要对数据进行动态查询，应设置 DataSource 属性为文本方式的 SQL 语句，如：select * from 读者，如图 10-4（b）所示。

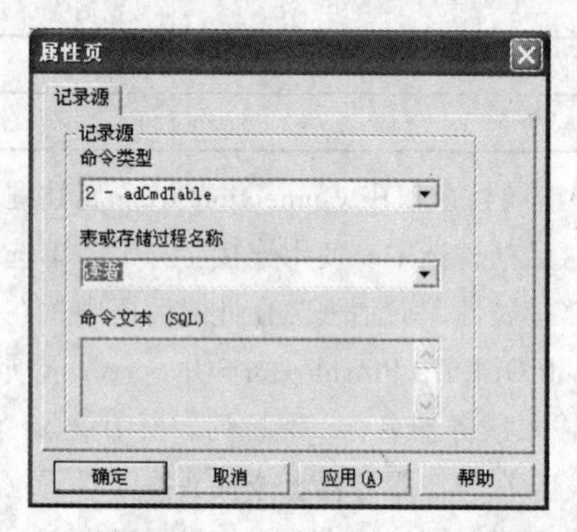

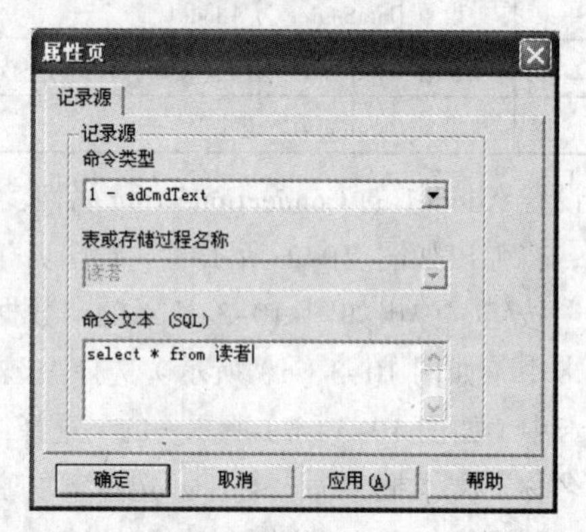

（a）设置 RecordSource 为读者表　（b）设置 RecordSource 为文本方式的 SQL 语句

图 10-4 “属性页”对话框

（6）运行程序，结果如图 10-5 所示。

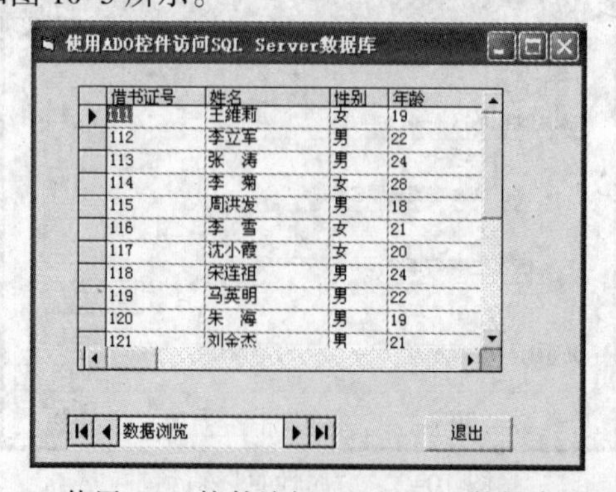

图 10-5 使用 ADO 控件访问 SQL Server 数据库运行结果

10.1.2　使用 ODBC 连接 SQL Server 数据库

ODBC 即开放式数据库连接，是数据库服务器的一个标准协议。利用它可以在应用程序里连接多种类型的数据库系统，对于不同的数据库就要求使用不同的驱动程序，所以在使用 ODBC 时，应根据数据库类型的不同选择不同的 DSN 选项。

具体操作步骤如下：

（1）选择“控制面板”中“管理工具”的“ODBC”数据源，打开“ODBC 数据源管理器”对话框，如图 10-6 所示。单击“添加”按钮来添加一个数据源。

（2）单击“添加”按钮后，系统将准备添加一个用户数据源。为了安装数据源，会弹出“创建新数据源”对话框，如图 10-7 所示。

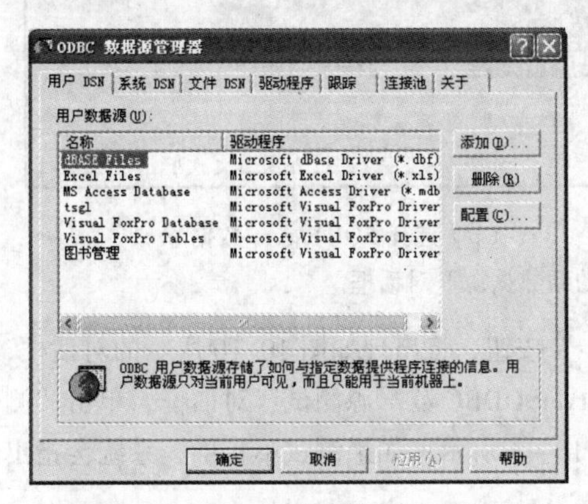

图 10-6　“ODBC 数据源管理器”对话框

图 10-7　“创建新数据源”对话框

（3）在“创建新数据源”对话框中，选择 SQL Server 选项后，单击“完成”按钮，进入“创建到 SQL Server 的新数据源”对话框，如图 10-8 所示。

图 10-8　“创建到 SQL Server 的新数据源”对话框

在“名称”文本框中输入新的数据源名，这里输入 TSGL 作为新的数据源名称。在“描述”文本框中输入对数据源的描述，可以为空。在“服务器”下拉列表框中输入想要连接的 SQL Server 服务器。如果要连接的服务器是安装在本机上的，那么可以选择 local 选项。

（4）单击“完成”按钮，将完成新数据源的配置。单击“下一步”按钮将进行下一步的配置工作，在“创建到SQL Server的新数据源”对话框中，输入相应登录的用户名（sa）和密码，如图10-9（a）所示。

（5）单击“下一步”按钮，将会出现如图 10-9（b）所示的对话框，在“更改默认的数据库为”下拉列表框中，选择所需要的SQL Server数据库（如TSGL）。

（a）输入用户名和密码

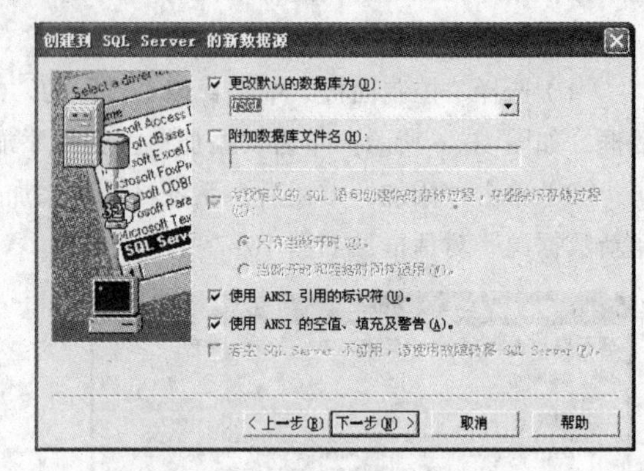

（b）选择SQL Server数据库

图10-9 “创建到SQL Server的新数据源”对话框

（6）在图10-9（b）所示对话框中，单击“下一步”按钮，将出现如图10-10所示的对话框，在该对话框中，单击“完成”按钮，将出现“SQL Server ODBC数据源测试”对话框，单击“测试数据源”按钮，如果测试正确，则连接成功，如图10-11所示；如果测试不正确，系统会指出具体的错误，用户应该重新检查配置的内容是否正确。

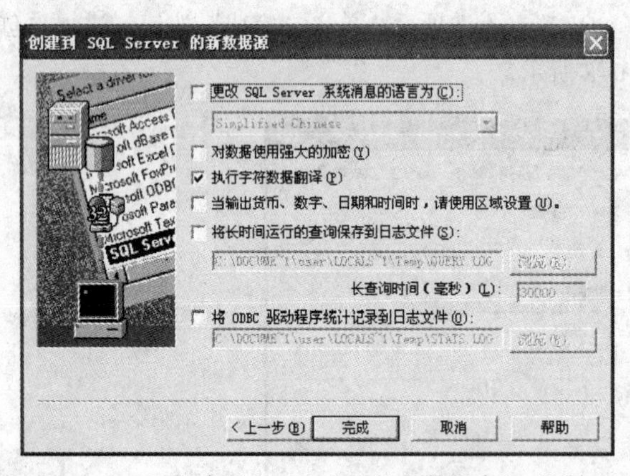

图10-10 “创建到SQL Server的新数据库”对话框

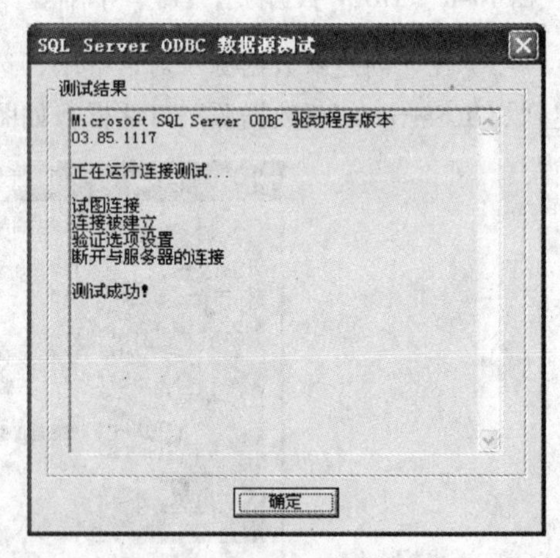

图10-11 “SQL Server ODBC数据源测试”对话框

10.2 Delphi+SQL Server开发图书管理系统

Delphi是Inprise公司的一款优秀的软件开发工具，它功能强大，易学易用。Delphi支持BDE、ODBC和ADO等几种数据引擎，可以访问多种数据格式。本节介绍了一个最简单的图书管理系统的设计案例，该系统前台界面设计使用Delphi 7为开发工具，后台数据库设计使用SQL Server 2000。其中涉及Delphi的相关知识可阅读有关参考书，在此不再赘述。

10.2.1 数据库设计

按照前几章所讲述的方法，建立数据库 TSGL。登录数据库用户名和密码（分别为 sa 和空密码）。在数据库 TSGL 中创建、生成系统所需要的数据表："读者"表、"图书"表、"借阅"表，各个表的具体结构如表 10-1 ~ 表 10-3 所示。

10.2.2 前台界面应用程序设计

启动 Delphi 7，新建工程文件，设计主窗体。

1. 设计主窗体

主窗体是各功能模块的入口，主窗体名为 frm_main，设计界面如图 10-12 所示。

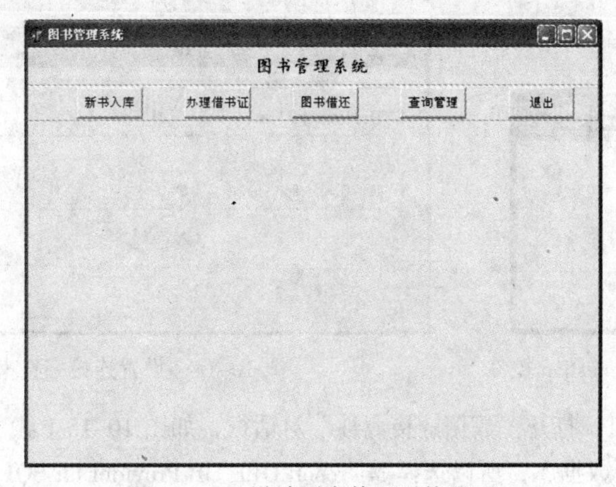

图 10-12 设计图书管理系统界面

在该图中，放置了两个 panel 和 5 个 SpeedButton，分别设置 Caption 属性，分别为 5 个按钮添加单击事件。

各按钮的功能和代码如下：

①"新书入库"按钮用于打开新书入库管理窗口。为它添加 OnClick 事件，并添加如下代码：

```
Frm_xsrk.ShowModal;
```

②"办理借书证"按钮用于打开办理借书证管理窗口。为它添加 OnClick 事件，并添加如下代码：

```
Frm_jsz.ShowModal;
```

③"图书借还"按钮用于打开借阅管理窗口。为它添加 OnClick 事件，并添加如下代码：

```
Frm_tsjh.ShowModal;
```

④"查询管理"按钮用于打开借书证信息、借阅查询窗口。为它添加 OnClick 事件，并添加如下代码：

```
Frm_cx.ShowModal;
```

⑤"退出"按钮用于关闭主窗口。为它添加 OnClick 事件，并添加如下代码：

```
close;
```

2. 创建数据模块窗口

在应用程序中，对于一些经常使用的表、SQL 语句，可以放在数据模块中，易于不同的模块引用。

创建数据模块的操作步骤如下：

（1）选择 File 菜单中 New 下的 DataModule 命令，新建一个数据模块窗体，窗体名为 DataModule1。

（2）为窗体添加一个 ADOConnection 控件，如图 10-13 所示。

（3）设置 ADOConnection1 的 ConnectionString 属性：Delphi 与 SQL Server 2000 的连接方式有多种方式，在此仅介绍使用 ADO 访问数据库的方法，即使用 ADOConnection 组件，最主要的参数是 Connection String，这个属性是多个字符串的集合。设置 ConnectionString 属性可以使用“连接字符串编辑器”来实现。具体操作步骤如下：

① 单击“对象观察器”中 ConnectionString 属性框右边的“省略号”按钮，将弹出如图 10-14 所示的窗口，选择 Use Connection String 单选按钮。

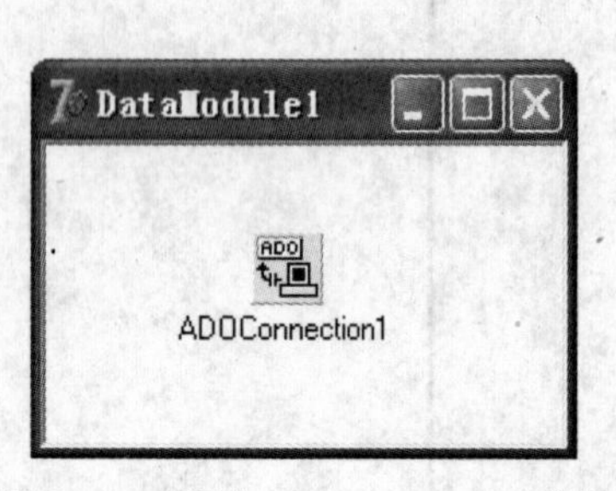

图 10-13　添加 ADOConnestion 控件

图 10-14　设置连接字符串窗口

② 单击 Build 按钮，打开“数据链接属性”对话框，如图 10-15（a）所示。在该对话框中，由于要连接 SQL Server 数据库，所以选择 Microsoft OLE DB Provider for SQL Server 选项。

③ 单击“下一步”按钮，将出现如图 10-15（b）所示的“数据链接属性”对话框，在此对话框可以确定数据源。如果是本地数据库，就选择 local 选项，然后再输入用户名（sa）和密码（空），数据库名为 TSGL。

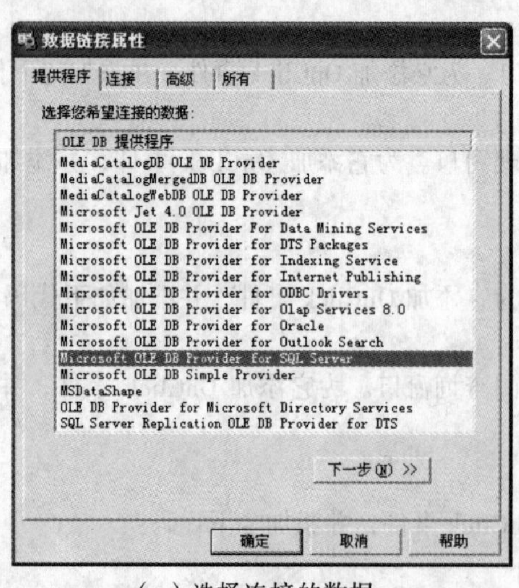

（a）选择连接的数据

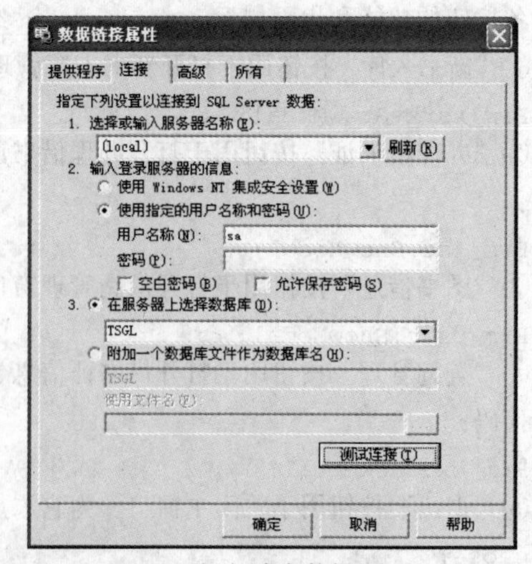

（b）确定数据源

图 10-15　“数据链接属性”对话框

④ 然后单击“测试连接”按钮，如果连接成功，可以看到“测试成功提示”对话框，依次单击“确定”按钮，即可完成 ConnectionString 参数设置。

3. 创建“新书入库”管理窗口

“新书入库”管理窗口对应的单元文件为 Uxsxx，窗体名为 Frm_xsxx，设计窗体如图 10-16 所示。

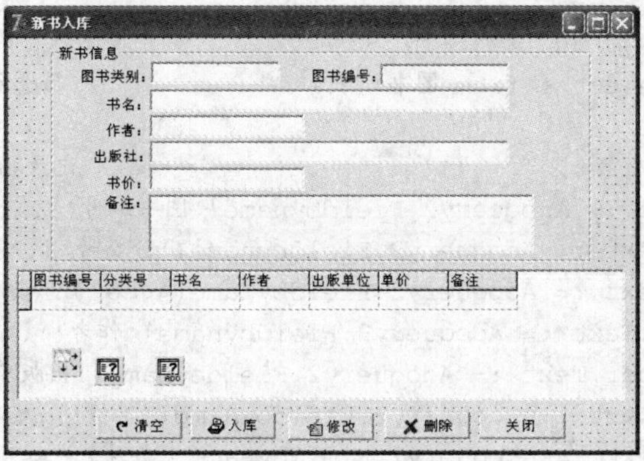

图 10-16　“新书入库”管理界面设计

整个界面分为 3 个部分，第 1 部分用来录入入库图书信息；第 2 部分用来浏览库内图书的相关信息；第 3 部分按钮主要用来实现清空、入库、删除、修改记录等操作。

主要控件及属性设置如表 10-5 所示。

表 10-5　主要控件及属性设置

控 件 名	控 件 类 型	属 性 设 置
GroupBox1	TGroupBox	设置 Caption 为“新书信息”
edt_type	TEdit	设置 Caption 为“”
edt_no	TEdit	设置 Caption 为“”
edt_name	TComboBox	设置 Text 为“”
edt_author	TEdit	设置 Caption 为“”
edt_publisher	TEdit	设置 Caption 为“”
edt_price	TEdit	设置 Caption 为“”
edt_memo	TMemo	设置 lines 为“”
Bitbtnqingkong	TButton	设置 Caption 为“清空”，设置 Glyph 属性，装载位图
Bitbtnruku	TButton	设置 Caption 为“入库”，设置 Glyph 属性，装载位图
Bitbtndelete	TButton	设置 Caption 为“删除”，设置 Glyph 属性，装载位图
Bitbtnupdate	TButton	设置 Caption 为“修改”，设置 Glyph 属性，装载位图
Bitbtnclose	TButton	设置 Caption 为“关闭”
DBGrid1	TDBGrid	设置 DataSource 为 DataSource1，编辑 Columns 属性，添加相应显示字段
DataSource1	TDataSource	设置 DataSet 为 ADOQuery2
ADOQuery1	TADOQuery	设置 Connection 属性为 DataModule1.ADOConnection1
ADOQuery2	TADOQuery	设置 Connection 属性为 DataModule1.ADOConnection1

（1）在窗体的FormShow事件中添加如下代码：

```
procedure TFrm_xsrk.FormShow(Sender: TObject);
begin
   with Adoquery2 do
   begin
     Close;
     SQL.Clear;
     SQL.Add('select * from 图书');                    //筛选所有记录
     Open;
     Adoquery2.First;                                  //记录指针移至首位
     edt_no.Text := Adoquery2.Fieldbyname('图书编号').AsString;
     edt_type.Text := Adoquery2.Fieldbyname('分类号').AsString;
     edt_name.Text := Adoquery2.Fieldbyname('书名').AsString;
     edt_author.Text := Adoquery2.Fieldbyname('作者').AsString;
     edt_publisher.Text := Adoquery2.Fieldbyname('出版单位').AsString;
     edt_price.Text := Adoquery2.Fieldbyname('单价').AsString;
     edt_memo.Text := Adoquery2.Fieldbyname('备注').AsString;
   end;
end;
```

（2）在“入库”按钮的单击事件中添加入如下代码，以实现新图书入库的功能。

```
//自定义函数，判断是否为数字键即：0…9之间的数字
function  IsNumber(str:string):boolean;
var
   i:integer;
begin
   Result:=true;
   for i:=1 to Length(str) do
     if not (ord(str[i]) in [48..57]) then
         begin
           Result:=false;
           exit;
         end;
end;
procedure TFrm_xsrk.BitBtnrukuClick(Sender: TObject);
begin
   if (not IsNumber(edt_no.Text)) then              //图书编号是否合法
   begin
    MessageBox(handle,'图书编号只能为数字！','图书编号错误',MB_OK orMICONERROR);
    exit;
   end
   else
    begin
       Adoquery1.Close;
       Adoquery1.SQL.Clear;
       Adoquery1.SQL.Add('Select * From 图书 Where 图书编号=:图书编号');
       Adoquery1.Parameters.ParamByName('图书编号').Value:=edt_no.Text;
```

```
Adoquery1.Open;
//用于判断入库图书编号是否已经存在
        if Adoquery1.RecordCount<>0 then
          begin
            MessageBox(handle,'你输入的图书编号已经存在！','编号重复',MB_OK or
MB_ICONERROR);
            exit;
          end;
        end;
//用于判断图书类别是否为空值
      if edt_type.Text='' then
        begin
          MessageBox(handle,'图书类别不能为空！','图书类别有误',MB_OK or MB _
ICONERROR);
          exit;
        end;
//用于判断图书名称是否为空值
      if edt_name.Text='' then
        begin
          MessageBox(handle,'书名不能为空！','书名有误',MB_OK or MB_ICONERROR);
          exit;
        end;
      if edt_author.Text='' then
        begin
          MessageBox(handle,'作者不能为空！','作者有误',MB_OK or MB_ICONERROR);
          exit;
        end;
//用于判断出版社是否为空值
      if edt_publisher.Text='' then
        begin
          MessageBox(handle,'出版社不能为空！','出版社有误',MB_OK or MB _
ICONERROR);
          exit;
        end;
//用于判断图书定价是否为空值
      if edt_price.Text='' then
        begin
          MessageBox(handle,'定价不能为空！','定价有误',MB_OK or MB_ICONERROR);
          exit;
        end;
      with Adoquery1 do
        begin
          Close;
          SQL Clear ;
          SQL.Add('Insert Into 图书(图书编号,分类号,书名,作者,出版单位,单价,备
注)');
```

```
          SQL.Add(' Values (:图书编号,:分类号,:书名,:作者,:出版单位,:单价,:备
注)');
          Parameters.ParamByName('图书编号').Value:=edt_no.Text;
          Parameters.ParamByName('分类号').Value:=edt_type.Text;
          Parameters.ParamByName('书名').Value:=edt_name.Text;
          Parameters.ParamByName('作者').Value:=edt_author.Text;
          Parameters.ParamByName('出版单位').Value:=edt_publisher.Text;
          Parameters.ParamByName('单价').Value:=edt_price.Text;
          Parameters.ParamByName('备注').Value:=edt_memo.Text;
          ExecSQL;                    //提交 SQL 语句
MessageBox(handle,'此图书已经成功入库!','入库成功',MB_OK or MB_ICONINFORMATION);
//清空各编辑框的内容
          edt_no.Text := '';
          edt_type.Text := '';
          edt_name.Text := '';
          edt_author.Text := '';
          edt_publisher.Text := '';
          edt_price.Text := '';
          edt_memo.Text := '';
       end;
       Adoquery1.Close;
     //FormShow(Sender);
end;
```

（3）在“修改”按钮的单击事件中添加入如下代码，以实现对录入图书信息的修改功能。

```
procedure TFrm_xsrk.BitBtnupdateClick(Sender: TObject);
begin
       with Adoquery1 do
       begin
          Close;
          SQL.Clear;                  //清除 SQL 内容
          SQL.Add('Update 图书 set 分类号= :分类号,书名= :书名');
          SQL.Add(' ,作者= :作者,出版单位= :出版单位,单价= :单价,备注= :备注');
          SQL.Add('where 图书编号= :图书编号');
          Parameters.ParamByName('图书编号').Value:=trim(edt_no.Text);
          Parameters.ParamByName('分类号').Value:=trim(edt_type.Text);
          Parameters.ParamByName('书名').Value:=trim(edt_name.Text);
          Parameters.ParamByName('作者').Value:=trim(edt_author.Text);
          Parameters.ParamByName('出版单位').Value:=trim (edt_publisher.
Text);
          Parameters.ParamByName('单价').Value:=trim(edt_price.Text);
          Parameters.ParamByName('备注').Value:=trim(edt_memo.Text);
          ExecSQL;
       end;
       Adoquery1.Close;
       MessageBox(handle,'此图书已经成功修改! ','修改成功',MB_OK or MB _
ICONINFORMATION);
```

```
    FormShow(Sender);
end;
```

（4）在“删除”按钮的单击事件中添加入如下代码，以实现删除图书的功能。

```
procedure TFrm_xsrk.BitBtndeleteClick(Sender: TObject);
begin
      with Adoquery1 do
      begin
        Close;
        SQL.Clear;
        SQL.Add('deletefrom 图书 where 图书编号='''+trim(edt_no.Text)+'''');
        ExecSQL;
      end;
      Adoquery1.Close;
      MessageBox(handle,'此图书已经成功删除！ ','删除成功',MB_OK or MB _
ICONINFORMATION);
        FormShow(Sender);
end;
```

（5）为了实现当前记录发生变化时，用于显示和编辑的控件内容能动态发生变化，在 DataSource1 的 DataSource1DataChange 中添加如下代码：

```
procedure TFrm_xsrk.DataSource1DataChange(Sender: TObject; Field: TField);
begin
    edt_no.Text := DataSource1.DataSet.Fields[0].AsString;
    edt_type.Text := DataSource1.DataSet.Fields[1].AsString;
    edt_name.Text := DataSource1.DataSet.Fields[2].AsString;
    edt_author.Text := DataSource1.DataSet.Fields[3].AsString;
    edt_publisher.Text := DataSource1.DataSet.Fields[4].AsString;
    edt_price.Text := DataSource1.DataSet.Fields[5].AsString;
    edt_memo.Text := DataSource1.DataSet.Fields[6].AsString;
end;
```

（6）为了防止在录入图书单价时误输入非数值型数据，可在 Edt_price 的 KeyPress 中添加如下代码：

```
procedure TFrm_xsrk.edt_priceKeyPress(Sender: TObject; var Key: Char);
begin
      //判断是否按下了数字键、[Backspace]键、[Enter]键、[“，”]键
if ( not ( (Key in ['0'..'9']) or (Key = #8) or (key=#13) or (Key = '.') or
(Key = '。')) ) then
     begin
       Key := #0;  //键值为 0，即不响应
     end
     else if ( (Key = '.') or (Key = '。') )  then
     begin
       if (Pos('.',(Sender as TEdit).Text)>0 ) then
       begin
         Key := #0;
       end
```

```
      else
        Key := '.';
    end;
  end;
```

（7）在“关闭”按钮的单击事件中加入如下代码：

```
  Close;
```

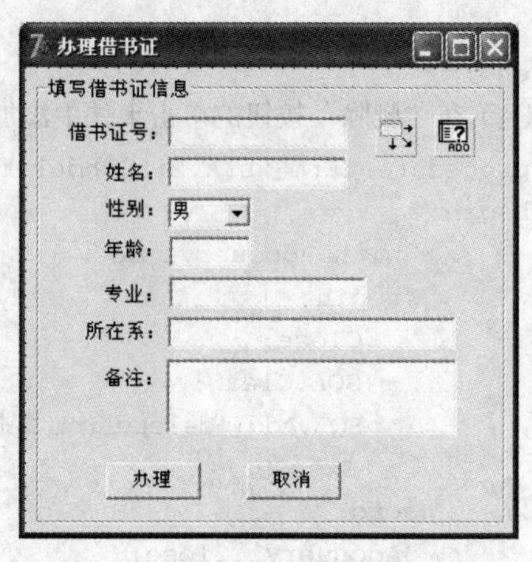

图 10-17 “办理借书证”窗体设计界面

4. 创建“办理借书证”管理窗口

“办理借书证”窗口同“新书入库”窗口类似，对应于单元 U_jsz，设计的窗体如图 10-17 所示。

（1）窗体名为 Frm_jsz，主要控件及其属性如表 10-6 所示。

表 10-6 主要控件及属性设置

控 件 名	控 件 类 型	属 性 设 置
GroupBox1	TGroupBox	设置 Caption 为“填写借书证信息”
edt_cardno	TEdit	设置 Caption 为“”
edt_name	TEdit	设置 Caption 为“”
Cmb_sex	TComboBox	设置 items 为“男、女”，itemindex 为 0
edt_year	TEdit	设置 Caption 为“”
edt_major	TEdit	设置 Caption 为“”
edt_xi	TEdit	设置 Caption 为“”
memo	TMemo	设置 Lines 为“”
Btn_banli	TButton	设置 Caption 为“办理”
Btn_quxiao	TButton	设置 Caption 为“取消”
DataSource1	TDataSource	设置 DataSet 为 ADOQuery1
ADOQuery1	TADOQuery	设置 Connection 属性为 DataModule1.ADOConnection1

（2）在“办理”按钮的单击事件中添加如下代码，以实现插入记录的功能。

```
procedure TFrm_jsz.Btn_banliClick(Sender: TObject);
begin
      if (edt_cardno.Text='') then
      begin
        MessageBox(handle,'借书证号不能为空！','提示',MB_OK or MB_ICONERROR);
        exit;
      end
      else
      begin
        Adoquery1.Close;
        Adoquery1.SQL.Clear;
```

```
      Adoquery1.SQL.Add('Select * From 读者 Where 借书证号=:借书证号');
       Adoquery1.Parameters.ParamByName('借书证号').Value:=edt_cardno.T ext;
      Adoquery1.Open;
      if Adoquery1.RecordCount<>0 then
        begin
          MessageBox(handle,'你输入的证号已经存在！','证号重复',MB_OK or
MB_ICONERROR);
          exit;
        end;
    end;
    if (edt_name.Text='')  then
    begin
      MessageBox(handle,'姓名号不能为空！','提示',MB_OK or MB_ICONERROR);
      exit;
    end;
    if (edt_year.Text='')   then
    begin
      MessageBox(handle,'年龄不能为空！','提示',MB_OK or MB_ICONERROR);
      exit;
    end;
    if (edt_major.Text='')   then
    begin
      MessageBox(handle,'专业不能为空！','提示',MB_OK or MB_ICONERROR);
      exit;
    end;
    if (edt_xi.Text='')    then
    begin
      MessageBox(handle,'所在系不能为空！','提示',MB_OK or MB_ICONERROR);
      exit;
    end;
    with Adoquery1 do
    begin
      Close;
      SQL.Clear ;
      SQL.Add('Insert Into 读者(借书证号,姓名,性别,年龄,系,专业,备注)');
      SQL.Add(' Values (:借书证号,:姓名,:性别,:年龄,:系,:专业,:备注)');
      Parameters.ParamByName('借书证号').Value:=trim(edt_cardno.Text);
      Parameters.ParamByName('姓名').Value:=trim(edt_name.Text);
      Parameters.ParamByName('性别').Value:=trim(cmb_sex.Text);
      Parameters.ParamByName('年龄').Value:=trim(edt_year.Text);
      Parameters.ParamByName('系').Value:=trim(edt_xi.Text);
      Parameters.ParamByName('专业').Value:=trim(edt_major.Text);
      Parameters.ParamByName('备注').Value:=trim(memo.Text);
      ExecSQL;
      MessageBox(handle,'此图书已经成功入库！','入库成功',MB_OK or
MB_ICONINFORMATION);
```

```
            edt_cardno.Text := '';
            edt_name.Text := '';
            edt_year.Text := '';
            edt_xi.Text := '';
            edt_major.Text := '';
            memo.Text := '';
        end;
        Adoquery1.Close;
end;
```

（3）为了防止在录入借书证号时误输入非数值型数据，可在 Edt_card 的 KeyPress 中添加如下代码：

```
procedure TFrm_jsz.edt_cardnoKeyPress(Sender: TObject; var Key: Char);
begin
        if ( not ((Key in ['0'..'9']) or (Key = #8) or (key=#13) or (Key = '.')
or (Key = '。')) ) then
        begin
          Key := #0;
        end
        else if ((Key='.') or (Key='。'))  then
        begin
          if (Pos('.',(Sender as TEdit).Text)>0) then
          begin
            Key := #0;
          end
          else
            Key := '.';
        end;
end;
```

5. 创建“借还书管理窗口”

这个窗口对应的单元文件设置为 Ujhs，设计窗体的界面如图 10-18 所示。

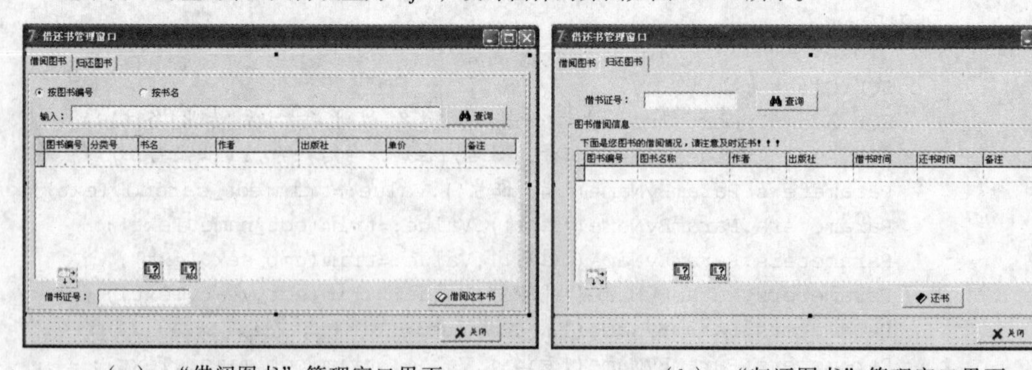

（a）“借阅图书”管理窗口界面　　（b）“归还图书”管理窗口界面

图 10-18　创建“借还书管理窗口”

（1）主要控件及属性如表 10-7 所示。

表10-7　主要控件及属性

控 件 名	控 件 类 型	属 性 设 置
PageControl1	TPageControl	增加两页 TabSheet1 和 TabSheet2 分别设置其 Caption 属性为借阅图书和归还图书
Panel3	TPanel	
R1	TRadioButton	设置 Caption 为“按图书编号”
R2	TRadioButton	设置 Caption 为“按书名”
Label6	TLabel	设置 Caption 为“输入:”
edt_search	TEdit	设置 Caption 为“”
BitBtn_search	TBitBtn	设置 Caption 为“查询”，设置 Glyph 属性，装载位图
DBGrid1	TDBGrid	设置 DataSource 为 DataSource1，编辑 Columns 属性，添加相应显示字段
DataSource1	TDataSource	设置 DataSet 为 ADOQuery1
ADOQuery1	TADOQuery	设置 Connection 属性为 DataModule1.ADOConnection1
ADOQuery2	TADOQuery	设置 Connection 属性为 DataModule1.ADOConnection1
Label9	TLabel	设置 Caption 为“借书证号:”
Edt_cardno	TEdit	设置 Caption 为“”
BitBtn_ok	TEdit	设置 Caption 为“借阅这本书”，设置 Glyph 属性，装载位图
Label10	TLabel	设置 Caption 为“借书证号:”
Edtcardno	TEdit	设置 Caption 为“”
BitBtnsearch	TBitBtn	设置 Caption 为“查询”，设置 Glyph 属性，装载位图
DBGrid2	TDBGrid	设置 DataSource 为 DataSource1，编辑 Columns 属性，添加相应显示字段
BitBtn_huanshu	TBitBtn	设置 Caption 为“还书”，设置 Glyph 属性，装载位图
BitBtn_close	TBitBtn	设置 Caption 为“关闭”，设置 Glyph 属性，装载位图

（2）在窗体的 TabSheet1 页中为“查询”按钮添加如下事件代码，实现按图书编号和书名搜索书籍，如果不输入书名，则显示所有库存书籍。

```
procedure TFrm_jhs.BitBtn_searchClick(Sender: TObject);
begin
      ADOQuery1.Close;
      ADOQuery1.SQL.Clear ;
      if edt_search.Text='' then
        ADOQuery1.SQL.Add('select * from 图书')
      else
      begin
        if r1.Checked then
        begin
         ADOQuery1.SQL.Add('select * from 图书 where 图书编号=:图书编号');
         ADOQuery1.Parameters.ParamByName('图书编号').Value  :=edt_search.T
ext ;
        end;
        if r2.Checked then
        begin
```

```
        ADOQuery1.SQL.Add('select * from 图书 where 书名=:书名');
        ADOQuery1.Parameters.ParamByName('书名').Value:=edt _search.Text ;
    end;
    end;
    ADOQuery1.Open ;
end;
```

（3）在“借阅这本书”按钮的单击事件中添加如下代码，以实现借阅的功能。

```
procedure TFrm_jhs.BitBtn_okClick(Sender: TObject);
begin
        if (edt_cardno.Text ='') then
        begin
          MessageBox(handle,'借书证号不能为空！','提示',MB_OK or MB_ICONERROR);
          edt_cardno.SetFocus;
          exit;
        end
        else
        begin
          Adoquery2.Close;
          Adoquery2.SQL.Clear;
          Adoquery2.SQL.Add('Select * From 读者 Where 借书证号=:借书证号');
          Adoquery2.Parameters.ParamByName('借书证号').Value:=edt_cardno.T ext;
          Adoquery2.Open;
          if Adoquery2.RecordCount=0 then
           begin
             MessageBox(handle,'你输入的借书证号不存在！请重新输入','提示信息',MB
_OK or MB_ICONERROR);
             edt_cardno.SetFocus;
             exit;
           end;
         end;
         if messagedlg('确认借'+inttostr(b_no)+'这本图书吗？',mtinformation,
[mbYes,mbNo],0)=mrNo then exit;
         ADOQuery1.Close;
         ADOQuery1.SQL.Clear ;
         ADOQuery1.SQL.Add('insert into 借阅(图书编号,借书证号,借书时间)'+
   ' values(:图书编号,:借书证号,:借书时间)');
        ADOQuery1.Parameters.ParamByName('图书编号').Value :=b_no;
        ADOQuery1.Parameters.ParamByName('借书证号').Value :=edt_cardno.T ext ;
        ADOQuery1.Parameters.ParamByName('借书时间').Value :=date;
        ADOQuery1.ExecSQL ;
        ADOQuery1.Close ;
end;
```

（4）为了使当前记录发生变化时，用于显示和编辑的控件内容能动态发生变化，在 DataSource1 的 DataSource1DataChange 事件中添加如下代码：

```
procedure TFrm_jhs.DataSource1DataChange(Sender: TObject; Field: TField);
begin
```

```
        b_no :=  DataSource1.DataSet.Fields[0].AsInteger;
end;
```

(5)在窗体的 TabSheet2 页中为“查询”按钮添加如下事件代码:

```
procedure TFrm_jhs.BitBtnsearchClick(Sender: TObject);
begin
      ADOQuery1.Close;
      ADOQuery1.SQL.Clear ;
      if edtcardno.Text='' then
      begin
        MessageBox(handle,'借书证号不能为空!','提示',MB_OK or MB_ICONERROR);
        edtcardno.SetFocus;
        exit;
      end;
      else
      begin
        ADOQuery1.SQL.Add('select a.图书编号,a.书名,a.作者,a.出版单位,a.单
价,a.备注,借书时间,还书时间 from ');
        ADOQuery1.SQL.Add('图书 a,借阅 b where a.图书编号=b.图书编号 and 借书
证号=:借书证号');
        ADOQuery1.Parameters.ParamByName('借书证号').Value :=edtcardno.T ext ;
      end;
      ADOQuery1.Open ;
end;
```

(6)在“还书”按钮的单击事件中添加如下代码,以实现还书的功能。

```
procedure TFrm_jhs.BitBtn_huanshuClick(Sender: TObject);
var
   b_huandate :string;
begin
    b_huandate :=  DBGrid2.Fields[5].AsString;
    //判断还书日期是否为空
if (b_huandate<>'') then
    begin
      messagedlg('这本图书已经借出!',mtinformation,[mbYes],0);
      exit;
    end;
    if messagedlg('确认还'+inttostr(b_no)+'这本图书吗? ',mtinformation,
[mbYes,mbNo],0)=mrNo then exit;
     ADOQuery1.Close;
     ADOQuery1.SQL.Clear ;
     ADOQuery1.SQL.Add('update 借阅 set 还书时间= :还书时间 where 图书编号= :图
书编号');
     ADOQuery1.Parameters.ParamByName('图书编号').Value :=b_no;
     ADOQuery1.Parameters.ParamByName('还书时间').Value :=date;
     ADOQuery1.ExecSQL ;
     ADOQuery1.Close ;
     BitBtnsearchClick(BitBtnsearch);
end;
```

6. 创建“查询”管理窗口

“查询”管理窗口对应的单元文件为 U_chaxun，设计的窗口如图 10-19 所示。

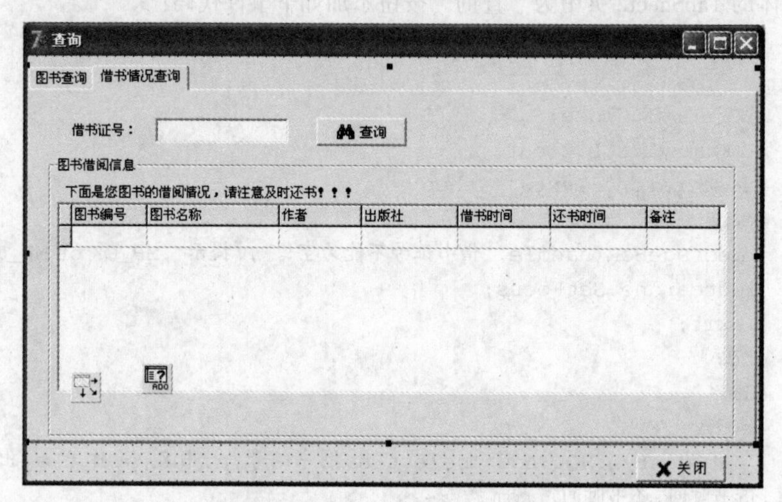

图 10-19　查询窗口界面设计

（1）主要控件及属性如表 10-8 所示。

表 10-8　主要控件及属性

控 件 名	控 件 类 型	属 性 设 置
PageControl1	TPageControl	增加两页 TabSheet1 和 TabSheet2，并分别设置其 Caption 属性为“借阅图书”和“归还图书”
Panel3	TPanel	
R1	TRadioButton	设置 Caption 为“按图书编号”
R2	TRadioButton	设置 Caption 为“按书名”
Label6	TLabel	设置 Caption 为“输入:”
edt_search	TEdit	设置 Caption 为“”
BitBtn_search	TBitBtn	设置 Caption 为“查询”，设置 Glyph 属性，装载位图
DBGrid1	TDBGrid	设置 DataSource 为 DataSource1，编辑 Columns 属性，添加相应显示字段
DataSource1	TDataSource	设置 DataSet 为 ADOQuery1
ADOQuery1	TADOQuery	设置 Connection 属性为 DataModule1.ADOConnection1
Label10	TLabel	设置 Caption 为“借书证号:”
Edtcardno	TEdit	设置 Caption 为“”
BitBtnsearch	TBitBtn	设置 Caption 为“查询”，设置 Glyph 属性，装载位图
DBGrid2	TDBGrid	设置 DataSource 为 DataSource1，编辑 Columns 属性，添加相应显示字段
BitBtn_close	TBitBtn	设置 Caption 为“关闭”，设置 Glyph 属性，装载位图

（2）在窗体的 TabSheet1 页中为“查询”按钮添加事件代码，实现按图书编号和书名搜索书籍，如果不输入书名，则显示所有库存书籍。

```
procedure TFrm_jhs.BitBtn_searchClick(Sender: TObject);
begin
```

```
        ADOQuery1.Close;
        ADOQuery1.SQL.Clear ;
        if edt_search.Text='' then
          ADOQuery1.SQL.Add('select * from 图书')
        else
        begin
          if r1.Checked then
          begin
          ADOQuery1.SQL.Add('select * from 图书 where 图书编号=:图书编号');
          ADOQuery1.Parameters.ParamByName('图书编号').Value :=edt_search.T ext ;
          end;
          if r2.Checked then
          begin
          ADOQuery1.SQL.Add('select * from 图书 where 书名=:书名');
          ADOQuery1.Parameters.ParamByName('书名').Value :=edt_search.Text ;
          end;
        end;
        ADOQuery1.Open ;
end;
```

（3）在窗体的 TabSheet2 页中为“查询”按钮添加事件代码：

```
procedure TFrm_jhs.BitBtnsearchClick(Sender: TObject);
begin
        ADOQuery1.Close;
        ADOQuery1.SQL.Clear ;
        if edtcardno.Text='' then
        begin
          MessageBox(handle,'借书证号不能为空！','提示',MB_OK or MB_ICONERROR);
          edtcardno.SetFocus;
          exit;
        end
        else
        begin
           ADOQuery1.SQL.Add('select a.图书编号,a.书名,a.作者,a.出版单位,a.单
价,a.备注,借书时间,还书时间 from ');
           ADOQuery1.SQL.Add('图书 a,借阅 b where a.图书编号=b.图书编号 and 借书
证号=:借书证号');
           ADOQuery1.Parameters.ParamByName('借书证号').Value :=edtcardno.T ext ;
        end;
        ADOQuery1.Open ;
end;
```

本 章 小 结

本章主要介绍在 Visual Basic 和 Delphi 中如何使用 ADO 和 ODBC 访问数据库；同时介绍一个功能简单的图书管理系统开发案例，在案例分析中给出了前台界面设计的设计过程和程序代码，从而读者可以在 Delphi 中实施该系统，通过 Visual Basic 和 Delphi 案例的上机操作将有益于理解和掌握一个管理信息系统的前台界面如何同后台的数据库进行连接，达到提高应用能力的目的。

第 11 章 用 SQL Server 2000 开发学生成绩管理系统

学习目标

☑ 了解一个信息系统的开发过程。

☑ 掌握在 Visual Basic 中使用控件设计信息系统前台界面的方法。

☑ 熟练掌握使用 Visual Basic 控件访问后台数据库的方法。

11.1 SQL Server 后台数据库的设计与实现

11.1.1 创建学生成绩管理数据库

1. 实验内容

使用 SQL Server 企业管理器创建名为 xscjglxt 的数据库。

2. 实验步骤

（1）打开 SQL Server 企业管理器，出现如图 11-1 所示的界面。单击左侧窗格“+”号，层层展开，直到在屏幕上出现“数据库”、master、model、msdb、tempdb 等项。

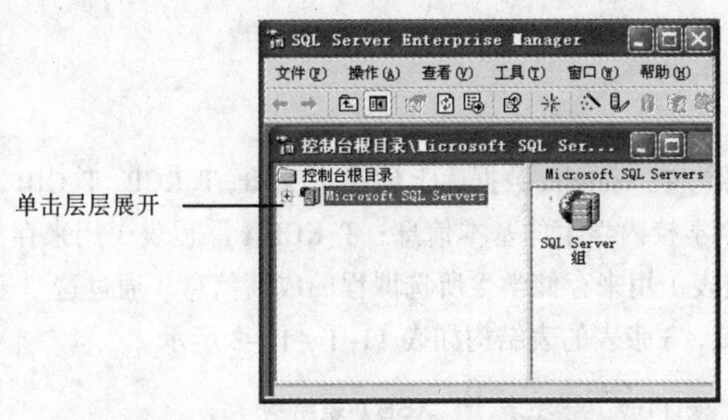

图 11-1　企业管理器

（2）右击“数据库”选项，从弹出的快捷菜单（如图 11-2 所示）中选择“新建数据库”命令，此时会出现“数据库属性”对话框（如图 11-3 所示），在“名称”文本框中输入数据库名 xscjglxt，单击“确定”按钮，便以默认的参数创建了一个名为 xscjglxt 的数据库。

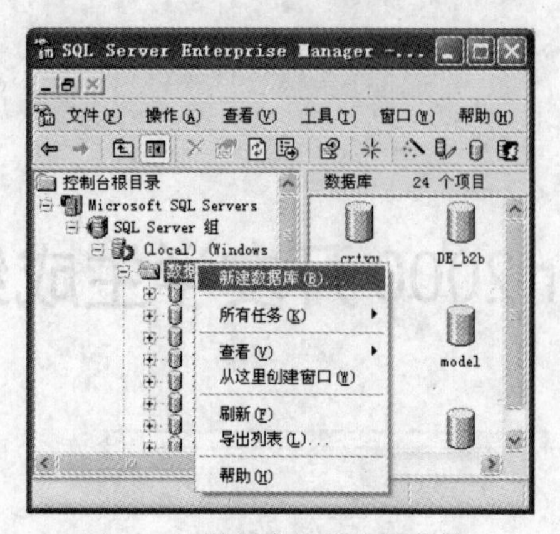

图 11-2 数据库操作快捷菜单

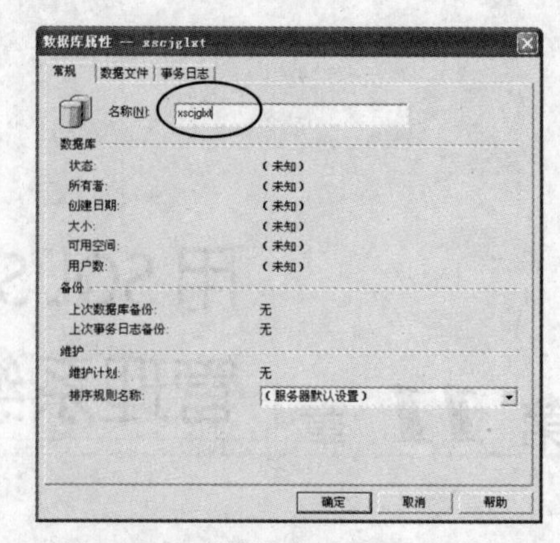

图 11-3 “数据库属性”对话框

（3）右击 xscjglxt 数据库，在弹出的快捷菜单中选择“属性”命令，如图 11-4 所示，进入“xsejglxt 属性”对话框，在该对话框内选择“数据文件”和“事务日志”选项卡，观察“数据文件”和“事务日志”选项卡的参数设置，如图 11-5 所示。

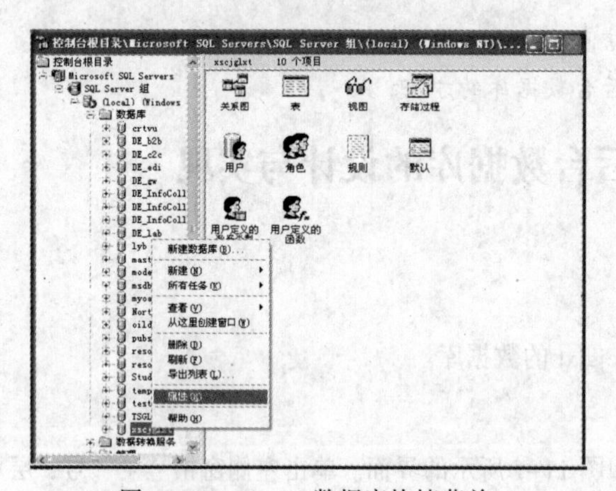

图 11-4 xscjglxt 数据库快捷菜单

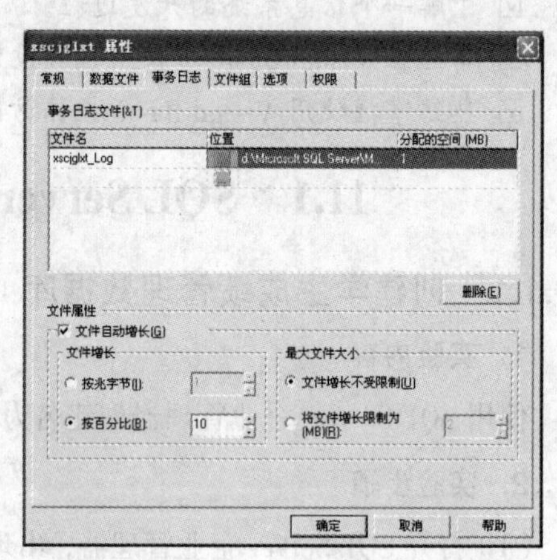

图 11-5 “xscjglxt 属性”对话框

11.1.2 创建信息表

1. 实验内容

使用 SQL Server 企业管理器，在 xscjglxt 数据库上创建 T_XSB、T_KCB、T_CJB 3 张表。其中：T_XSB（学生表）用来存储一个学校内学生的基本信息；T_KCB（课程表）用来存储与学生相关的课程基本信息；T_CJB（成绩表）用来存储学生所选课程的成绩信息。通过这 3 张表，可以建立一个简单的学生信息管理系统，3 张表的表结构如表 11-1 ~ 11-3 所示。

表 11-1 学生表（T_XSB）表结构

字　段	数据类型	长　度	是否允许空值	备　注
学号	Char	8	否	主键
姓名	Char	10	否	
性别	Char	2	是	做检查约束

续表

字　段	数 据 类 型	长　　度	是否允许空值	备　注
出生日期	Smalldatetime		否	
院系	Char	30	是	
班级	Char	30	是	
备注	Text		是	

表 11-2　课程表（T_KCB）表结构

字　段	数 据 类 型	长　　度	是否允许空值	备　注
课程号	Char	4	否	主键
课程名	Char	30	否	
开课学期	Tinyint		是	第 1 ~ 6 学期
任课教师	Char	10	是	

表 11-3　成绩表（T_CJB）表结构

字　段	数 据 类 型	长　　度	是否允许空值	备　注
学号	Char	8	否	主键
课程号	Char	4	否	主键
成绩	Tinyint		是	在 1~100 之间

2．实验初始数据（如表 11-4～表 11-6 所示）

表 11-4　学生表（T_XSB）初始记录

学　号	姓　名	性　别	出生日期	院　系	班　级	备 注
S0000001	王小燕	女	1978-12-1	管理学院	工商管理 1 班	
S0000002	刘丽华	女	1977-1-15	管理学院	工商管理 1 班	
S0000003	秦刚	男	1975-11-30	管理学院	电子商务 1 班	
S0000004	李建国	男	1976-6-24	管理学院	电子商务 1 班	
S0000005	郝一平	男	1977-5-17	信息学院	信息 1 班	
S0000006	杨双军	男	1978-4-28	信息学院	信息 1 班	
S0000007	张清高	男	1979-1-23	信息学院	信息 2 班	
S0000008	赵志浩	男	1978-10-1	信息学院	信息 2 班	

表 11-5　课程表（T_KCB）初始记录

课　程　号	课　程　名	开课学期	任课教师
C001	计算机文化基础	1	李尊朝
C002	操作系统	3	罗建军
C003	数据结构	3	罗建军
C004	微机原理及接口技术	2	张云生
C005	计算机网络	2	张云生
C006	电子商务概论	3	李尊朝

续表

课　程　号	课　程　名	开课学期	任课教师
C007	管理学	4	陈璇
C008	软件基础	4	李尊朝
C009	面向对象语言程序设计	2	罗建军

表 11-6　成绩表（T_CJB）初始记录

学　　号	课　程　号	成　　绩
S0000001	C001	80
S0000001	C002	69
S0000002	C002	78
S0000002	C003	89
S0000003	C004	54
S0000004	C001	67
S0000005	C001	66
S0000005	C006	87
S0000006	C008	97
S0000007	C007	91
S0000008	C009	69

3. 实验步骤

（1）打开 SQL Server 企业管理器，在树形目录中找到 xscjglxt 数据库并展开它，选择数据库对象“表”，右击“表”对象，则弹出其快捷菜单，如图 11-6 所示。

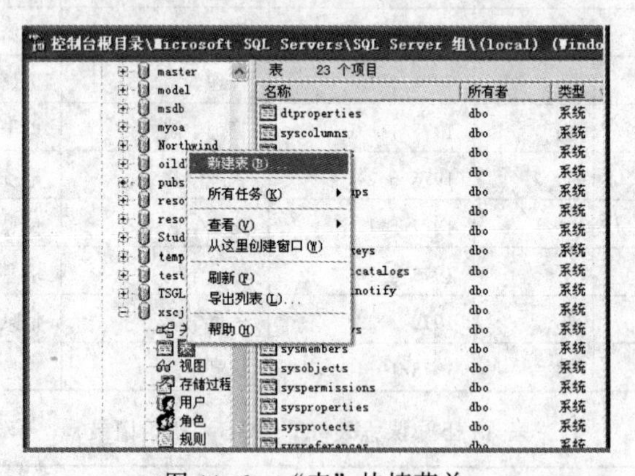

图 11-6　“表”快捷菜单

（2）从弹出的快捷菜单中选择“新建表”命令，则弹出“表结构设计”窗口，如图 11-7 所示。该窗口的上半部分是一个表格，在这个表格中输入“学号”、“姓名”、“性别”、“出生日期”、“院系”等列的属性，表格的每一行对应一个列定义，其含义如下：

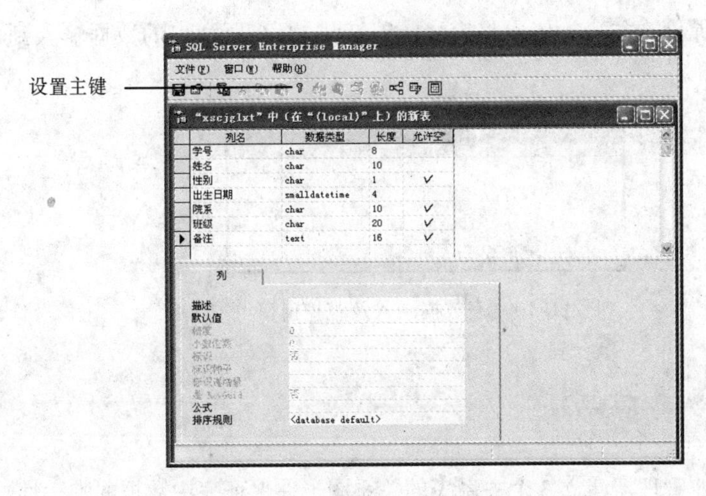

图 11-7　表结构设计窗口

① 列名：合法的列名称，如“学号”、“姓名”等。

② 数据类型：数据类型是一个下拉列表框，包括了所有的系统数据类型和用户自定义的数据类型，可从中选择需要定义的数据类型。

③ 长度：该字段选择数据类型需要占用内存的字节数。

④ 允许空：单击可以切换是否允许该列数值为空值的状态，勾选说明允许为空值，空白表示不允许为空值，默认状态表示允许为空值。

（3）单击“学号”列，在工具栏中单击“钥匙”图标按钮，可将“学号”字段设置为主键（主关键字），此时“学号”前将出现一个钥匙形状图标，如图 11-7 所示。注意：主关键字必须为“非空”字段。

（4）将表结构输入完后，单击“保存”按钮将出现“选择名称”对话框，如图 11-8 所示。输入表名 T_XSB 后，单击“确定”按钮就完成了学生表表结构的设计，创建了一张空表。

图 11-8　输入表名

（5）按步骤②~⑤的方法，按表 11-2 和表 11-3 的要求，分别创建课程表 T_KCB 结构和成绩表 T_CJB 结构。

（6）返回企业管理器主界面，在表对象的显示窗口内找到 T_XSB 表名，在其上右击，在弹出快捷菜单中，选择“打开表”中的“返回所有行”命令，如图 11-9 所示。

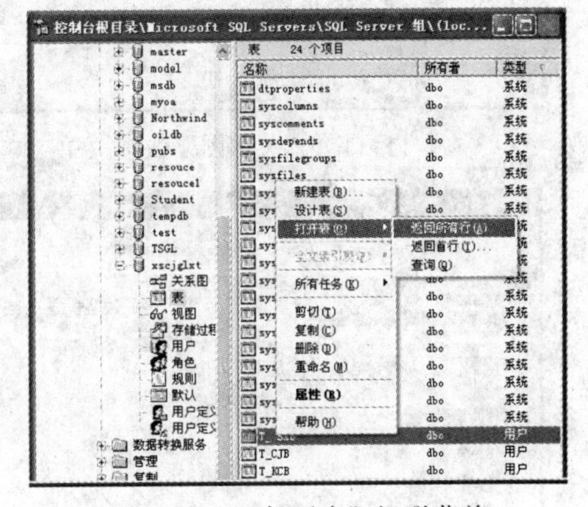

图 11-9　“打开表”级联菜单

（7）选择“返回所有行”命令后，将出现表数据录入及维护窗口，如图 11-10 所示。根据表 11-4 所列出的实验数据，向 T_XSB 表中添加记录。

（8）按步骤⑥~⑦所示的方法，依次将表 11-5 和表 11-6 所列出的数据输入到 T_KCB 和 T_CJB 表中。

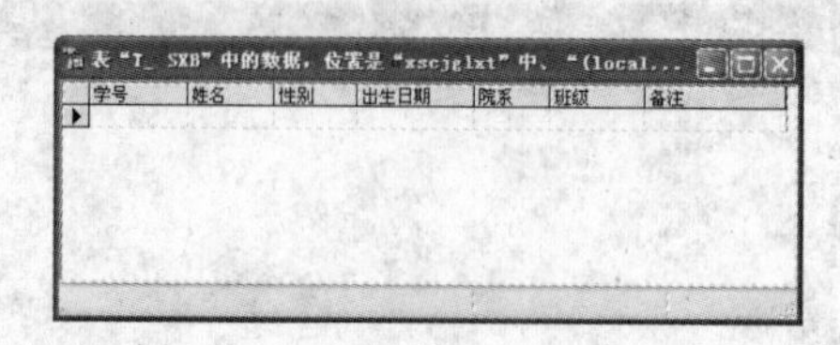

图 11-10 表数据录入及维护窗口

11.1.3 创建关系图

1. 实验内容

使用 SQL Server 企业管理器建立 3 个关系表的关系图，并保证表中数据的唯一性。

2. 实验步骤

（1）打开 SQL Server 企业管理器，在树形目录中找到 xscjglxt 数据库并展开它，选择数据库对象“关系图”，右击“关系图”选项，则弹出一个快捷菜单，如图 11-11 所示。

（2）在弹出的快捷菜单中选择“新建数据库关系图”命令，则弹出“创建数据库关系图向导”对话框，如图 11-12 所示。在该对话框中单击“下一步”按钮，将出现“选择要添加的表”对话框，在这个对话框中选择表_XSB、T_KCB 和 T_CJB，并单击“添加”按钮，将选中的表添加到右侧列表框中，如图 11-13 所示。单击“下一步”按钮，检查所选择的表是否正确，如图 11-14 所示。

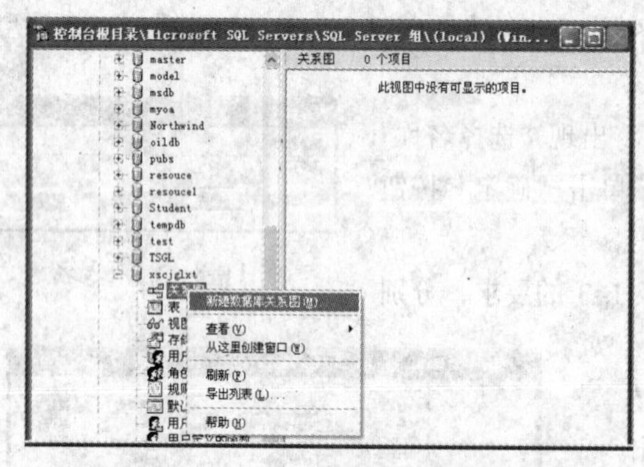

图 11-11 “关系图”快捷菜单

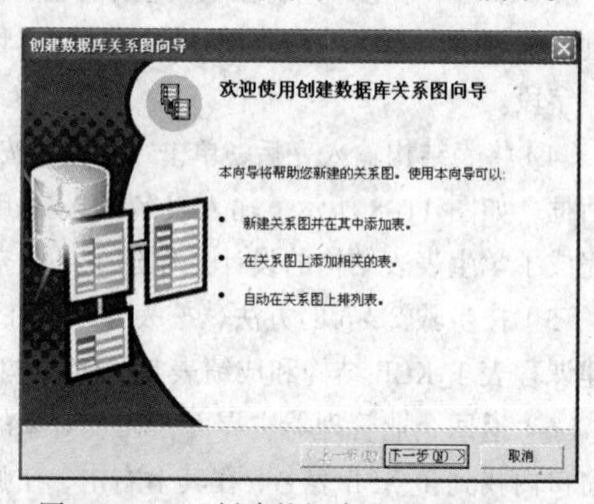

图 11-12 “创建数据库关系图向导”对话框

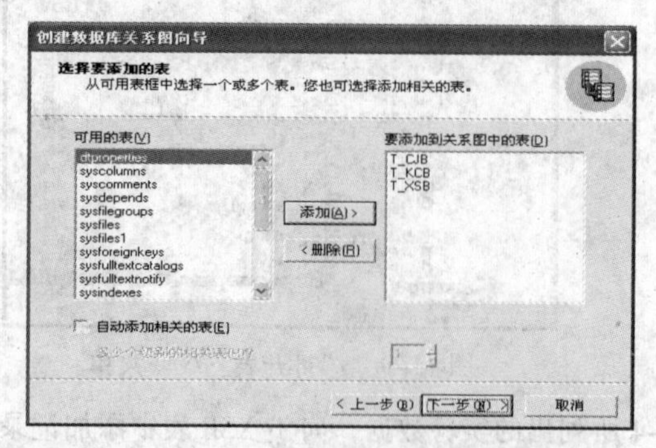

图 11-13 “选择要添加的表”对话框

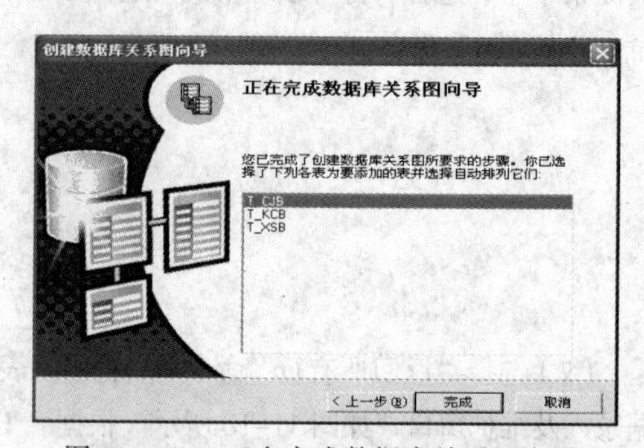

图 11-14 正在完成数据库关系图向导

（3）单击“完成”按钮，完成数据库关系图的创建，会出现“新关系图”窗口，如图 11-15 所示。

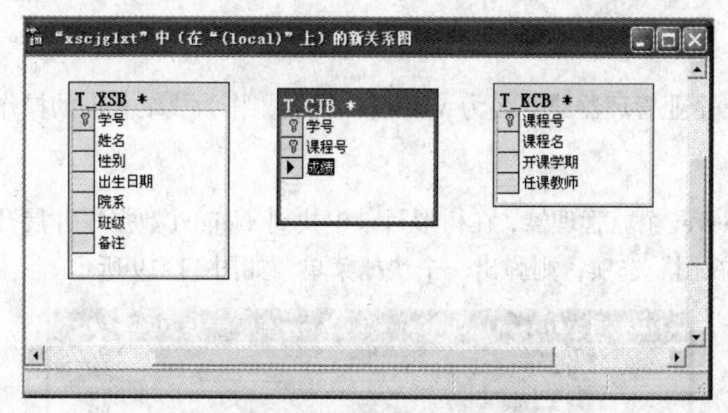

图 11-15　“新关系图”窗口

（4）在“新关系图”窗口内，将光标放在 T_KCB 表中“课程号”字段前的标识处并单击，此时“课程号”字段呈被选中状态，拖动鼠标到表 T_CJB 上，松开鼠标左键，将弹出“创建关系”对话框，如图 11-16 所示。在“主键表”和“外键表”中都选择“课程号”字段，并选择“创建中检查现存数据”、“对复制强制关系”和“对 INSERT 和 UPDATE 强制关系”3 个复选框，然后单击“确定”按钮。

（5）按上述第④步的方法，建立学生表 T_XSB 和成绩表 T_CJB 在“学号”字段上的关系，如图 11-17 所示。

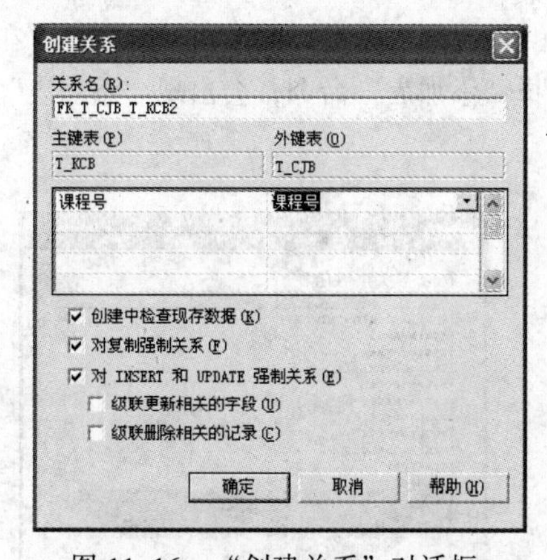

图 11-16　“创建关系”对话框

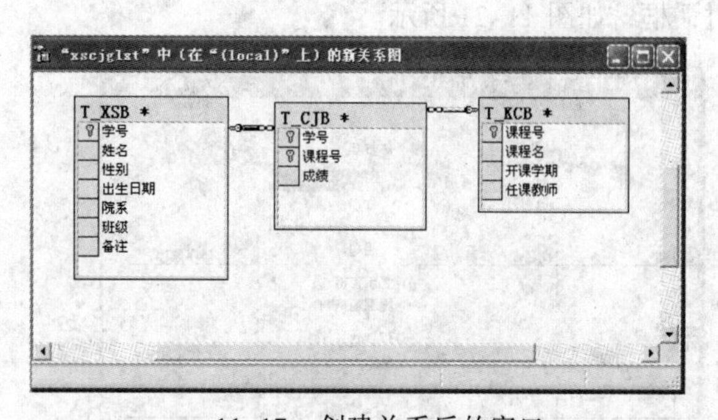

11-17　创建关系后的窗口

（6）单击“保存”按钮，在弹出的“另存为”对话框中输入新关系的名称，如图 11-18 所示，单击“确定”按钮，完成新关系图的建立。

图 11-18　保存数据库关系图

11.1.4 创建视图

1．实验内容

使用 SQL Server 企业管理器建立名为 VIEW_cj 视图，作为成绩查询的操作对象。

2．实验步骤

（1）打开 SQL Server 企业管理器，在树形目录中找到 xscjglxt 数据库并展开它，选择数据库对象“视图”，右击“视图”选项，则弹出一个快捷菜单，如图 11-19 所示。

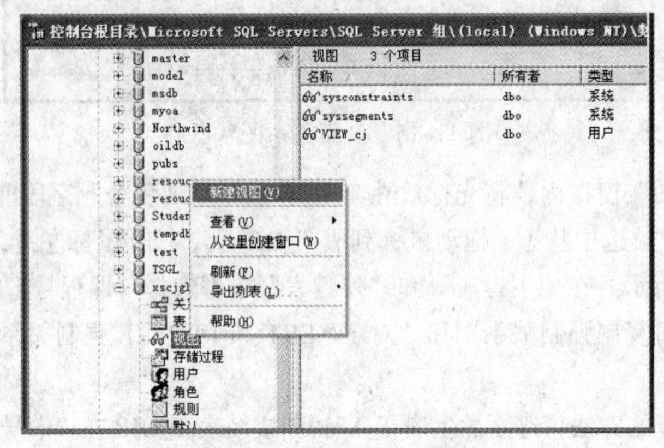

图 11-19 “视图”快捷菜单

（2）在弹出的菜单中选择“新建视图”命令，将弹出“新视图”窗口，如图 11-20 所示。在对话框上半部分的灰色框内右击，从弹出的快捷菜单中选择“添加表”命令，会出现“添加表”对话框，如图 11-21 所示。

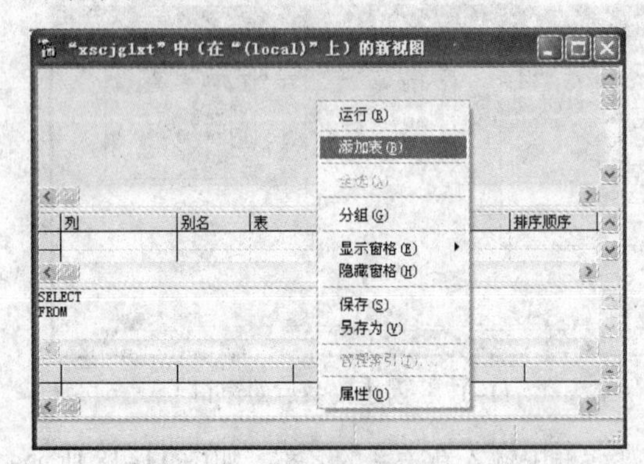

图 11-20 新建视图窗口

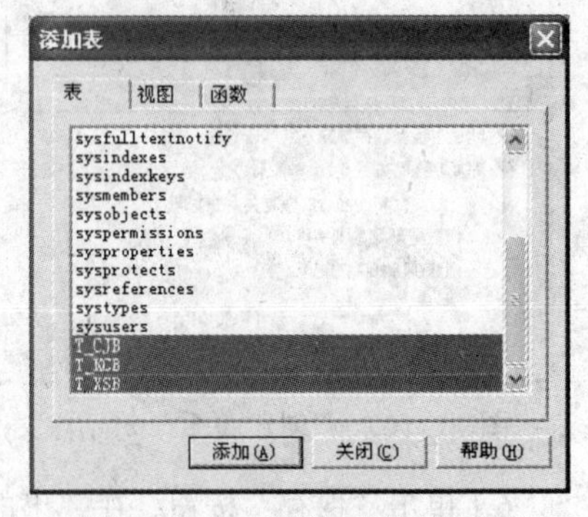

图 11-21 “添加表”对话框

（3）在“添加表”对话框中，选择表 T_XSB、T_KCB 和 T_CJB，单击“添加”按钮，关闭“添加表”对话框，返回新视图窗口，如图 11-22 所示。在 3 个表的字段前可通过选择字段左边的复选框选择要添加到视图中的字段（不同表中名称相同的字段只选择一次）。

（4）单击“保存”按钮，在弹出的“另存为”对话框中输入新关系的名称，如图 11-23 所示，单击“确定”按钮，完成新视图的建立。

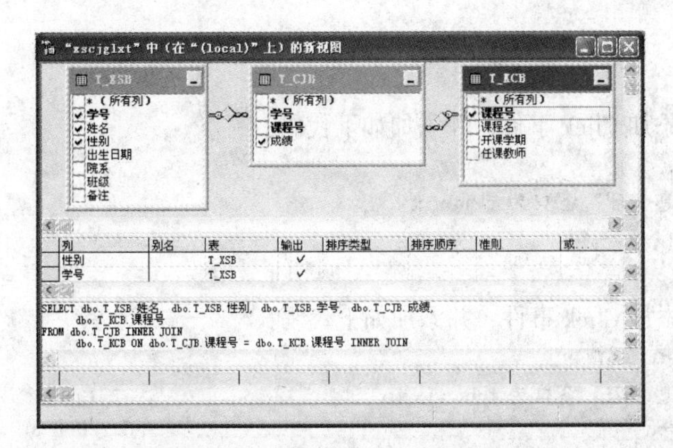

图 11-22　添加表后的新视图窗口

图 11-23　“另存为”对话框

11.2　Visual Basic 前台界面的设计与实现

11.2.1　设计主窗体

1. 实验内容

使用 Visual Basic 6.0 设计与数据库相关联的“学生成绩管理系统”的前台界面。

2. 实验步骤

（1）设计菜单

启动 Visual Basic 6.0 程序，新建一个标准工程，默认名为“工程 1”。在该工程中会自动创建一个窗体，默认名为 Form1，在该窗体中使用 Visual Basic 提供的“菜单编辑器”设计主窗体，如图 11-24 所示，命名主窗体为 frm_menu。

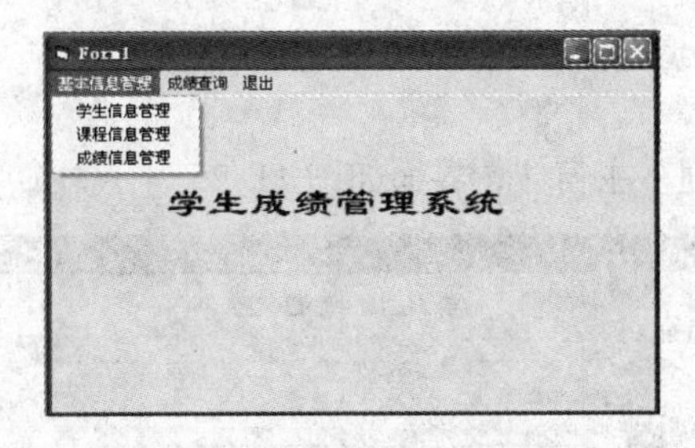

图 11-24　设计学生成绩管理系统界面

（2）添加代码

在该窗口中，水平主菜单有 3 个“菜单”：“基本信息管理”、“成绩查询”和“退出”；其中“基本信息管理”菜单的下拉菜单中又有“学生信息管理”、“课程信息管理”和“成绩信息管理”3 个子菜单。各子菜单的功能和代码如下：

① 主菜单“基本信息管理”包括以下 3 个子菜单：

a.“学生信息管理”子菜单，为它添加 Click 事件，并添加如下代码：

```
Private Sub xsxxgl_Click()
frmxsxxgl.Show  //命名“学生信息管理”窗口为 frmxsxxgl
```

```
End Sub
```

单击可调用“学生信息管理”窗口。

b.“课程信息管理”子菜单，为它添加 Click 事件，并添加如下代码：

```
Private Sub xsxxgl_Click()
frmkcxxgl.Show  //命名“课程信息管理”窗口为 frmkcxxgl
End Sub
```

单击可调用“课程信息管理”窗口。

c.“成绩信息管理”子菜单，为它添加 Click 事件，并添加如下代码：

```
Private Sub cjxxgl_Click()
frmcjxxgl.Show  //命名“成绩信息管理”窗口为 frmcjxxgl
End Sub
```

单击可调用“成绩信息管理”窗口。

② 主菜单“成绩查询”用于打开“成绩查询”窗口，为它添加 Click 事件，并添加如下代码：

```
Private Sub cjcx_Click()
frmcjcx.Show  //命名“成绩信息管理”窗口为 frmcjcx
End Sub
```

③ 主菜单“退出”用于关闭主窗口，为它添加 OnClick 事件，并添加如下代码：

```
Private Sub quit_Click()
End
End Sub
```

单击可退出系统。

11.2.2 实现学生信息管理

1. 实验内容

实现前台界面与 SQL Server 数据库的连接，添加代码实现“学生成绩管理系统”的“学生信息管理”部分的功能。

2. 实验步骤

（1）设计“学生信息管理”主窗体，界面如图 11-25 所示，命名为 frmxsxxgl。

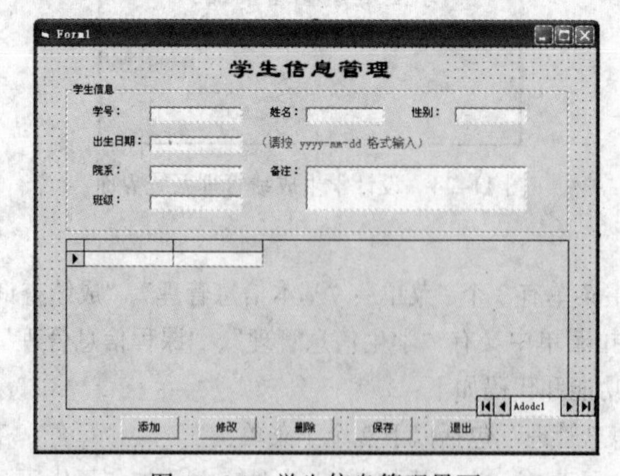

图 11-25 学生信息管理界面

（2）使用 ADO 控件访问 SQL Server 数据库，具体步骤如下：

① 选择“工程”菜单下的“部件”命令，在弹出的对话框中选中 Microsoft ADO Data Control（OLEDB）选项和 Microsoft DataGrid Control 6.0（OLEDB）选项，然后单击“确定”按钮，Adodc 控件和 DataGrid 控件将被添加到工具箱中。

② 在 frmxsxxgl 窗体上放置一个 Adodc 控件、一个 DataGrid 控件、5 个 CommandButton 控件、7 个 TextBox 控件（构成一个控件数组），设计的窗体如图 11-25 所示。主要控件对象的属性如表 11-7 所示。

本例中应先设置 Adodc 控件和 DataGrid 控件的属性，然后再设置其他控件的属性。

表 11-7　主要控件对象的属性列表

控 件 名	属 性	设 置
Adodc1	ConnectionString	Provider=SQLOLEDB.1; Persist Security Info=False; User ID=sa; Initial Catalog=xscjglxt; Data Source=(local)
	RecordSource	T_XSB
	Visible	False
DataGrid1	DataSource	Adodc1
Text1(0)	（名称）	Text1
	DataSource	Adodc1
	DataField	学号
	Text	（清空）
Text1(1)	（名称）	Text1
	DataSource	Adodc1
	DataField	姓名
	Text	（清空）
Text1(2)	（名称）	Text1
	DataSource	Adodc1
	DataField	性别
	Text	（清空）
Text1(3)	（名称）	Text1
	DataSource	Adodc1
	DataField	出生日期
	Text	（清空）
Text1(4)	（名称）	Text1
	DataSource	Adodc1
	DataField	院系
	Text	（清空）

续表

控件名	属性	设置
Text1(5)	（名称）	Text1
	DataSource	Adodc1
	DataField	班级
	Text	（清空）
Text1(6)	（名称）	Text1
	DataSource	Adodc1
	DataField	备注
	Text	（清空）
CommandButton1	（名称）	Cmdadd
	Caption	添加
CommandButton2	（名称）	Cmdmodify
	Caption	修改
CommandButton3	（名称）	Cmddelete
	Caption	删除
CommandButton4	（名称）	Cmdsave
	Caption	保存
CommandButton5	（名称）	Cmdexit
	Caption	退出

③ 设置 ADOdc1 的 ConnectionString 属性：单击属性窗口中 ConnectionString 属性框右边的省略号按钮，将弹出如图 11-26 所示的“属性页”对话框，选择“使用连接字符串”单选按钮。单击“生成”按钮，又弹出如图 11-27 所示的“数据链接属性”对话框。在该对话框的“提供程序”选项卡中选择 Microsoft OLE DB Provider for SQL Server 选项，如图 11-27(a)所示，单击“下一步”按钮进入“连接”选项卡。在“连接”选项卡中的“选择或输入服务器名称”列表框中选择或输入（local）；在“用户名称”下拉文本框中输入 sa，并选择空密码，在“在服务器上选择数据库”下拉列表框中选择 xscjglxt 数据库，如图 11-27（b）所示。单击“测试连接”按钮，如果正确，则连接成功；如果不正确，系统会指出具体的错误，用户应该重新检查配置的内容是否正确。

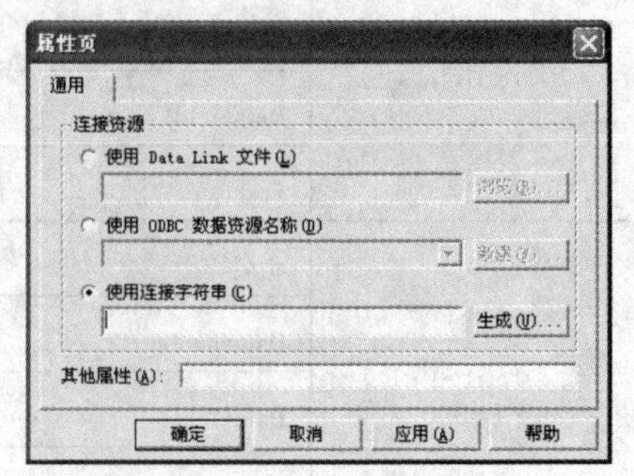

图 11-26 “属性页”对话框

（a）“提供程序”选项卡

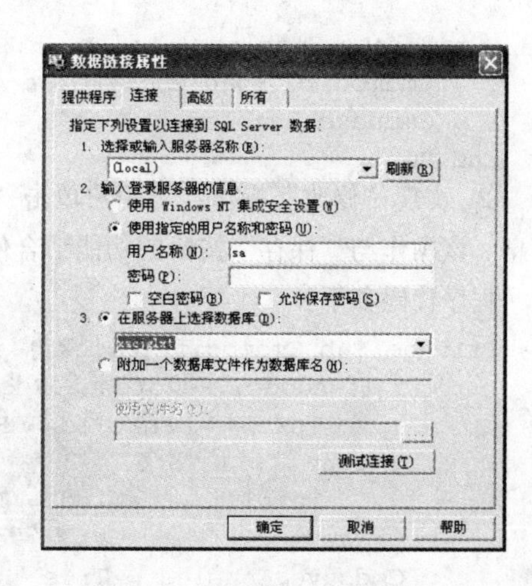

（b）“链接”选项卡

图 11-27 “数据链接属性”对话框

④ 设置 ADOdc1 的 RecordSource 的属性：单击 ADOdc1 属性窗口中的 RecordSource 属性框右边的省略号按钮，将弹出如图 11-28 所示的“记录源”对话框。在“命令类型”列表框中选择“2-adCmdTable”选项在“表或存储过程名称”列表框中选择 T_SXB 选项，单击“确定”按钮。

⑤ 设置表 11-7 中其他控件的属性，设置完成后，在 Visual Basic 环境中运行程序，可看到“学生信息管理”窗口如图 11-29 所示。

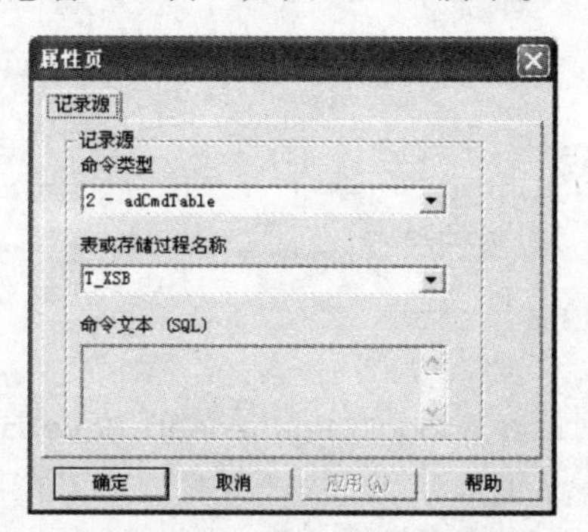

图 11-28 “记录源”对话框

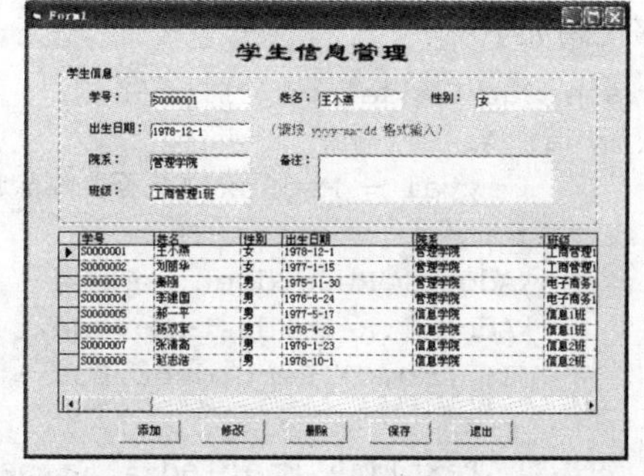

图 11-29 完成控件属性设置的界面

（3）使用程序代码来实现按钮的功能，具体操作步骤如下：

① 实现“添加”操作：当用户单击“添加”按钮时，可在界面中添加新记录，该操作与“保存”按钮的功能结合使用。

程序代码如下：

```
Private Sub Cmdadd_Click()
Adodc1.Recordset.AddNew
      For i = 0 To 6
        Text1(i).Enabled = True
        Text1(i).Text = ""
    Next i
Text1(0).SetFocus
 Cmdadd.Enabled = False
```

```
 Cmddelete.Enabled = False
    Cmdmodify.Enabled = False
    Cmdsave.Enabled = True
End Sub
```

② 实现“修改”操作：当用户单击“修改”按钮时，允许用户修改当前界面上显示的记录信息。该操作与“保存”按钮的功能结合使用。

程序代码如下：

```
Private Sub Cmdmodify_Click()
        If Adodc1.Recordset.RecordCount <> 0 Then
           Text1(0).Enabled = False
         For i = 1 To 6
           Text1(i).Enabled = True
         Next i
      Cmdsave.Enabled = True
      Cmdadd.Enabled = False
      Cmdmodify.Enabled = False
      Cmddelete.Enabled = False
    Else
        MsgBox ("没有要修改的数据！")
       End If
End Sub
```

③ 实现“删除”操作：当用户单击“删除”按钮时，允许用户删除当前界面上选中的记录信息。该操作与“保存”按钮的功能结合使用。

程序代码如下：

```
Private Sub Cmddelete_Click()
Dim myval As String
          myval = MsgBox("是否要删除该记录？", vbYesNo)
       If myval = vbYes Then
         Adodc1.Recordset.Delete
         Adodc1.Recordset.MoveNext
         If Adodc1.Recordset.EOF = True Then Adodc1.Recordset.MoveLast
         For i = 0 To 6
           Text1(i).Enabled = False
         Next i
End If
End Sub
```

④ 实现“保存”操作：当用户单击“保存”按钮时，允许用户将之前的操作（添加、删除和修改）的结构保存到 xsxxglxt 数据库中的 T_SXB 表中。

程序代码如下：

```
Private Sub Cmdsave_Click()
     If Text1(0).Text = "" Then
          MsgBox "学号不允许为空！"
        Exit Sub
      End If
      If Text1(1).Text = "" Then
        MsgBox "姓名不允许为空！"
       Exit Sub
```

```
        End If
          If Text1(2).Text = "" Then
            MsgBox "出生日期不允许为空！"
          Exit Sub
        End If
         Adodc1.Recordset.Update      //更新记录
   '设置控件不可用
         For i = 0 To 6
             Text1(i).Enabled = False
        Next i
   Cmdsave.Enabled = False
        Cmdadd.Enabled = True
        Cmdmodify.Enabled = True
        Cmddelete.Enabled = True
   End Sub
```

⑤ 实现“退出”操作：当用户单击“退出”按钮时，关闭当前界面，返回到上一层界面。

程序代码如下：

```
Private Sub Cmdexit_Click()
Unload Me
End Sub
```

11.2.3　实现课程信息管理

1．实验内容

实现前台界面与 SQL Server 数据库的连接，添加代码实现“学生成绩管理系统”的“课程信息管理”部分的功能。

2．实验步骤

（1）设计“课程信息管理”主窗体，界面如图 11-30 所示，命名为 frmkcxxgl。

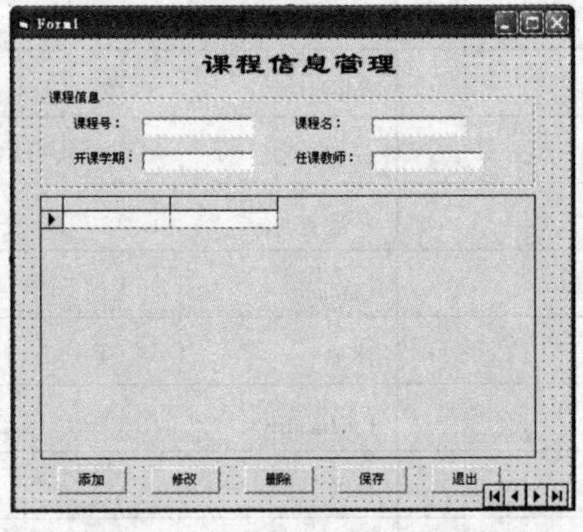

图 11-30　课程信息管理界面

（2）设置控件属性，具体操作步骤如下：

① 在 frmkcxxgl 窗体上放置一个 Adodc 控件、一个 DataGrid 控件、5 个 CommandButton 控件、4 个 TextBox 控件（构成一个控件数组），设计的窗体如图 11-30 所示。主要控件对象的属性如表 11-8 所示。本例中应先设置 Adodc 控件和 DataGrid 控件的属性，然后再设置其他控件的属性。

表 11-8　主要控件对象的属性列表

控件名	属　性	设　置
Adodc1	ConnectionString	Provider=SQLOLEDB.1; Persist Security Info=False; User ID=sa; Initial Catalog=xscjglxt; Data Source=(local)
	RecordSource	T_KCB
	Visible	False
DataGrid1	DataSource	Adodc1
Text1(0)	（名称）	Text1
	DataSource	Adodc1
	DataField	课程号
	Text	（清空）
Text1(1)	（名称）	Text1
	DataSource	Adodc1
	DataField	课程名
	Text	（清空）
Text1(2)	（名称）	Text1
	DataSource	Adodc1
	DataField	开课学期
	Text	（清空）
Text1(3)	（名称）	Text1
	DataSource	Adodc1
	DataField	任课教师
	Text	（清空）
CommandButton1	（名称）	Cmdadd
	Caption	添加
CommandButton2	（名称）	Cmdmodify
	Caption	修改
CommandButton3	（名称）	Cmddelete
	Caption	删除
CommandButton4	（名称）	Cmdsave
	Caption	保存
CommandButton5	（名称）	Cmdexit

续表

控件名	属性	设置
CommandButton5	Caption	退出

② 设置 ADOdc1 的 ConnectionString 属性和设置 RecordSource 属性的方法与“学生信息管理”界面的设置相同，可参照设置。设置完成后的界面如图 11-31 所示。

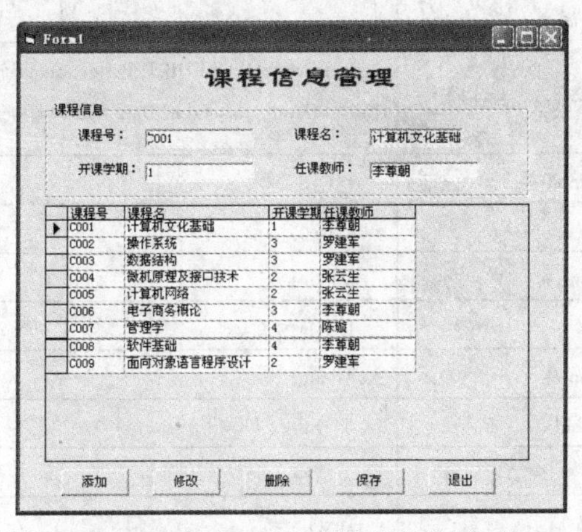

图 11-31　完成控件属性设置的界面

（3）使用程序代码来实现按钮的功能，该步骤同“学生信息管理”部分中的第③步基本相同，可参照完成设计。

11.2.4　实现成绩信息管理

1. 实验内容

实现前台界面与 SQL Server 数据库的连接，添加代码实现“学生成绩管理系统”的“成绩信息管理”部分的功能。

2. 实验步骤

（1）设计“成绩信息管理”主窗体，界面如图 11-32 所示，命名为 frmcjxxgl。

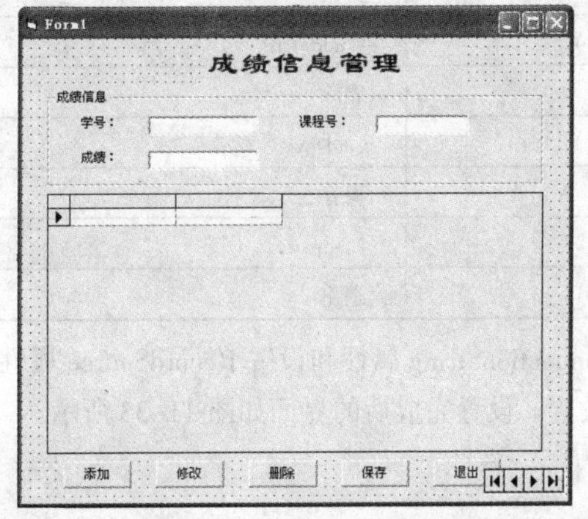

图 11-32　成绩信息管理界面

（2）设置控件属性，具体操作步骤如下：

① 在 frmcjxxgl 窗体上放置一个 Adodc 控件、一个 DataGrid 控件、5 个 CommandButton 控件、3 个 TextBox 控件（构成一个控件数组），设计的窗体如图 11-32 所示。主要控件对象的属性如表 11-9 所示。本例中应先设置 Adodc 控件和 DataGrid 控件的属性，然后再设置其他控件的属性。

表 11-9 主要控件对象的属性列表

控件名	属性	设置
Adodc1	ConnectionString	Provider=SQLOLEDB.1; Persist Security Info=False; User ID=sa; Initial Catalog=xscjglxt; Data Source=(local)
	RecordSource	T_CJB
	Visible	False
DataGrid1	DataSource	Adodc1
Text1(0)	（名称）	Text1
	DataSource	Adodc1
	DataField	学号
	Text	（清空）
Text1(1)	（名称）	Text1
	DataSource	Adodc1
	DataField	课程号
	Text	（清空）
Text1(2)	（名称）	Text1
	DataSource	Adodc1
	DataField	成绩
	Text	（清空）
CommandButton1	（名称）	Cmdadd
	Caption	添加
CommandButton2	（名称）	Cmdmodify
	Caption	修改
CommandButton3	（名称）	Cmddelete
	Caption	删除
CommandButton4	（名称）	Cmdsave
	Caption	保存
CommandButton5	（名称）	Cmdexit
	Caption	退出

② 设置 ADOdc1 的 ConnectionString 属性和设置 RecordSource 属性的方法与“学生信息管理”界面的设置相同，可参照设置。设置完成后的界面如图 11-33 所示。

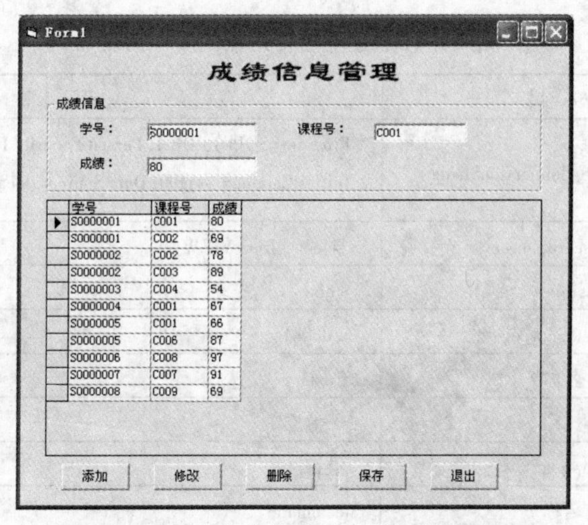

图 11-33　完成控件属性设置的界面

（3）使用程序代码来实现按钮的功能，该步骤同“学生信息管理”部分中的第③步基本相同，可参照完成设计。

11.2.5　实现成绩查询

1．实验内容

实现前台界面与 SQL Server 数据库的连接，添加代码实现“学生成绩管理系统”的“学生成绩查询”部分的功能。

2．实验步骤

（1）设计“学生成绩查询”主窗体，界面如图 11-34 所示，命名为 chaxun。

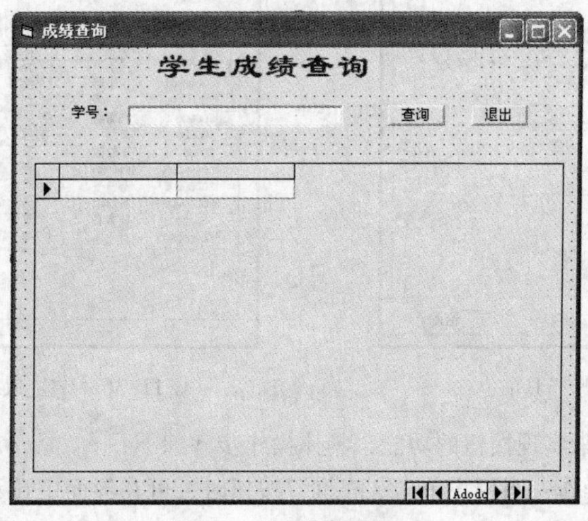

图 1-34　成绩查询界面

（2）设置控件属性，具体操作步骤如下：

① 在 chaxun 窗体上放置一个 Adodc 控件、一个 DataGrid 控件、两个 CommandButton 控件、一个 TextBox 控件，设计的窗体如图 11-34 所示。主要控件对象的属性如表 11-10 所示。

表 11-10 主要控件对象的属性列表

控 件 名	属 性	设 置
Adodc1	ConnectionString	Provider=SQLOLEDB.1; Persist Security Info=False; User ID=sa; Initial Catalog=xscjglxt; Data Source=(local)
	RecordSource	select * from VIEW_cj
	Visible	False
DataGrid1	DataSource	Adodc1
Text1	（名称）	Text1
	Text	（清空）
CommandButton1	Caption	查询
	（名称）	command1
CommandButton2	Caption	退出
	（名称）	Command2

② 设置 Adodc1 的 ConnectionString 属性的方法同“学生信息管理”界面的设置。设置 RecordSource 的属性与“学生信息管理”部分基本相同，但在如图 11-35 所示的“记录源”对话框中，在“命令类型”下拉列表框中选择 8-adCmdUnknown 选项，在“命令文本（SQL）”文本框中输入 select * from VIEW_cj，如图 11-35 所示。

③ 设置表 11-10 中其他控件的属性，设置完成后，在 Visual Basic 环境中运行程序，可看到窗口如图 11-36 所示。

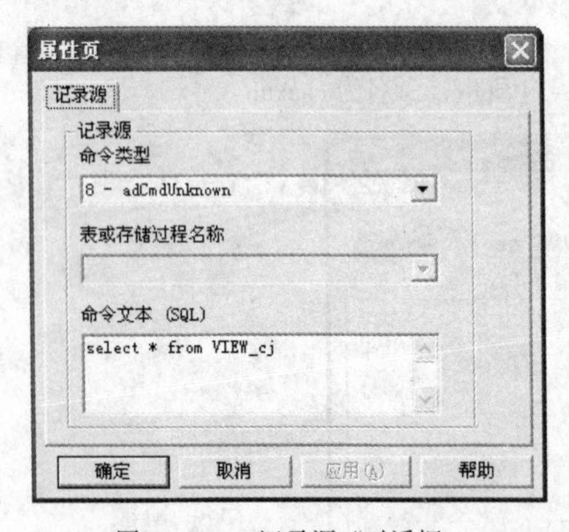

图 11-35 “记录源“对话框

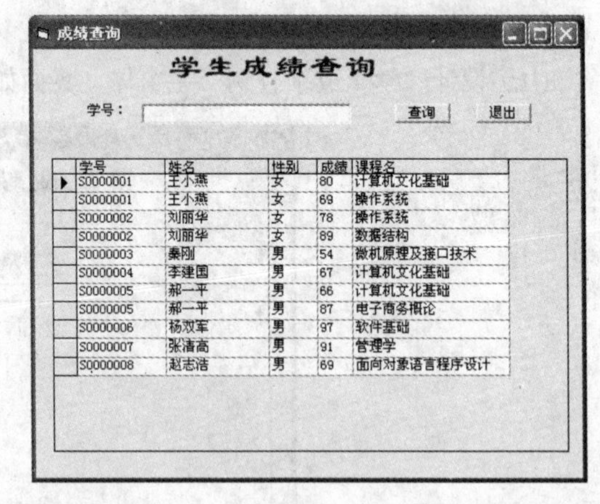

图 11-36 学生成绩查询界面运行界面

（3）使用程序代码来实现按钮的功能，具体操作步骤如下：

① 实现“查询”操作：当用户单击“查询”按钮时，可在界面中显示满足查询条件的记录。程序代码如下：

```
Private Sub Command1_Click()
//按库存查询库存信息
    If Left((Text1.Text), 1) <> "S" Then
            MsgBox "学号格式输入错误"
```

```
        ElseIf Len((Text1.Text)) <> 8 Then
          MsgBox "学号长度错误"
        Else
      Adodc1.RecordSource = "select * from VIEW_cj where 学号=" + Chr(39) +
Text1.Text + Chr(39) + ""
        Adodc1.Refresh
 End If
End Sub
```

② 实现“退出”操作：当用户单击“退出”按钮时，关闭当前界面，返回到上一层界面。

程序代码如下：

```
Private Sub Command2_Click()
Unload Me
End Sub
```

11.2.6　实现系统退出

1. 实验内容

实现系统“退出”功能。

2. 实验步骤

当用户单击水平主菜单“退出”按钮时，退出系统。

程序代码如下：

```
Private Sub quit_Click()
End
End Sub
```

至此完成“学生成绩管理系统”的设计、编程。通过一个最基本、最简单的信息管理系统的设计，应能融会贯通 SQL Server 2000 的应用设计方法。

本 章 小 结

本章主要介绍使用 Visual Basic 和 SQL Server 2000 开发一个功能简单的学生成绩查询系统的开发案例，在案例分析中给出了前台界面设计的设计过程和程序代码，从而读者可以作为实施系统的参考。通过该案例的上机操作将有助于理解和掌握一个管理信息系统的前台界面的设计和与后台的数据库的连接，达到提高应用能力的目的。

实训七　学习并使用 Visual Basic 和 SQL Server 2000 开发学生成绩管理系统

一、实训目的

（1）学会使用 SQL Server 2000 创建数据库及数据库对象的方法；

（2）了解一个信息管理系统的开发过程；

（3）学会使用 Visual Basic 设计学生成绩管理系统的前台界面；

（4）学会使用 Visual Basic 的控件访问后台 SQL Server 数据库的方法。

二、实训内容

（1）创建学生成绩管理数据库

① 使用企业管理器创建“学生成绩管理”数据库：使用企业管理器创建一个名为“学生成绩管理_06100”的数据库（注意：仍以06级学号尾号是100的学生为例）。在该数据库中还原实训四所提交的备份数据库（还原数据库的方法参见教材“4.3.4 还原数据库”），从而恢复“学生_06100”表、“课程_06100”表、“成绩_06100”以及相应的关系图。

② 创建视图：在“学生成绩管理_06100”数据库中，参照教材“11.1.4 创建视图” 所介绍的方法，使用企业管理器创建一个名为“VIEW_cj_06100”的视图，该视图包括：“学生_06100”表中的学号、姓名、性别字段和“课程_06100”表中的课程名以及“成绩_06100”表中的成绩字段。

注意：视图名定义为：VIEW_cj_06100。

（2）使用Visual Basic 6.0完成学生成绩管理系统前台界面的设计与实现

按照教材“11.2VisualBasic前台界面的设计与实现”的要求逐一进行以下设计：

① 设计“主窗体”——设计水平主菜单和下拉子菜单；该窗体的Caption属性值为“工程1_06100”；

② 设计“学生信息管理”窗体，并实现学生信息管理功能——选择“学生_06100”表；该窗体的Caption属性值为“工程2_06100”；

注意：该窗体有7个TextBox控件。

③ 设计“课程信息管理”窗体，并实现课程信息管理功能——选择“课程_06100”表；该窗体的Caption属性值为“工程3_06100”；

注意：该窗体有4个TextBox控件。

④ 设计“成绩信息管理”窗体，并实现成绩信息管理功能——选择“成绩_06100”表；该窗体的Caption属性值为“工程4_06100”；

注意：该窗体有3个TextBox控件。

⑤ 设计“成绩查询”窗体，并实现成绩查询功能——选择“VIEW_cj_06100”视图；该窗体的Caption属性值为“工程5_06100”；

注意：该窗体有1个TextBox控件。

⑥ 实现系统退出功能；

三、实训要求

（1）在前台界面的设计过程中特别要注意如何实现前台Visual Basic界面同后台SQL Server数据库的连接。

（2）将所创建的数据库的备份数据库和所设计的学生成绩管理系统前台界面存入一个文件夹内，文件夹的名称定义为“实训七实验数据_06100_姓名”。

（3）将“实训七实验数据_06100_姓名”压缩后提交到老师指定的邮箱。

参 考 文 献

[1] 史嘉权，等. 数据库系统教程[M]. 北京：清华大学出版社，2001.

[2] 周绪，等. SQL Server 2000 入门与提高[M]. 北京：清华大学出版社，2001.

[3] 刘晓华. SQL Server 2000 数据库应用开发[M]. 北京：电子工业出版社，2001.

[4] 赵津燕，等. 数据库应用技术实训教程[M]. 北京：清华大学出版社，2004.

[5] 陈国震. 网络数据库[M]. 北京：北京交通大学出版社，2005.

[6] 岳国英. SQL Server 2000 数据库技术实用教程[M]. 北京：中国电力出版社，2005.

[7] 顾兵. SQL Server 2000 网络数据库技术与应用[M]. 武汉：华中科技大学出版社，2006.

[8] 杜佰林. 网络数据库 SQL Server 2000[M]. 北京：清华大学出版社，2007.

Learn
more
about it !

笔

记

栏